普通高等教育"十二五"应用型本科规划教材

工程力学

主编 刘桂霞　任述光

参编 姚力　李东斌　马冬梅　崔红娜　张岚　魏刚

U0386350

中国人民大学出版社

·北京·

图书在版编目(CIP)数据

工程力学/刘桂霞,任述光主编. —北京:中国人民大学出版社,2015.6
普通高等教育"十二五"应用型本科规划教材
ISBN 978-7-300-21489-4

Ⅰ.①工… Ⅱ.①刘… ②任… Ⅲ.①工程力学—高等学校—教材 Ⅳ.①TB12

中国版本图书馆 CIP 数据核字(2015)第 132904 号

普通高等教育"十二五"应用型本科规划教材
工程力学
主 编 刘桂霞 任述光
参 编 姚力 李东斌 马冬梅 崔红娜 张岚 魏刚
Gongcheng Lixue

出版发行	中国人民大学出版社	
社 址	北京中关村大街 31 号	**邮政编码** 100080
电 话	010 - 62511242(总编室)	010 - 62511770(质管部)
	010 - 82501766(邮购部)	010 - 62514148(门市部)
	010 - 62515195(发行公司)	010 - 62515275(盗版举报)
网 址	http://www.crup.com.cn	
	http://www.ttrnet.com(人大教研网)	
经 销	新华书店	
印 刷	北京昌联印刷有限公司	
规 格	185 mm×260 mm 16 开本	**版 次** 2015 年 8 月第 1 版
印 张	19.75	**印 次** 2017 年 3 月第 2 次印刷
字 数	460 000	**定 价** 39.80 元

版权所有 侵权必究 印装差错 负责调换

内容简介

　　本书为普通高等教育"十二五"应用型本科规划教材。教材根据教育部高等学校力学教学指导委员会新修订的课程教学基本要求，并参照普通高等工科院校工程力学课程教学现状编写而成。

　　全书共14章，内容包括绪论，静力学的基本概念和物体的受力分析，平面力系，空间力系，摩擦，材料力学的基本概念，轴向拉伸和压缩，剪切与扭转，弯曲内力，截面的几何性质，弯曲应力，弯曲变形，应力状态和强度理论，组合变形，压杆稳定。章后均附有习题。

　　本教材适用于普通高等工科院校少学时（80学时及以下）工程力学的本科教学，也可供部分高职高专及成人教育作为教材及参考书。

前 言

    本书为普通高等教育"十二五"应用型本科规划教材。教材根据教育部高等学校力学教学指导委员会新修订的课程教学基本要求，并结合普通高等工科院校少学时工程力学课程的教学实践编写而成。本书对原有的工程力学内容进行了精简和整合，其中理论力学的内容仅保留了静力学部分，对原本因学时不足不做课堂讲授的运动学与动力学部分不再选入教材；而材料力学的内容则相对保持了其完整性。本教材适用于材料工程、给排水、建筑环境与设备、环境工程、热能与动力工程、建筑电器与智能化、工程管理、工程造价、风能与动力工程等少学时各专业的教学要求，也可供部分高职高专专业作为教材使用。

    全书共有 14 章，其中绪论及第 1、2、3、4 章由任述光编写，第 5、6 章由李东斌编写，第 7、9 章由崔红娜编写，第 8 章由姚力编写，第 10 章由张岚编写，第 11 章由魏刚编写，第 12、13 章由马冬梅编写，第 14 章由刘桂霞编写。全书由刘桂霞统稿。

    由于编者水平有限，书中难免存在不足之处，敬请广大读者批评指正。

编者

2015 年 5 月

目 录

绪 论

工程力学的内容包括理论力学的静力学部分和部分材料力学。理论力学既是许多工科专业学生必修的一门重要的专业基础课，又是一些后续课程的基础。理论力学虽然讲授经典理论，但其概念、理论及方法不仅是许多后继专业课程的基础，甚至在解决现代科技问题中也能直接发挥作用。

理论力学研究力与机械运动的基本规律。机械运动就是物体相对位形的改变（即空间位置和形状随时间而改变），包括变形和流动。理论力学是以伽利略（Galileo A. D.，1564～1642年）和牛顿（Newton A. D.，1642～1727年）所总结的关于机械运动的基本定律为基础发展起来的，属于古典力学的范畴，也称为牛顿力学或经典力学。实际上它的研究对象要求是宏观、低速运动的物体才足够准确。这里，宏观是相对基本粒子而言的，低速是相对光速（300000 km/s）而言的。虽然经典力学受到这样的局限，但我们工程实际中的许多技术问题都是满足这些条件的，因此，经典力学在现代工程技术中有着广泛的应用。

理论力学包含静力学、运动学和动力学三部分内容。静力学是关于物体平衡规律的科学，其任务是研究物体在各种力学作用下的平衡条件及其应用。静力学中的平衡是物体机械运动的一种特殊情况，在一般工程问题中，平衡是指物体相对于地球保持静止，而更完整的定义是指物体处于惯性运动状态。设以地球为惯性参考系，平衡最简单的例子有点的匀速直线运动和刚体的匀速直线平动，在这些情况下，作用于物体的力系所服从的规律与作用在静止物体上所服从的规律相同。

静力学着重研究力系的简化和力系的平衡。由于平衡是运动的特殊情况，因此研究力系的简化可以导出力系的平衡条件。力系的简化理论也是研究动力学的基础，通过力系的简化，可以知道力系对物体的总的作用效果和物体运动状态的改变量，这些问题将在动力学中研究。

当物体处于平衡状态时，作用在物体上的力系必须满足一定的条件；反之，只有满足一定条件的力系才能使物体平衡。求得各种力系的平衡条件，阐明物体受力分析和求解物体平衡问题的方法，是静力学的基本任务。

静力学在工程中有着广泛的应用。例如在各种工程结构构件或机械零部件的设计计算中，常需先进行静力分析。静力分析所得结果是构件强度和刚度计算的依据。静力学是进一步学习动力学、材料力学、结构力学、机械零件、弹性力学等后续课程的基础。

从自然科学发展史的角度来看，由于力学是发展最早的学科之一，这就难免有它的局限性。因此，从某种意义上来说它确是一门古老而成熟的理论。尽管理论力学是一门古老而成熟的理论，但是这并不意味着它是陈旧而无用的理论。不管是在今天还是在将来，它都仍是许多前沿学科不可缺少的基础。其实，前沿总是相对基础而言的，没有基础哪来的前沿？近几十年来，以航天、原子能、计算机为标志的新技术和物理化学的新成就，促使力学有很大的发展。理论的发展往往是沿着分久必合、合久必分的规律向前发展的。随着科学和现代工程技术的飞速发展，力学作为一门基础学科，正在突破它原来的范畴，与其他学科交叉结合形成了许多新的分支学科。多学科的交叉是当今科学发展的大趋势，生物力学、爆炸力学、物理力学等边缘学科的兴起，需要我们有坚实的理论力学基础。

力学老前辈钱学森先生曾经说过："工程力学走过了从工程设计的辅助手段到中心主要手段的过程，不是唱配角而是唱主角了。"

我们相信随着科学的发展，工程力学这门古老而成熟的学科在人类改造客观世界的伟大实践中必将取得更加辉煌的成就。

第1章
静力学的基本概念和物体的受力分析

1.1 静力学公理

一、刚体和力的概念

静力学研究的是物体机械运动的特殊形式，即物体的平衡。平衡是指物体相对于惯性参考系保持静止或作匀速直线运动的状态，平衡是机械运动的一种特殊形式。

在研究物体的机械运动时，如果物体大小和形状对于所研究的问题的影响可以不计，则可以把物体抽象为具有一定质量的点，称为质点。如图1—1（a）所示，当物体平衡时，若求绳索的拉力，物体可视为质点；若求图1—1（b）中绳子的拉力，当两绳关于物体不对称时，则必须考虑物体的尺寸，物体不能视为质点。具有一定联系的若干个质点的集合称为质点系。质点系既可能由有限个离散质点组成，也可能是由无穷多个连续分布的质点组成的无穷质点系，如一般物体或物体组成的系统、运动的机构等。

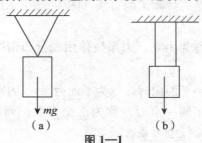

（a）　　　　　（b）

图 1—1

实际的物体在力的作用下，都会产生不同程度的变形，因此一般的物体我们称为可变形体或弹性体。但如果变形微小，对所研究物体的机械运动影响很小，为研究问题简单起见，我们可以忽略这些微小的变形，认为其没有发生变形。我们称这种受力作用后大小和形状保持不变的物体为刚体，其特征是物体内任意两点的距离始终保持不变。刚体是一个理想化的力学模型，是一种特殊的质点系，称为不变质点系。但是不应该把刚体的概念绝对化，例如，在研究飞机的平衡问题或飞行规律时，我们可以把飞机看作刚体；可是在研究飞机的颤振问题时，机翼等的变形虽然非常微小，但其变形对问题的研究是不能忽略的，必须把飞机看作可变形物体。

还有，在计算某些工程结构时，如果不考虑它们的变形而仍使用刚体的概念，则问题将成为不可解的。静力学研究的物体只限于刚体，故又称为刚体静力学，它是研究变形体力学的基础。

实际上，我们在对工程实际中的物体进行力学分析的时候，通常都要忽略一些与所研究的问题关系不大的次要因素，把握其主要因素，抽象出合理的力学模型，在满足工程精度要求的前提下尽量简化计算。

力的概念是从劳动中产生的。人们在生活和生产中，由于肌肉紧张收缩的感觉，逐渐产生了对力的感性认识。随着生产的发展，人们又逐渐认识到：物体机械运动状态的改变（包括变形），都是由于其他物体对该物体作用的结果。这样，逐步由感性到理性，形成了力的概念。

力是物体间的相互机械作用，这种作用可使物体的运动状态发生改变，或使物体发生变形。力改变物体运动状态的效应称外效应，也称运动效应，使物体变形的效应称内效应，也称变形效应。

力对物体的作用效应决定于三个要素：力的大小、方向和作用点。在国际单位制（SI）中，力的单位是牛顿（N）或千牛顿（kN）。力的方向包括方位和指向，比如说重力方向铅垂向下，"铅垂"是力的方位，"向下"是指向。力的作用点是指物体受力作用的点。对于相互接触的可变形物体，力实际上是作用在一小块面积上的，当作用面积很小时可近似看作一个点，而作用在这个点上的力称为集中力。对于点接触的刚体，其接触点就是力的作用点。

力既然是一个有大小和方向的量，所以是矢量。可以用带箭头的线段来表示力，如图 1—2 所示。其中线段的长度按一定的比例表示力的大小，线段的方位（例如与水平线所成的角度 θ）和箭头的指向表示力的方向，线段的起点或终点表示力的作用点。过力的作用点沿力的矢量方位画出的直线（图 1—2 中 KL），称为力的作用线。

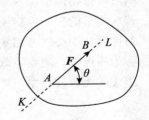

图 1—2

作用在物体上的一组力称为力系。力系按作用线分布情况的不同可分为下列几种：

当所有力的作用线在同一平面内时，称为平面力系，否则称为空间力系。

当所有力的作用线汇交于同一点时，称为汇交力系；而所有力的作用线都相互平行时，称为平行力系，否则称为任意力系。

若两个力系对同一刚体的效应完全相同，则称这两个力系为等效力系，等效的两个力系可以相互代替，称为力系的等效替换。用一个简单的力系等效替换一个复杂的力系称为力系的简化。如果一个力同一个力系等效，则称这个力为力系的合力，力系中的各力称为这个力的分力。能够使刚体保持平衡的力系称为平衡力系。但不能说不能使刚体保持平衡的力系就一定是非平衡力系，因为刚体的平衡除与其受力有关外，还与其初始状态有关。

二、静力学基本公理

静力学公理是人们在长期的生活和生产实践中总结出来的力的基本性质，它们又经过实践的反复检验，被确认是符合客观实际的最普遍、最一般的规律。这些性质无须证明而为人们所公认，并可作为证明中的论据，是静力学的理论基础。

公理 1　二力平衡公理

作用在刚体上的两个力，使刚体保持平衡的必要和充分条件是这两个力的大小相等、方向相反，并作用于同一条直线上，称为二力平衡公理。

如图 1—3 (a) 和图 1—3 (b) 所示，即平衡的两个力 F_A、F_B 满足 $F_A = -F_B$ 且两力作用线共线。注意，这里的充分性是指对保持刚体平衡而言是充分的，也就是初始平衡的刚体，只受等值、反向、共线的两个力作用，一定可以维持刚体的平衡。对本教材中静力学平衡的充分性都要这样理解。

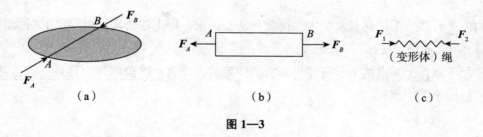

图 1—3

这个公理表明了作用于刚体上的最简单的力系平衡时所必须满足的条件。对于变形体来说，这个条件是必要的，但不是充分的。如图 1—3 (c) 所示，软绳受两个等值、反向、共线的拉力作用可以平衡，但若将拉力改变为压力就不能平衡了。

工程上常遇到只在两点受力作用处于平衡的构件，称为二力构件或二力杆。二力构件的受力特点是两力必沿作用点的连线，且等值、反向，如图 1—4 中的 BC 杆。

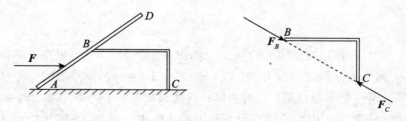

图 1—4

公理 2　加减平衡力系原理

在已知力系上加上或减去任意的平衡力系，并不改变原力系对刚体的效应。也就是说，如果两个力系只相差一个或几个平衡力系，则它们对刚体的作用是相同的，因此可以等效替换。这个公理是研究力系简化及等效替换的重要依据。

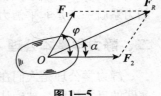

图1—5

公理 3　力的平行四边形法则

作用在物体同一点上的两个力，可以合成为一个合力。合力的作用点也在该点，合力的大小和方向由这两个力矢量为邻边构成的平行四边形的对角线矢量确定，如图1—5所示，F_R为F_1和F_2的合力。按平行四边形法则将两个力矢量合成，称为这两个力矢量的矢量和或几何和，表示为

$$F_R = F_1 + F_2 \tag{1—1}$$

合力大小为

$$F_R = \sqrt{F_1^2 + F_2^2 + 2F_1F_2\cos\varphi}$$

以合力F_R作用线与F_2作用线的夹角α表示合力的方向，则

$$\tan\alpha = \frac{F_1\sin\varphi}{F_2 + F_1\cos\varphi}$$

力的平行四边形法则是复杂力系简化的主要依据。据上述公理可以导出下列推论：

推论 1　力的可传性

作用于刚体上某点的力，可以沿着它的作用线将作用点移到刚体上另外一点，并不改变该力对刚体的作用。

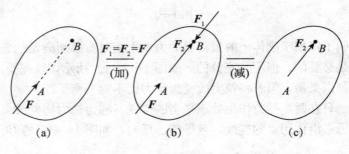

图1—6

证明： 设有力F作用在刚体上的点A，如图1—6（a）所示。可在力的作用线上任取一点B，加上两个相互平衡的力F_1和F_2，使$F = F_2 = -F_1$，如图1—6（b）所示。由于力F和F_1也是一个平衡力系，故可去掉；这样只剩下一个力F_2，如图1—6（c）所示。根据加减平衡力系原理，原来的这个力F与力系（F、F_1、F_2）以及力F_2均等效，即原来的力F沿其作用线移到了点B。

由此可见，对于刚体来说，力的作用点已不是决定力的作用效应的要素，它已为作用

线所代替。因此，作用于刚体上的力的三要素是：力的大小、方向和作用线。

作用于刚体上的力可以沿着作用线移动，这种起点可以沿矢量线移动的矢量称为滑动矢量，力矢量是滑动矢量。

推论 2　三力平衡汇交定理

作用于刚体上三个相互平衡的力，若其中两个力的作用线汇交于一点，则第三个力的作用线必通过汇交点，且此三力的作用线在同一平面内。

证明：如图 1—7 所示，在刚体的 A_1、A_2、A_3 三点上，分别作用三个相互平衡的力 F_1、F_2、F_3。根据力的可传性，将力 F_1 和 F_2 移到汇交点 A，然后根据力的平行四边形法则，得 F_1 和 F_2 的合力 F_{R1}，则力 F_3 应与 F_{R1} 平衡。由于两个力平衡必须共线，所以力 F_3 必定与力 F_1 和 F_2 共面，且通过力 F_1 与 F_2 的交点 A。于是定理得证。

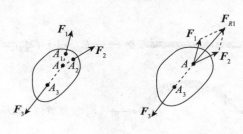

图 1—7

公理 4　作用力和反作用力定律

作用力和反作用力总是同时存在的，两力的大小相等、方向相反，沿着同一直线，分别作用在两个相互作用的物体上。

应该注意，尽管作用力和反作用力大小相等，方向相反，沿同一直线，但它们不是平衡力系，因为作用力与反作用力是作用在两个不同的物体上的力。

公理 4 概括了自然界中物体间相互作用的关系，表明作用力与反作用力总是成对出现的，同时存在同时消失，有作用力就有反作用力。根据这个公理，已知作用力则可知反作用力，它是分析物体受力时必须遵循的原则，为研究由一个物体过渡到多个物体组成的物体系统提供了基础。下面举一个实例来说明。

如图 1—4 所示构件的受力图，画出了构件 BC 的受力图后，再画 AB 杆受力图时，B 处的反作用力 F'_B 必须与 F_B 等值、反向、共线（图 1—8）。今后，作用力和反作用力用同一字母表示，但其中之一在字母的上方加一撇。

公理 5　刚化原理

变形体在某一力系作用下处于平衡，如将此变形体刚化为刚体，其平衡状态保持不变。

如图 1—9 所示，绳索在等值、反向、共线的两个拉力作用下处于平衡，如将绳索刚化成刚体，其平衡状态保持不变。反之就不一定成立，如刚性杆在两个等值、反向、共线的压力作用下能平衡，如果将刚性杆换为绳索，则绳索就不能平衡。

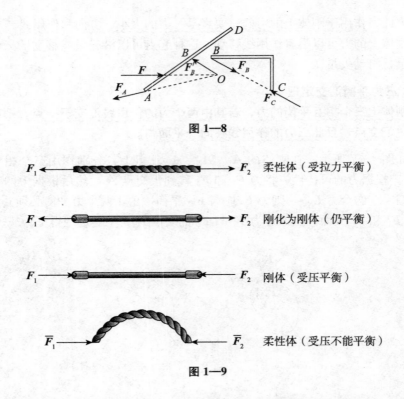

图 1—8

F_1 ←————→ F_2　柔性体（受拉力平衡）

F_1 ←————→ F_2　刚化为刚体（仍平衡）

F_1 →————← F_2　刚体（受压平衡）

$\overline{F}_1$ →⌒← $\overline{F}_2$　柔性体（受压不能平衡）

图 1—9

　　由此可见，刚体平衡的充要条件只是变形体平衡的必要条件，而非充分条件。在刚体静力学的基础上，考虑变形体的特性，可进一步研究变形体的平衡问题。处于平衡状态的变形体，必满足刚体静力学的平衡理论。

1.2　约束和约束反力

一、约束与约束反力的概念

　　物体的位移不受周围任何其他物体的限制，即其位移可沿空间任何方向，这样的物体称为<u>自由体</u>，如在空中飞行的飞机、热气球、炮弹和火箭等。而某些物体的位移受到事先给定的限制或阻碍，不能作任意运动，这种物体称为<u>非自由体</u>。例如铁路上列车受铁轨的限制只能沿轨道方向运动；数控机床工作台受到床身导轨的限制只能沿导轨移动；电机转子受到轴承的限制只能绕轴线转动；放在课桌上的课本，其向下的位移受到课桌的限制，当其在桌面上运动时，其位移受到桌面的阻碍。对非自由体的某些位移起限制或阻碍作用的周围物体称为<u>约束</u>。例如铁轨对列车、导轨对工作台、轴承对转子、课桌对课本等都是约束。

　　既然约束能够限制或阻碍物体沿某些方向的位移，那么当物体沿着约束所限制的方向有运动趋势时，约束就与物体之间存在着相互作用力。约束作用于物体以限制或阻碍物体沿某些方向发生位移的力称为<u>约束反力</u>或<u>约束力</u>，简称<u>反力</u>。约束反力作用在物体与约束相接触处，其方向总是与约束限制或阻碍的物体的位移方向相反。如图1—10（a）中两光滑接触面对圆盘的约束力，两接触处限制圆盘与支承面的接触点沿接触面法线向内的位移，约束反力 F_{N1}、F_{N2} 沿接触面法线向外，如图 1—10（b）所示。

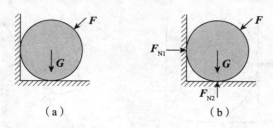

（a） （b）

图 1—10

约束反力以外的其他力统称为<u>主动力</u>，例如重力、电磁力、切削力、万有引力等，它们往往是给定的或可测定的。

机械中大量平衡问题是非自由体的平衡问题，因此研究约束及其反力的特征对于解决静力平衡问题具有十分重要的意义。下面介绍工程实际中常遇到的几种基本约束类型和相应的约束反力。

二、常见约束类型举例

1. 柔索约束

工程中钢丝绳、皮带、链条、尼龙绳等都可以简化为柔索，柔索连接物体构成的约束称为柔索约束。由于柔软的绳索本身只能承受拉力，所以它给物体的约束反力也只能是拉力，如图 1—11（a）所示。链条或胶带也都只能承受拉力（或称为张力），当它们绕在轮子上时，对轮子的约束反力沿轮缘的切线方向（图 1—11（b））。因此，柔索对物体的约束是限制物体沿着柔索伸长的方向的位移，约束反力作用在接触点，方向沿着柔索背离物体（即柔索承受拉力）。通常用 F 或 F_T 表示柔索的约束反力。

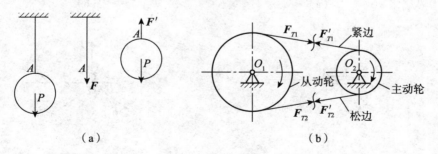

（a） （b）

图 1—11

2. 光滑接触面（线）约束

如果两个物体接触面之间的摩擦力很小，可以忽略不计，则认为接触面是光滑的。不论是平面或曲面接触，如图 1—12 所示，约束都不能阻碍物体沿接触面的公切线方向运动，只能限制物体沿接触面的公法线方向运动，也就是说物体可以沿接触面滑动，但不能沿公法线方向压入接触面，所以光滑接触面给被约束物体的约束反力沿接触面公法线作用在接触点处，并指向被约束的物体（即物体受压力）。这种约束反力称为法向反力。很多情况下，接触面退化成线或点，要正确分析出公法线的方向。

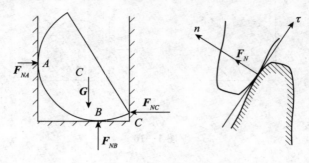

图 1—12

3. 径向轴承约束

转轴的轴径由向心滑动轴承所支承，如图 1—13（a）所示，若略去摩擦，则轴径与轴承以两个光滑圆柱面相接触，轴孔能限制轴沿径向的移动，但不能限制轴向移动和轴的转动，其约束力作用线位于垂直于轴线的轴承座孔的对称平面内，通过轴孔中心，如图 1—13（b）所示。但实际上由于接触点不能事先确定，因而约束力的方向也不能预先确定，通常用两个方向已知的正交分力表示，如图 1—13（b）所示。其轴向视图如图 1—13（c）所示。

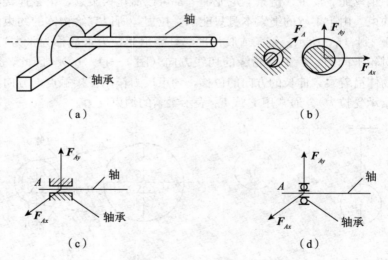

图 1—13

如果轴颈为向心滚动轴承支承，因在垂直于轴线的平面内，轴承只能限制轴的径向移动而不能限制轴的转动，这一约束性质与径向滑动轴承相同，约束反力的特点也相同，其轴向简图如图 1—13（d）所示。

4. 光滑圆柱销钉和固定铰链支座约束

构件有同样大小的圆孔，并用与圆孔直径相同的光滑圆柱销钉联结组成的部件，圆柱销钉对与其相联结的构件形成约束，称为光滑圆柱铰链约束，如图1—14（a）所示。光滑圆柱铰链约束限制构件沿圆柱销的任意径向的相对移动，而不能限制构件绕圆柱销轴线的转动和平行圆柱销轴线方向的移动。

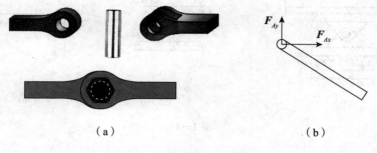

（a）   （b）

图 1—14

光滑圆柱铰链对构件的约束也属于光滑面接触约束，约束反力沿过接触点的公法线方向，即沿接触点和销孔中心连线，垂直于销轴线。但实际上由于接触点不能事先确定，因而约束力的方向也不能预先确定，其大小和方向都随构件受到的主动力的变化而改变，通常用两个方向已知的正交分力表示。约束力分析如图1—14（b）所示。

在桥梁、屋架等结构中经常采用固定铰链支座约束，如图1—15（a）所示。固定铰支座用光滑销钉联结构件与支座，同时将支座固定在地面或基础上。这种约束只能限制被约束物体的约束点的移动，而不能阻止物体绕销钉的转动，其简图如图1—15（b）所示。与光滑铰链约束相似，其约束反力以两个正交分力表示，如图1—15（c）所示。综上所述，光滑圆柱销钉、固定铰链支座、向心轴承等，它们的具体结构虽然不同，但构成的约束类型是相同的，统称为光滑圆柱铰链。铰链是力学中一个重要的模型，这种约束的特点是只限制被约束构件的径向相对移动，不能限制它们绕轴线的相对转动。

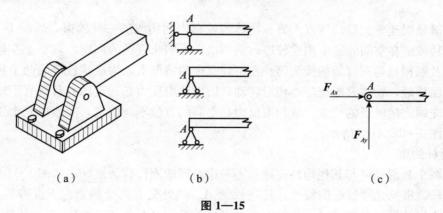

（a）   （b）   （c）

图 1—15

5. 可动铰链支座约束

支座用几个辊轴支承在光滑的支承面上，支座与物体用光滑销钉相连，称为可动铰链支座或辊轴支座，如图1—16（a）所示。它是光滑接触面约束和光滑铰链约束的复合。这种约束只能限制被约束物体的约束点处垂直于支承面的运动，而不能阻止物体沿着支承面的运动或绕销钉的转动。所以其约束反力是垂直于支承面的，指向待定。其简图如图 1—16（b)所示，约束反力的形式表示如图 1—16（c）所示。

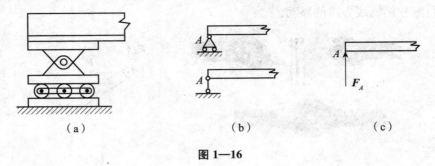

（a）　　　　　　　　（b）　　　　　　　　（c）

图 1—16

6. 向心推力轴承（止推轴承）及球铰链约束

工程实际中经常用到止推轴承这种支承形式，其结构如图 1—17（a）所示。与向心滚动轴承相比，它还能约束轴的轴向位移，因此这种约束的约束反力用垂直于轴线的平面的一对正交分力和沿轴线方向的一个分力表示，如图 1—17（b）所示。

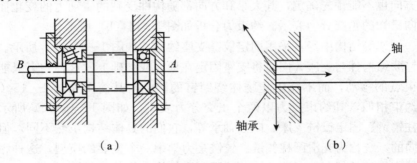

（a）　　　　　　　　　　　（b）

图 1—17

球铰链是固连于无替代球嵌入另一物体的球窝内而构成的一种约束，如图 1—18（a）所示。这种铰链在空间问题中用途较广。例如机床上照明灯具的固定，汽车上变速操纵杆的固定以及照相机与三脚架的接头等。在不计摩擦的情况下，构成球铰链的两个物体之间是光滑球面接触，物体只能绕球心相对转动，因而约束反力必通过球心且垂直于球面。由于不能预先确定接触点的位置，故约束反力在空间的方位不能确定，一般以三个正交分力表示，如图 1—18（b）所示。

7. 链杆约束

只用两个光滑铰链与其他构件连接且不考虑自重的刚杆称为链杆，如图 1—19（a）所示的 AB 杆。根据光滑铰链的特性，杆在铰链 A、B 处受有两个约束力 F_{AB} 和 F_{BA}，这两个约束力必定分别通过铰链 A、B 的中心。考虑到杆 AB 只在 F_{AB}、F_{BA} 二力作用下平衡，根据二力平衡公理，这两个力必定沿同一直线，且等值、反向。由此可确定 F_{AB} 和 F_{BA} 的作用线应沿铰链中心 A 与 B 的连线，如图 1—19（b）所示。

一般情况下，链杆约束的反力沿链杆两端铰链的连线，指向一般不能预先确定。在不能预先确定约束力指向的情况下，可以假定其指向，通常假设链杆受拉。如图 1—20（a）

12

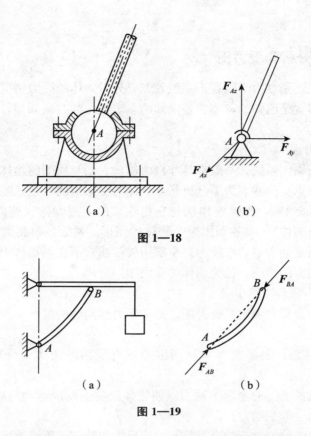

（a）　　　　　　　（b）

图 1—18

（a）　　　　　　（b）

图 1—19

中所示的 AB 杆的受力，由于不知道主动力 F 与重力 G 的大小关系，事先不能确定 AB 杆是受拉力还是压力，可以按图 1—20（b）或图 1—20（c）所示，一般按图 1—20（b）所示，即假定为拉力。

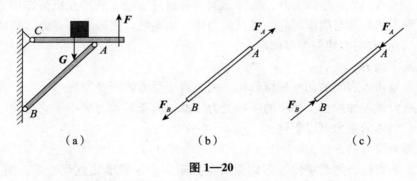

（a）　　　　　　（b）　　　　　　（c）

图 1—20

固定铰支座也可以用两根不相平行的链杆来代替，而可动铰支座可用垂直于支承面的一根链杆来代替。

除了以上介绍的几种约束外，还有一些其他形式的约束，将在后面适当章节中再作介绍。在实际问题中所遇到的约束有些并不一定与上面所介绍的形式完全一样，这时就需要对实际约束的构造及其性质进行分析，分清主次，略去一些次要因素，将实际约束进行简化。

1.3 物体的受力分析和受力图

无论静力学问题还是动力学问题，一般首先要分析物体的受力情况，了解物体受到哪些力的作用，其中哪些是已知的，哪些是未知的，未知力的方向如何，等等，这个过程称为物体的受力分析。

1. 隔离体和受力图

工程中的构件或物体系统，一般都是非自由体，它们与周围的物体（包括约束）相互连接在一起，工作时承受荷载。为了分析某一物体的受力情况，往往需要解除限制该物体（受力体）位移的全部约束，把该物体从与它相联系的周围物体（施力体）中分离出来，称之为隔离体（或分离体），单独画出这个物体的图形。然后，再将周围各物体对该物体的各个作用力（包括主动力与约束反力）全部用矢量线表示在隔离体上。这种画有隔离体及其所受的全部作用力的简图，称为物体的受力图。

2. 画受力图的步骤及注意事项

对物体进行受力分析并画出其受力图，是求解力学问题的重要步骤。画受力图的方法与步骤：

（1）确定研究对象，将研究对象从周围与它有联系的物体中分离出来，并以简图表示；

（2）画出研究对象所受的全部主动力（使物体产生运动或运动趋势的力），即在隔离体上以力矢量表示出全部主动力；

（3）在存在约束的地方，按约束类型及约束反力的特点，逐一画出全部约束反力。

3. 画受力图应注意的问题

（1）不要漏画力

除重力、万有引力、电磁力外，物体之间只有通过接触才有相互机械作用力，要分清研究对象（受力体）都与周围哪些物体（施力体）相接触，接触处必有力（特殊情况此力可能为零），力的方向由约束类型而定。

（2）不要多画力

要注意力是物体之间的相互机械作用。因此对于受力体所受的每一个力，都应能明确它是哪一个施力体施加的。工程中的一些受力构件，由于其重力远小于它受到的荷载，如无特别说明，物体的重力可以不计。

（3）不要画错力的方位

约束反力的方位必须严格地按照约束的类型来画，不能单凭直观臆断。当方位确定，不能判断指向时，可以任意假定一个指向。在分析两物体之间的作用力与反作用力时，要注意，作用力的方向一旦确定，反作用力的方向一定要与之相反。

（4）受力图上只画外力，不画内力

一个力属于外力还是内力，因研究对象的不同，有可能不同。当物体系统拆开来分析时，原系统的部分内力就成为新研究对象的外力。

（5）同一系统各研究对象的受力图必须整体与局部一致，相互协调，不能相互矛盾对于某一处的约束反力的方向一旦设定，在整体、局部或单个物体的受力图上要保持一致。

下面举例说明如何画物体的受力图。

例1—1 重量为 G 的梯子 AB，放置在光滑的水平地面上并靠在铅直墙上，在 D 点用一根水平绳索与墙相连，如图1—21（a）所示。试画出梯子的受力图。

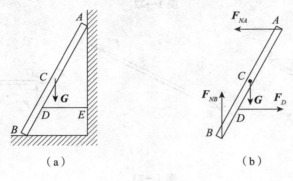

（a）   （b）

图1—21

解：将梯子从周围的物体中分离出来，作为研究对象画出其隔离体。先画上主动力即梯子的重力 G，作用于梯子的重心（几何中心），方向铅直向下；再画墙和地面对梯子的约束反力。根据光滑接触面约束的特点，A、B 处的约束反力 F_{NA}、F_{NB} 分别与墙面、地面垂直并指向梯子；绳索的约束反力 F_D 应沿着绳索的方向离开梯子，为拉力。图1—21（b）即为梯子的受力图。

例1—2 如图1—22（a）所示，简支梁 AB 跨中受到集中力 F_P 作用，A 端为固定铰支座约束，B 端为可动铰支座约束。试画出梁的受力图。

解：（1）取 AB 梁为研究对象，解除 A、B 两处的约束，画出其隔离体简图。

（2）在梁的中点 C 画主动力 F_P。

（3）在受约束的 A 处和 B 处，根据约束类型画出约束反力。B 处为可动铰支座约束，其反力通过铰链中心且垂直于支承面，其指向假定如图1—22（b）所示；A 处为固定铰支座约束，其反力可用通过铰链中心 A 并相互垂直的分力 F_{Ax}、F_{Ay} 表示。受力图如图1—22（b）所示。

此外，注意到梁只在 A、B、C 三点受到互不平行的三个力作用而处于平衡，因此，也可以根据三力平衡汇交定理进行受力分析，受力图如图1—22（c）所示。

例1—3 已知：管道支架如图1—23（a）所示。重为 F_G 的管子放置在杆 AC 上。A、B 处为固定铰支座，C 为铰链连接。不计各杆自重，试分别画出杆 BC 和 AC 的受力图。

解：（1）取 BC 杆为研究对象（C 端含销钉），在 B 端受到固定铰支座的约束反力 F_B，在 C 点受到 AC 杆的约束力 F_C，BC 杆为二力杆，因此两约束力的方向必沿 BC 两点连线，受力图如图1—23（b）所示。

（2）取 AC 杆为研究对象，其在 D 点受到等于管的重力的压力 F_G，在 C 点受到 F_C 的

15

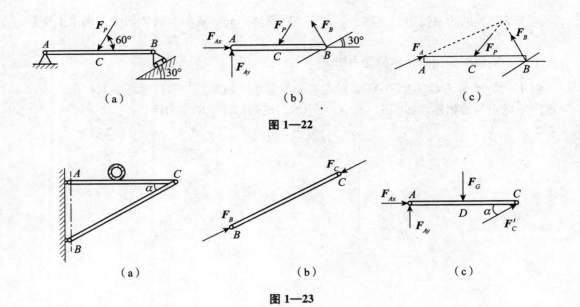

（a）　　　　　　　（b）　　　　　　　（c）

图 1—22

（a）　　　　　　　（b）　　　　　　　（c）

图 1—23

反作用力 F'_C，A 端受到固定绞支座的约束反力，可用两个正交分力 F_{Ax} 和 F_{Ay} 表示，受力如图 1—23（c）所示。A 端约束反力的方位，也可以根据三力平衡汇交定理进行确定，请读者自行分析。

例 1—4　在如图 1—24（a）所示的提升系统中，若不计各构件自重，试画出杆 AB、杆 BC、滑轮及销钉 C 的受力图。

解： 各构件受力如图 1—24（b）所示。其中 AC、BC 为二力杆，可假设它们均受拉；销钉 C 同时受到杆 AC、BC 的反作用力以及轮 C 的作用力 F_{Cx}、F_{Cy}；轮 C 除受到绳的拉力外，还在孔 C 处受销钉 C 的反作用力 F'_{Cx}、F'_{Cy}。

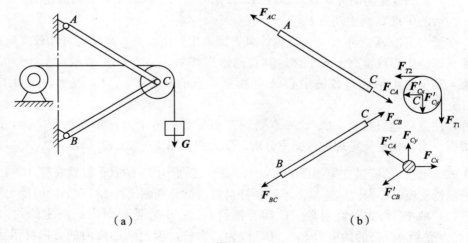

（a）　　　　　　　　　　　（b）

图 1—24

16

注意：通过分析铰链结构可知，同一铰相连的几个不同物体间并不直接发生作用，而是通过销钉发生相互作用。在实际分析时，因销钉很小，可以假想地把销钉附定于其中任一物体上，这样便可视该物体与被销钉连接的物体直接发生相互作用，从而简化研究过程。

思考例 1—4 中：

①若将销钉附定于轮心 C 或 AC 杆端 C，各构件受力图有何变化？本质上有无区别？

②若考虑各构件自重，各构件中受力情形将怎样改变？

例 1—5　画出图 1—25 （a）所示结构中各构件的受力图，未画重力的物体不计自重。

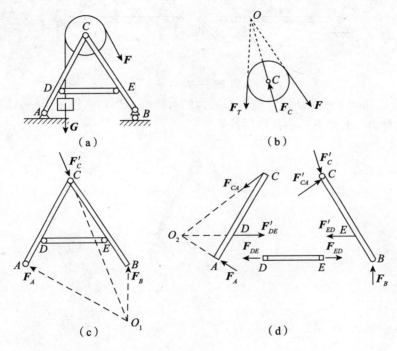

图 1—25

解：先分析轮 C，其受到两边绳子的张力及销钉 C 的约束力，两绳子约束力交于 O 点，由三力平衡汇交定理确定销钉 C 对轮心 C 处的约束力 F_C 的方向，如图 1—25 （b）所示。再分析三角架 ABC 的受力，支承面的约束力 F_B 沿支承面法向，将销钉 C 附着在 BC 杆端，C 处受到圆轮对它的反作用力 F'_C，F_B 与 F'_C 两力汇交于 O_1，由三力平衡汇交定理确定固定铰支座约束反力 F_A 的方位，如图 1—25 （c）所示。然后分析 AC 杆的受力。其受到固定绞支座 A 的约束反力 F_A、二力杆 DE 的约束力 F'_{DE}，两力汇交于 O_2，由三力平衡汇交定理确定销钉 C（AB 杆）对它的约束力的方位，如图 1—25 （d）所示。最后分析 BC 杆的受力。C 端销钉受到轮 C 与 AC 杆的反作用力 F'_C 与 F'_{CA} 作用，E 处受到二力杆 DE 的约束力 F'_{ED}，B 处受到支承面的约束力 F_B，如图 1—25 （d）所示。

注意：在一般情形下，圆柱铰链及固定铰支座的约束力可分解为两个正交分量，不必苛求确定其合力的方位。这样处理，常常便于在下一章中用平衡方程求解。

思考题

1. 凡是在二力作用下的杆件都是二力杆件吗？

2. 如果作用在刚体上的三个力的作用线汇交于一点，则该刚体必处于平衡状态吗？

3. 如图1—26（a）所示不计自重和接触处摩擦的刚杆 AB，受铅垂力 P 作用，试问其受力图（图1—26（b））正确与否？为什么？

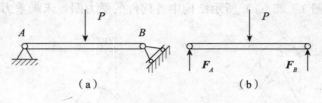

（a）　　　　　　　（b）

图 1—26

4. 两杆连接如图1—27所示，能否根据力的可传性原理，将作用于杆 AB 上的力沿 F 的作用线移至杆 BC 上而不影响其作用效果？

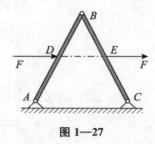

图 1—27

1－1 画出下列指定物体的受力图（假定接触面都是光滑的，物体的重量除图上已注明者外，均略去不计）。

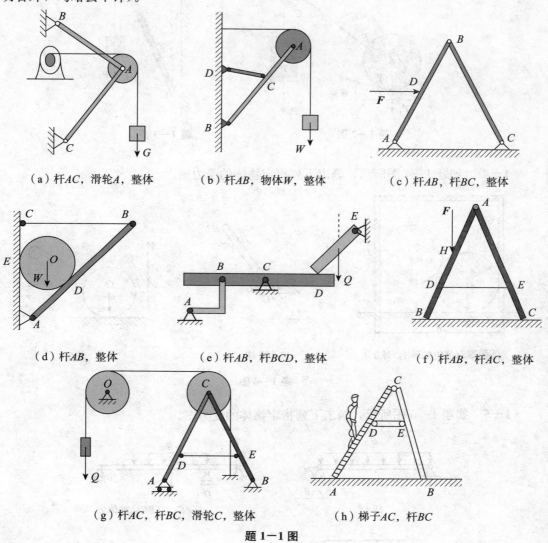

（a）杆AC，滑轮A，整体　　　（b）杆AB，物体W，整体　　　（c）杆AB，杆BC，整体

（d）杆AB，整体　　　（e）杆AB，杆BCD，整体　　　（f）杆AB，杆AC，整体

（g）杆AC，杆BC，滑轮C，整体　　　（h）梯子AC，杆BC

题1－1图

1－2 在图示的平面系统中，匀质球 A 重 P_1，绳的一端挂着重 P_2 的物块 B。试分析物块 B、球 A 和滑轮 C 的受力情况，并分别画出平衡时各物体的受力图。

1－3 如图所示，重物重为 P，用钢丝绳挂在支架的滑轮 B 上，钢丝绳的另一端绕在绞车 D 上。杆 AB 与 BC 铰接，并以铰链 A、C 与墙连接。如两杆与滑轮的自重不计并忽略摩擦和滑轮的大小，试画出杆 AB 和 BC 以及滑轮 B 的受力图。

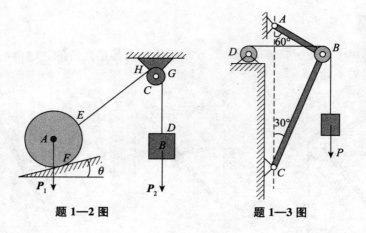

题 1—2 图   题 1—3 图

1—4   如题 1—4 图所示，画出下列指定物体的受力图。

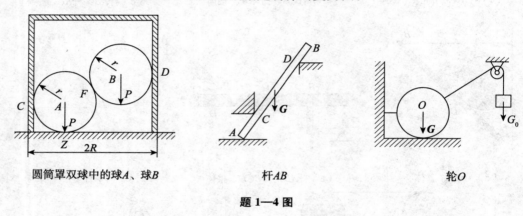

圆筒罩双球中的球A、球B   杆AB   轮O

题 1—4 图

1—5   如题 1—5 图所示，画出下列指定物体的受力图。

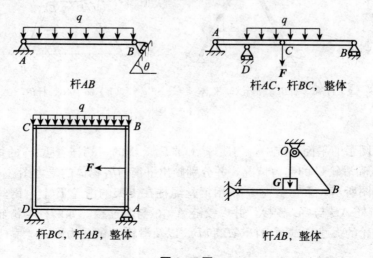

杆AB   杆AC，杆BC，整体

杆BC，杆AB，整体   杆AB，整体

题 1—5 图

1-6 如题 1-6 图所示，画出下列指定物体的受力图。

1-7 如题 1-7 图所示，重物重为 P，用钢丝绳挂在支架的滑轮 B 上，钢丝绳的另一端绕在铰车 D 上。杆 AB 与 BC 铰接，并以铰链 A、C 与墙连接。如两杆与滑轮的自重不计并忽略摩擦和滑轮的大小，试画出杆 AB 和 BC 以及滑轮 B 的受力图。

1-8 如题 1-8 图所示结构中，A 为固定端，B、D 为中间铰，E 为可动铰。不计自重，试画出 BD、DE 的受力图。

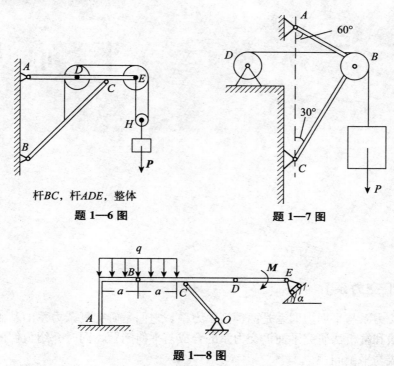

杆 BC，杆 ADE，整体

题 1-6 图   **题 1-7 图**

题 1-8 图

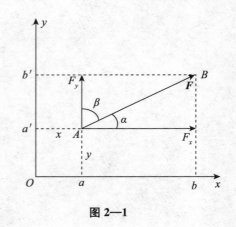

第 **2** 章
平面力系

2.1 平面汇交力系

平面汇交力系与平面力偶系是两种简单力系，它们是研究复杂力系的基础，本章将分别利用几何法和解析法研究平面汇交力系的合成与平衡问题，同时介绍力偶的性质及平面力偶系的合成与平衡问题。

若物体受到一组力的作用，各力的作用线汇交于同一点，则称这一组力为汇交力系。汇交力系中如果所有的力的作用线都处于同一个平面，则称该力系为平面汇交力系，否则称为空间汇交力系。

一、力在轴上的投影

设在坐标平面内有一个力 F，分别从力 F 的起点和终点向 x 轴和 y 轴引垂线，则得到垂足 a、b 与 a'、b'，如图 2—1 所示。ab 的大小冠以适当正、负号称为力 F 在 x 轴上的投影，用 F_x 表示；$a'b'$ 的大小冠以适当正、负号称为力 F 在 y 轴上的投影，用 F_y 表示。

若力 F 与 x 轴正向的夹角为 α，与 y 轴正向的夹角为 β，则 F_x、F_y 分别为

$$F_x = F\cos\alpha, \quad F_y = F\cos\beta \qquad (2-1)$$

图 2—1

即力在某轴的投影，等于力的大小乘以力与投影轴正向间夹角的余弦。力的投影是代数量，规定从 a（a'）到 b（b'）的方向与坐标轴的正向一致则为正，反之为负。

反之，如果我们已知一个力在 x 轴和 y 轴上的投影 F_x、F_y，那么我们可以求出这个力的大小和方向：

$$F = \sqrt{F_x{}^2 + F_y{}^2} \tag{2-2}$$

$$\cos\alpha = \frac{F_x}{\sqrt{F_x{}^2 + F_y{}^2}}, \quad \cos\beta = \frac{F_y}{\sqrt{F_x{}^2 + F_y{}^2}} \tag{2-3}$$

二、平面汇交力系合成与平衡的几何法

1. 汇交力系的合成

首先以一个简单的例子说明汇交力系的合成。设有汇交力系 F_1、F_2、F_3、F_4，如图 2—2（a）所示，利用力的可传性原理，我们可以将各个力都移至汇交点 O（图 2—2（b）），连续用平行四边形法则将它们合成，最后可得到一个通过汇交点 O 的合力 F_R。还可以用更简单的方法求此合力 F_R 的大小和方向。任取一点 A，以 A 为力 F_1 的起点作出 F_1，然后以 F_1 的终点作为 F_2 的起点作出 F_2，即将各力矢量依次首尾相连，最后连接 F_1 的起点和 F_4 的终点（由起点指向终点）得到的矢量即代表这四个力的合力，如图 2—2（c）所示。各分力矢量与合力矢量构成一个四边形，合力矢量称为这个四边形的封闭边。当汇交力系中含有 n 个分力 F_1，F_2，$\cdots$，F_n 时，也可类似作出一个力多边形，力多边形的封闭边，即连接第一个力矢量的起点和最后一个力矢量的终点的矢量即为合力矢量，以 F_R 表示。根据矢量相加的交换律，任意交换各分力矢量的作图秩序，可得形状不同的力多边形，但其合力矢量仍然不变。

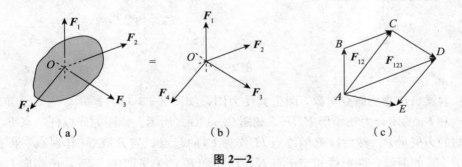

(a)   (b)   (c)

图 2—2

总之，平面汇交力系可以合成为一个合力，合力作用线通过汇交点，合力的大小和方向等于各分力的矢量和（几何和）。即

$$F_R = F_1 + F_2 + \cdots + F_n = \sum_{i=1}^{n} F_i \tag{2-4}$$

为表达简单，在以后的求和符号中常省略求和指标，例如式（2—4）可简记为 $F_R = \sum F$。如果力系中各力作用线都沿同一直线，则此力系称为共线力系，它是平面汇交力

系的特例。若规定直线的某一指向为正，相反为负，则力系合力的大小和方向决定于各分力的代数和，即

$$F_R = \sum F$$

2. 汇交力系的平衡

由于平面汇交力系可用其合力来代替，显然，平面汇交力系平衡的必要条件是：该力系的合力为零。即

$$\sum_{i=1}^{n} \boldsymbol{F}_i = 0 \tag{2—5}$$

合力为零，表明力多边形的封闭边长度为零，即第一个力矢量的起点和最后一个力矢量的终点相重合，亦即各分力矢量首尾相连可以自行封闭。可以证明，这个条件也是充分的。于是平面汇交力系平衡必要充分的几何条件是：该力系的力多边形自行封闭。

用几何法求解汇交力系的平衡问题时，关键是由已知条件作出封闭的力多边形，然后由几何关系进行计算。

例 2—1　水平梁 AB 中点 C 作用着力 $\boldsymbol{P}$，其大小等于 20kN，方向与梁的轴线成 60° 角，支承情况如图 2—3（a）所示，试求固定铰链支座 A 和活动铰链支座 B 的反力。梁的自重不计。

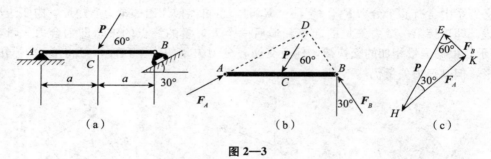

图 2—3

解：取梁 AB 作为研究对象，画出其受力图，如图 2—3（b）所示。应用已知条件画出 $\boldsymbol{P}$、$\boldsymbol{F}_A$ 和 $\boldsymbol{F}_B$ 的闭合力三角形 EHK，如图 2—3（c）所示。作图时先以任一点 E 为起点作出已知的力矢量 $\boldsymbol{P}$，然后以 $\boldsymbol{P}$ 的终点 H 作为 $\boldsymbol{F}_A$ 的起点，与 $\boldsymbol{P}$ 成 30° 作射线，再在 E 点作与 $\boldsymbol{P}$ 成 60° 的射线，两射线相交于点 K，H 指向 K 的矢量即代表 $\boldsymbol{F}_A$，K 指向 E 的矢量即代表 $\boldsymbol{F}_B$。

由几何条件解出：

$$F_A = P\cos 30° = 17.3\text{kN}, \qquad F_B = P\sin 30° = 10\text{kN}$$

例 2—2　如图 2—4 所示是汽车制动机构的一部分。司机踩到制动蹬上的力 $P = 212\text{N}$，方向与水平面成 $\alpha = 45°$ 角。当平衡时，BC 水平，AD 铅直，试求拉杆所受的力。已知 $EA = 24\text{cm}$，$DE = 6\text{cm}$（点 E 在铅直线 DA 上），又 B、C、D 都是光滑铰链，机构的自重不计。

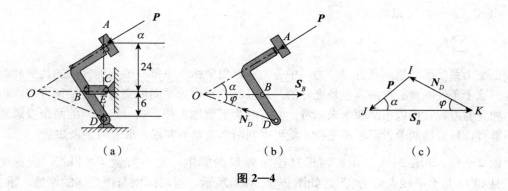

图 2—4

解：取制动蹬 *ABD* 作为研究对象，画出其受力图，如图 2—4（b）所示。应用已知条件画出 **P**、**S**$_B$ 和 **N**$_D$ 的闭合力三角形，如图 2—4（c）所示。

由几何关系得

$$OE = EA = 24\text{cm}, \qquad \tan\varphi = \frac{DE}{OE} = 0.25, \qquad \varphi = \arctan 0.25 = 14°2'$$

由力三角形可得

$$S_B = \frac{\sin(180° - \alpha - \varphi)}{\sin\varphi} P = 750(\text{N})$$

三、平面汇交力系合成与平衡的解析法　合力投影定理

解析法是通过力矢量在坐标轴上的投影来分析力系的合成及其平衡条件的，它是研究力系简化与平衡的主要方法。

平面汇交力系合成的解析法是以下述的合力投影定理为依据的。即：合力在任一轴上的投影，等于它的各分力在同一轴上的投影的代数和，称为合力投影定理。

设有由 n 个力 $\boldsymbol{F}_1$，$\boldsymbol{F}_2$，…，$\boldsymbol{F}_n$ 组成的平面汇交力系，$\boldsymbol{F}_R$ 为其合力，由合力投影定理，可得

$$\begin{cases} \boldsymbol{F}_{Rx} = \boldsymbol{F}_{1x} + \boldsymbol{F}_{2x} + \cdots + \boldsymbol{F}_{nx} = \sum \boldsymbol{F}_x \\ \boldsymbol{F}_{Ry} = \boldsymbol{F}_{1y} + \boldsymbol{F}_{2y} + \cdots + \boldsymbol{F}_{ny} = \sum \boldsymbol{F}_y \end{cases} \tag{2—6}$$

因此，合力的大小及方向余弦为

$$F_R = \sqrt{F_{Rx}^2 + F_{Ry}^2} = \sqrt{\left(\sum F_x\right)^2 + \left(\sum F_y\right)^2} \tag{2—7}$$

$$\cos\alpha = \frac{F_{Rx}}{F_R} = \frac{\sum F_x}{F_R}, \cos\beta = \frac{F_{Ry}}{F_R} = \frac{\sum F_y}{F_R} \tag{2—8}$$

式中，α、β 分别是合力与 x、y 轴正方向的夹角。

由前面可知，平面汇交力系平衡的必要和充分条件是：该力系的合力等于零，即 $F_R = 0$。

由式（2—7）可以得到

$$\sum F_x = 0, \quad \sum F_y = 0 \tag{2—9}$$

汇交力系平衡的解析条件是：力系中各力在直角坐标系中每一轴上的投影的代数和都等于零。这个条件既是必要的，也是充分的。式（2—9）称为平面汇交力系的平衡方程，包含两个独立的方程，可以求解两个未知量。但有时为了解题方便，式（2—9）的两个投影轴可以不垂直，只要这两个投影轴不平行，就可得到两个独立的方程，求解两个未知量。

例 2—3 如图 2—5 所示，两根直径均为 D 的圆钢，每根重量 $P = 2\text{kN}$，搁置在槽内，且 O_1O_2 与水平线夹角为 $45°$，如图 2—5（a）所示，忽略圆钢与槽之间的摩擦，求 A、B、C 三处的约束反力。

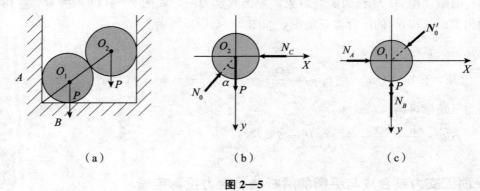

图 2—5

解：（1）选取 O_2 圆钢作为研究对象，画出其受力图如图 2—5（b）所示。

（2）建立如图 2—5（b）所示的直角坐标系，并列出平衡方程：

$$\sum F_y = 0, \quad P - N_0 \cos 45° = 0$$

$$\sum F_x = 0, \quad N_0 \sin 45° - N_C = 0$$

解方程得

$$N_0 = 2\sqrt{2}\text{kN}, \quad N_C = 2\text{kN}$$

（3）选取 O_1 圆钢作为研究对象，并画出其受力图如图 2—5（c）所示。

（4）建立如图 2—5（c）所示的直角坐标系，列平衡方程求解：

$$\sum F_x = 0, \quad N_A - N_0{}' \cos 45° = 0$$

$$\sum F_y = 0, \quad P + N_0{}' \sin 45° - N_B = 0$$

其中 $N_0{}' = N_0$。

解之得

$$N_A = 2\text{kN}, \quad N_B = 4\text{kN}$$

例 2—4 如图 2—6（a）所示，已知 $P = 20\text{kN}$，不计杆重和滑轮尺寸，求杆 AB 与 BC 所受的力。

26

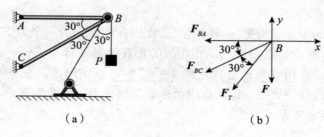

(a)   (b)

图 2—6

解： (1) 取滑轮（含销钉）B 作为研究对象，不计杆重和滑轮尺寸，其受力分析如图 2—6 (b) 所示。

滑轮受 AB 杆与 BC 杆的约束力 F_{BA} 与 F_{BC}，因两杆均为二力杆，所以约束力沿各杆的方向，假设均为拉力，此外还受两段绳子的张力，设为 F_T 和 F，因不计滑轮大小，这四个力可以认为汇交于滑轮的中心。

(2) 取图示投影轴，列平衡方程求解：

$$\sum F_x = 0, \quad -F_{BA} - F_{BC}\cos 30° - F_T\sin 30° = 0$$

$$\sum F_y = 0, \quad -F_{BC}\sin 30° - F_T\cos 30° - F = 0$$

其中 $F = F_T = P$。

解得

$$F_{BC} = -74.64 \text{kN（压）}, \quad F_{AB} = 54.64 \text{kN（拉）}$$

2.2 平面力对点之矩 平面力偶

力对刚体的作用效应使刚体的运动状态发生改变（包括移动与转动状态），其中力对刚体的移动效应可用力矢来度量；而力对刚体的转动效应可用力对点（轴）的矩（简称力矩）来度量。如在杠杆上作用一个力，则杠杆可绕支点转动，用扳手拧螺栓（图 2—7），在扳手上作用一个力就可以使螺母绕螺栓轴线转动。这是因为作用在杠杆上的力对支点、作用在扳手上的力对螺母的中心点（严格来说是对螺栓中心轴线）产生了力矩。即力矩是度量力使刚体绕矩心转动效应的物理量。

一、平面力对点的矩 合力矩定理

1. 平面力对点的矩的概念

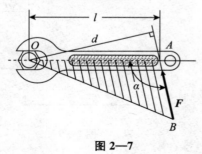

图 2—7

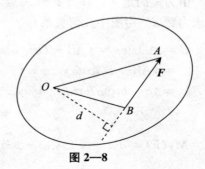

图 2—8

27

可以把力对点的矩推广到更一般的情况。作用在物体上的一个力 F，任取一点 O，称为矩心，如图 2—8 所示，点 O 到力的作用线的垂直距离 d 称为力臂，力与力臂的乘积称为力矩的大小，力的作用线与矩心确定的平面称为力矩作用面。在我们讨论的平面力系中，各力对该平面内任一点的力矩的作用面也就是该平面，因此为简单起见，在平面力系中力 F 对点 O 的矩定义为

$$M_O(\boldsymbol{F}) = \pm Fd \tag{2—10}$$

即平面力对点之矩是一个代数量，它的大小等于力的大小与力臂的乘积。它的正负可按下法确定：力有使物体绕矩心（实际上是绕通过矩心垂直于力矩作用面的轴线）逆时针转动的趋向时为正；反之为负。

由图 2—8 容易看出，力 F 对点 O 的矩的大小也可用矩心与力矢量的起点、终点所连的三角形 OBA 面积的两倍表示，即

$$M_O(\boldsymbol{F}) = \pm 2S_{\triangle OBA} \tag{2—11}$$

力矩的单位常用 N·m 或 kN·m 表示。由力对点的力矩的定义可知：

1）力沿作用线移动时，对一点的矩不变。

2）力作用线过矩心时，此力对矩心之矩等于零。

2. 合力矩定理及力矩解析表达式

合力矩定理：平面汇交力系的合力对平面内任一点的力矩，等于各分力对同一点的力矩的代数和。

利用合力矩定理，可以得到力对坐标原点力矩的解析表达式。如图 2—1 所示，已知力 F 的大小和方向，并且知道力的作用点的坐标 (x,y)，利用合力矩定理有

$$M_O(F) = M_O(F_x) + M_O(F_y) = xF_y - yF_x \tag{2—12}$$

事实上，式（2—12）中的 x、y 可以是力的作用线上任一点的坐标，原因留给读者自行分析。

例 2—5　如图 2—9 所示，力 F 作用于支架上的点 C，设 $F = 100\text{N}$，试求力 F 对点 A 之矩。

解：本题有两种解法。

（1）由力矩的定义计算力 F 对 A 点之矩。

先求力臂 d。由图中几何关系有

$$
\begin{aligned}
d &= AD\sin\alpha = (AB - DB)\sin\alpha \\
&= (AB - BC\cot\alpha)\sin\alpha \\
&= (a - b\cot\alpha)\sin\alpha = a\sin\alpha - b\cos\alpha
\end{aligned}
$$

所以

$$M_A(F) = Fd = F(a\sin\alpha - b\cos\alpha)$$

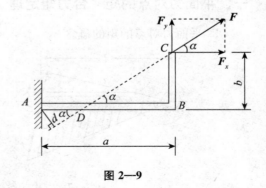

图 2—9

28

(2) 根据合力矩定理计算力 F 对 A 点之矩。

将力 F 在 C 点分解为两个正交的分力，由合力矩定理可得

$$M_A(F) = M_A(F_x) + M_A(F_y) = -F_x b + F_y a = F(a\sin\alpha - b\cos\alpha)$$

本例两种解法的计算结果是相同的，当力臂不易确定时，用后一种方法较为简便。

二、平面力偶系的合成与平衡

1. 力偶与力偶矩

作用在同一物体上等值、反向而不共线的两个力，如图 2—10 所示，称为力偶，以 (F, F') 表示，它是两个力组成的不能再简化的力系。如用手拧水龙头，手指作用在开关上的力形成力偶；钳工用丝锥攻丝式，两手作用在丝锥上的力形成力偶。

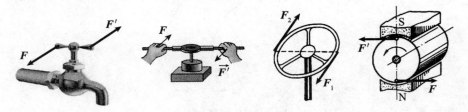

图 2—10

构成力偶的两力 F 与 F' 作用线所决定的平面称为力偶的作用面，两力作用线间的距离 d 称为力偶臂，如图 2—11 所示。

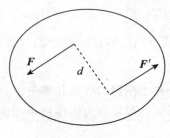

图 2—11

将力偶中力的大小和力偶臂的乘积冠以适当的正负号称为力偶矩，用 M 表示，即

$$M = \pm Fd \tag{2—13}$$

正负号表示力偶的转向。规定当力偶使刚体有逆时针转动趋向时取正，有顺时针转动趋向时取负。力偶的单位与力矩的单位相同。

力偶对刚体的作用效应是改变刚体的转动状态，转动效应取决于力偶矩的大小和转向。如作用在方向盘上的力偶可使方向盘绕轴线转动，作用的力偶矩越大，方向盘转速改变越快。力偶在平面内的转向不同，其作用效应也不相同。因此，同一平面内的力偶对物体的作用效应，只由两个因素决定：力偶矩的大小及力偶在作用平面内的转向。因此可用代数量表示力偶矩。

2. 力偶的性质

力和力偶是静力学中的两个基本要素。力偶与力具有不同的性质。

性质1：力偶不能简化为一合力。

力偶不能简化为一个力，也就是说一个力偶没有合力，不可能和一个力等效，因此也不可能单独用一个力来平衡一个力偶，一个力偶只能和力偶平衡。

性质2：力偶对作用面内任一点之矩恒等于力偶矩，与矩心位置无关。

如图2—12所示，O是力偶作用面内任意一点。F'到O点的力臂为x，F到O点的力臂为$x+d$。因此

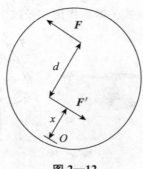

图2—12

$$M_O(\boldsymbol{F}) + M_O(\boldsymbol{F'}) = F(d+x) - F'x = Fd = M$$

上式表明，力偶中两力对其作用面内任一点矩的代数和与矩心无关，恒等于力偶矩，常用符号$M(\boldsymbol{F},\boldsymbol{F'})$或$M$表示。

性质3：力偶中两力在任一轴上投影的代数和等于零。

性质4：只要保持力偶矩不变，可以在力偶作用平面内任意移转力偶中力的作用线而不改变它对刚体的效应。

如图2—13（a）中所示的力偶（$\boldsymbol{F}$,$\boldsymbol{F'}$），加一对平衡力（$\boldsymbol{P}$,$\boldsymbol{P'}$），如图2—13（b）所示，力$\boldsymbol{F}$与力$\boldsymbol{P}$合成为$\boldsymbol{F}_R$，力$\boldsymbol{F'}$与力$\boldsymbol{P'}$合成为$\boldsymbol{F'}_R$，如图2—13（c）所示。显然$\boldsymbol{F}_R$与$\boldsymbol{F'}_R$构成力偶（$\boldsymbol{F}_R$,$\boldsymbol{F'}_R$），如图2—13（d）所示。

根据加减平衡力系原理，力偶（$\boldsymbol{F}$,$\boldsymbol{F'}$）与力偶（$\boldsymbol{F}_R$,$\boldsymbol{F'}_R$）等效，两力偶相比较，力偶矩大小没有改变，只是构成力偶的力的作用线发生了转动。也可以证明，当构成力偶的力的作用线平行移动时，只要保持力偶矩不变，其对同一刚体的效应不会改变。

还可证明：力偶作用平面可以在同一刚体内平行移动，而不改变原力偶对刚体的效应。

3. 同平面内力偶的等效定理

同一平面内力偶矩大小相等、转向相同的两力偶对同一刚体的作用效果相同，称之为同平面内力偶的等效定理。

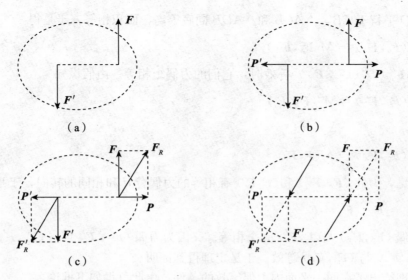

（a）　　　　　　　　　　　　　（b）

（c）　　　　　　　　　　　　　（d）

图 2—13

证明：如图 2—14 所示，设在同平面内有两个力偶（$\boldsymbol{F}_0$，$\boldsymbol{F}'_0$）和（$\boldsymbol{F}$，$\boldsymbol{F}'$）作用，它们的力偶矩相等，且力的作用线分别交于点 A 和 B，现证明这两个力偶是等效的。将力 $\boldsymbol{F}_0$ 和 $\boldsymbol{F}'_0$ 分别沿它们的作用线移到点 A 和点 B；然后分别沿连线 AB 和力偶（$\boldsymbol{F}$，$\boldsymbol{F}'$）的两力的作用线方向分解，得到 $\boldsymbol{F}_1$、$\boldsymbol{F}_2$ 和 $\boldsymbol{F}'_1$、$\boldsymbol{F}'_2$ 四个力，显然，这四个力与原力偶（$\boldsymbol{F}_0$，$\boldsymbol{F}'_0$）等效。由于两个力平行四边形全等，于是力 $\boldsymbol{F}'_1$ 与 $\boldsymbol{F}_1$ 大小相等、方向相反，并且共线，是一对平衡力，可以除去；剩下的两个力 $\boldsymbol{F}_2$ 与 $\boldsymbol{F}'_2$ 大小相等、方向相反，组成一个新力偶（$\boldsymbol{F}_2$，$\boldsymbol{F}'_2$），并与原力偶（$\boldsymbol{F}_0$，$\boldsymbol{F}'_0$）等效。连接 CB 和 DB。计算力偶矩，有

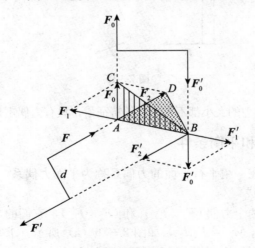

图 2—14

$$M(\boldsymbol{F}_0, \boldsymbol{F}'_0) = -2S_{\triangle ACB}$$
$$M(\boldsymbol{F}_2, \boldsymbol{F}'_2) = -2S_{\triangle ADB}$$

31

因为 CD 平行于 AB，$\triangle ACB$ 和 $\triangle ADB$ 同底等高，面积相等，于是得

$$M(\boldsymbol{F}_0, \boldsymbol{F}_0') = M(\boldsymbol{F}_2, \boldsymbol{F}_2')$$

即力偶 $(\boldsymbol{F}_0, \boldsymbol{F}_0')$ 与 $(\boldsymbol{F}_2, \boldsymbol{F}_2')$ 等效时，它们的力偶矩相等。由假设知

$$M(\boldsymbol{F}_0, \boldsymbol{F}_0') = M(\boldsymbol{F}, \boldsymbol{F}')$$

因此有

$$M(\boldsymbol{F}_2, \boldsymbol{F}_2') = M(\boldsymbol{F}, \boldsymbol{F}')$$

由图可见，力偶 $(\boldsymbol{F}_2, \boldsymbol{F}_2')$ 和 $(\boldsymbol{F}, \boldsymbol{F}')$ 有相等的力偶臂 d 和相同的转向，于是得

$$\boldsymbol{F}_2 = \boldsymbol{F}, \quad \boldsymbol{F}_2' = \boldsymbol{F}'$$

可见力偶 $(\boldsymbol{F}_2, \boldsymbol{F}_2')$ 与 $(\boldsymbol{F}, \boldsymbol{F}')$ 完全相等。又因为力偶 $(\boldsymbol{F}_2, \boldsymbol{F}_2')$ 与 $(\boldsymbol{F}_0, \boldsymbol{F}_0')$ 等效，所以力偶 $(\boldsymbol{F}, \boldsymbol{F}')$ 与 $(\boldsymbol{F}_0, \boldsymbol{F}_0')$ 等效。于是定理得到证明。

上述定理给出了在同一平面内力偶等效的条件。由此可得如下推论：

(1) 任一力偶可以在它的作用面内任意移转，而不改变它对刚体的作用。因此，力偶对刚体的作用与力偶在其作用面内的位置无关。

(2) 只要保持力偶矩的大小和力偶的转向不变，可以同时改变力偶中力的大小和力偶臂的长短，而不改变力偶对刚体的作用。即力偶对刚体的效应与力偶中力的作用线的方向、位置以及力的大小无关，因此为了简便，我们可以用如图 2—15 所示的符号表示力偶，M 为力偶矩。

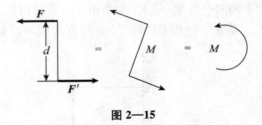

图 2—15

由此可见，力偶臂和力的大小都不是力偶的特征量，只有力偶矩是力偶作用的唯一量度。

三、平面力偶的合成和平衡条件

作用面共面或作用在一组平行平面的力偶系称为平面力偶系。

1. 平面力偶系的合成

设在同一平面内有两个力偶 $(\boldsymbol{F}_1, \boldsymbol{F}_1')$ 和 $(\boldsymbol{F}_2, \boldsymbol{F}_2')$，它们的力偶臂各为 d_1 和 d_2，力偶矩分别为 $M_1 = F_1 d_1$，$M_2 = F_2 d_2$，如图 2—16 (a) 所示。求它们的合成结果。

为此，在保持力偶矩不变的情况下，同时改变这两个力偶的力的大小和力偶臂的长短，使它们具有相同的臂长 d，并将它们在平面内移转，使力的作用线重合，如图2—16 (b)所示。于是得到与原力偶等效的两个新力偶 $(\boldsymbol{F}_3, \boldsymbol{F}_3')$ 和 $(\boldsymbol{F}_4, \boldsymbol{F}_4')$。$\boldsymbol{F}_3$ 和 $\boldsymbol{F}_4$ 的大小为：

$$F_3 = \frac{M_1}{d}, \quad F_4 = \frac{M_2}{d}$$

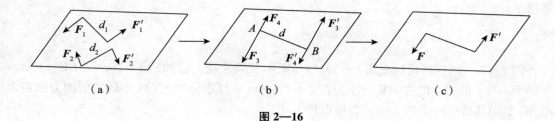

$$(a) \qquad\qquad (b) \qquad\qquad (c)$$

图 2—16

分别将作用在点 A 和 B 的力合成（设 $F_3 > F_4$），得

$$F = F_3 - F_4$$
$$F' = F'_3 - F'_4$$

由于 F 与 F' 是相等的，所以构成了与原力偶系等效的合力偶（$\boldsymbol{F}$, $\boldsymbol{F}'$），如图 2—16 (c) 所示，以 M 表示合力偶的力偶矩，得

$$M = Fd = (F_3 - F_4)d = F_3 d - F_4 d = M_1 - M_2$$

如果有两个以上的力偶，可以按照上述方法合成。这就是说：在同平面内的任意个力偶可合成为一个合力偶，合力偶矩等于各个力偶矩的代数和，可写为

$$M = M_1 + M_2 + \cdots + M_n = \sum M \tag{2—14}$$

结论：平面力偶系可以合成为一个合力偶，合力偶的力偶矩等于力偶系中各分力偶矩的代数和。

2. 平面力偶系的平衡条件

若刚体受平面力偶系作用，由上面的分析可知，该力偶系可以简化为合力偶，若合力偶矩等于零，即各力偶矩的代数和为零，刚体一定是平衡的。反之，若刚体受平面力偶系作用平衡，则各力偶矩代数和一定为零。因此可得平面力偶系平衡的必要与充分条件是：力偶系中各力偶矩的代数和等于零。即

$$\sum M = 0 \tag{2—15}$$

上式称为平面力偶系的平衡方程，可以求解一个未知量。

例 2—6 如图 2—17 所示，电动机轴通过联轴器与工作轴相连，联轴器上 4 个螺栓 A、B、C、D 的孔心均匀地分布在同一圆周上，此圆的直径 $d = 150\text{mm}$，电动机轴传给联轴器的力偶矩 $m = 2.5\text{kN·m}$，试求每个螺栓所受的力为多少？

解：取联轴器为研究对象，作用于联轴器上的力有电动机传给联轴器的力偶、每个螺栓的反力，受力图如图 2—1 所示。设 4 个螺栓的受力均匀，即 $F_1 = F_2 = F_3 = F_4 = F$，则组成两个力偶并与电动机传给联轴器的力偶平衡。由

$$\sum M = 0, \quad m - F \times AC - F \times d = 0$$

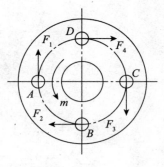

图 2—17

33

解得

$$F = \frac{m}{2d} = \frac{2.5}{2 \times 0.15} = 8.33\text{kN}$$

例2—7   四连杆机构在图2—18（a）所示位置平衡。已知 $OA=60\text{cm}$，$BC=40\text{cm}$，作用于 BC 上的力偶的力偶矩大小为 $M_2=1\text{N}\cdot\text{m}$，试求作用在 OA 上的力偶的力偶矩大小 M_1 和 AB 所受的力的大小。各杆重量不计。

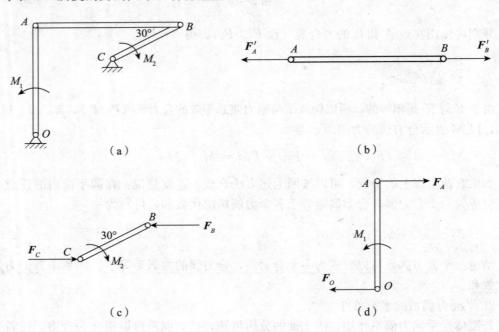

(a)   (b)

(c)   (d)

图 2—18

解：（1）研究 AB 杆，其为二力杆，受力如图2—18（b）所示，再以 BC 杆为研究对象，其在 B 点受到 AB 杆的反作用力 F_B，由力偶性质可知，固定铰支座 C 的约束力 F_C 必与 F_B 构成力偶，画受力图如图2—18（c）所示。

列平衡方程：

$$\sum M = 0, \qquad F_B \times \overline{BC}\sin 30° - M_2 = 0$$

$$F_B = \frac{M_2}{\overline{BC}\sin 30°} = \frac{1}{0.4 \times \sin 30°} = 5\text{N}$$

（2）研究 OA 杆，受力如图2—18（d）所示，可知

$$F_A = F'_A = F'_B = F_B = 5\text{N}$$

列平衡方程：

$$\sum M = 0, \quad -F_A \times \overline{OA} + M_1 = 0$$

所以

34

$$M_1 = F_A \times \overline{OA} = 5 \times 0.6 = 3\text{N} \cdot \text{m}$$

2.3 平面任意力系的简化

力的平移定理是平面任意力系的简化的基础。因此，在介绍平面任意力系的简化之前，首先介绍力的平移定理。

一、力的平移定理

定理：作用在刚体上的力，可以向刚体内任一点平移，但必须同时附加一个力偶，此力偶的力偶矩等于原力对新作用点的矩。

证明：如图 2—19（a）中所示的力 F 作用于刚体的点 A，在刚体上任取一点 B，在点 B 上加两个等值反向的力 F' 和 F''，并令它们与力 F 平行且 $F = F' = -F''$，如图 2—19（b）所示，根据加减平衡力系公理，这三个力 F、F'、F'' 组成的新力系与原来的一个力 F 等效。同时，这三个力可看作一个作用在点 B 的力 F' 和一个力偶（F，F''），此力偶称为附加力偶，如图 2—19（c）所示。从图中可以看出，该附加力偶的矩 $M = Fd$，其中 d 为附加力偶的臂，也就是点 B 到力 F 的作用线的距离，即 $M = M_B(F)$。这样，就把作用于点 A 的力 F 平移到另一点 B，但同时附加上了一个力偶，此力偶的力偶矩等于原来的力对新作用点的矩。定理得到证明。

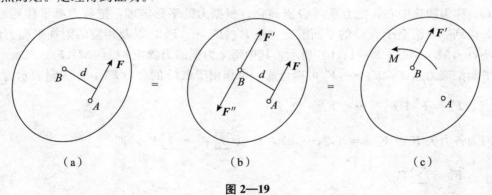

（a）　　　　　　　　（b）　　　　　　　　（c）

图 2—19

反过来，根据力的平移定理，也可以将平面内的一个力和一个力偶用作用在同一平面内的另一点的力来等效替换。

力的平移定理也是研究组合变形的力学分析基础。例如，如图 2—20（a）所示作用于齿轮上的圆周力 P，根据力的平移定理，等效于通过齿轮中心的力 P' 和附加力偶 M，如图 2—20（b）所示。力 P' 主要使轴产生弯曲变形，而附加力偶 M 可以驱使轴转。如图 2—20（b）所示的载荷可以看成是图 2—20（c）和图 2—20（d）两种载荷作用的叠加。为什么使用丝锥加工螺纹时，必须用两只手握扳手，而且用力要相等，而不能用一只手扳动扳手呢？利用力的平移定理与后面章节中的基本变形知识可以解释。

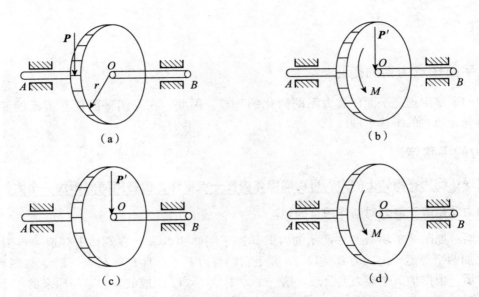

图 2—20

二、平面任意力系向一点的简化

设刚体上作用一平面任意力系 $F_1, F_2, \cdots, F_n$，如图 2—21（a）所示。在平面内任取一点 O，称为简化中心，把力系向 O 点简化。根据力的平移定理，把各力都平移到点 O。这样，得到一个汇交于点 O 的平面汇交力系 $F'_1, F'_2, \cdots, F'_n$，以及相应的附加平面力偶系 $M_1, M_2, \cdots, M_n$，如图 2—21（b）所示，其中每个力偶的力偶矩 $M_i = M_O(F_i)$。

平面汇交力系 $F'_1, F'_2, \cdots, F'_n$ 可以合成一个作用于点 O 的合力 F'_R，用矢量表示为

$$F'_R = F'_1 + F'_2 + \cdots + F'_n = \sum F'_i$$

因为各力矢 $F'_i = F_i (i = 1, 2, \cdots, n)$，所以 $\sum F'_i = \sum F_i$，即

$$F'_R = \sum F_i \tag{2—16}$$

F'_R 为力系中各力的矢量和，称为原力系的主矢，其大小及方向与简化中心的位置无关。附加力偶系可以合成为一个合力偶，其力偶矩为

$$M_O = M_1 + M_2 + \cdots + M_n = \sum M_O(F_i) \tag{2—17}$$

M_O 称为原力系对简化中心 O 的主矩，其大小通常与简化中心的选择有关。F'_R 和 M_O 组成一个新力系，该力系与原力系等效，如图 2—21（c）所示。

通过以上分析可知：在一般情况下，平面任意力系可向作用面内任一点简化，得到一个力和一个力偶，这个力等于力系中各力的矢量和，称为原力系的主矢，作用线通过简化中心。这个力偶之矩等于原力系中各力对简化中心之矩的代数和，称为原力系对简化中心 O 的主矩，力偶作用面就是力系所在的平面。

36

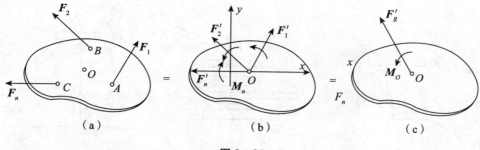

图 2—21

以简化中心 O 为原点建立直角坐标系 Oxy，以 i、j 表示坐标轴正方向的单位矢量，则力系主矢 F_R' 的解析表达式为

$$F_R' = F_{Rx}'i + F_{Ry}'j \tag{2—18}$$

式中 F_{Rx}'、F_{Ry}' 分别为主矢在 x、y 轴上的投影。

根据合力投影定理，有

$$F_{Rx}' = \sum F_x' = \sum F_x, \quad F_{Ry}' = \sum F_y' = \sum F_y$$

于是主矢的大小和方向余弦为

$$F_R' = \sqrt{\left(\sum F_x\right)^2 + \left(\sum F_y\right)^2} \tag{2—19}$$

$$\cos\alpha = \frac{F_{Rx}'}{F_R'} = \frac{\sum F_x}{F_R'}, \quad \cos\beta = \frac{F_{Ry}'}{F_R'} = \frac{\sum F_y}{F_R'} \tag{2—20}$$

式中，α、β 分别是主矢与 x、y 轴正方向的夹角。因此，已知一平面任意力系中各力的大小和方向，便可以计算出主矢的大小和方向。

平面固定端约束是工程中一种常见的重要约束类型。一个物体的一端完全固定在另一个物体上，这种约束称为平面固定端约束或平面固定（插入）端支座，简称固定端约束或固定端支座。它们的约束端称为插入端或固定端。如图 2—22（a）所示的房屋建筑物中的阳台、图 2—22（b）所示的车床上的刀具、图 2—22（c）所示的立于路边的电线杆等均属于固定端支座的约束。

如图 2—23（a）所示，一物体 AB 在左端 A 受固定端支座约束。固定端支座对物体的约束反力是作用在接触面上的一平面任意力系，如图 2—23（b）所示。将该力系向作用平面内一点简化，一般选取插入端交界处的截面中心 A 为简化中心，得到一个力和一个力偶，如图 2—23（c）所示。一般情况下，这个力的大小和方向均为未知量，可用两个正交分力来代替。因此，在平面力系情况下，固定端 A 处的约束反力，可简化为两个约束反力 F_{Ax}、F_{Ay} 和一个约束反力偶 M_A，且通常假设它们都是正号的，如图 2—23（d）所示。

一端受固定端支座约束、一端自由的梁称为悬臂梁，其结构简图如图 2—24（a）所示。其约束反力如图 2—24（b）所示，正交约束反力 F_{Ax}、F_{Ay} 限制梁端面水平和铅直方向的移动，而约束力偶 M_A 限制梁端面绕 A 点的转动。

37

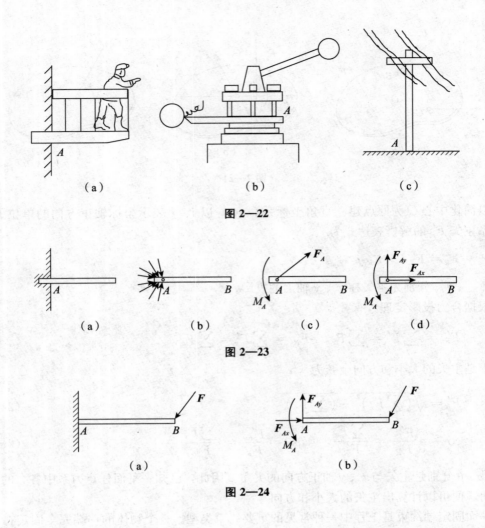

（a）　　　　　　　　（b）　　　　　　　　（c）

图 2—22

（a）　　　（b）　　　（c）　　　（d）

图 2—23

（a）　　　　　　　　　　（b）

图 2—24

2.4　平面任意力系的平衡条件和平衡方程

一、平衡方程的一般式

由平面任意力系的简化结果分析可知，平面任意力系平衡的充要条件是：力系的主矢和对任一点的主矩都等于零。即

$$F'_R = 0, \quad M_O = 0 \tag{2—21}$$

平面任意力系的主矢 $F'_R = \sqrt{\left(\sum F_x\right)^2 + \left(\sum F_y\right)^2}$，主矩 $M_O = \sum M_O(F_i)$。代入式（2—21）可得平面任意力系的平衡方程

$$\begin{cases} \sum F_x = 0 \\ \sum F_y = 0 \\ \sum M_O(\boldsymbol{F}_i) = 0 \end{cases} \tag{2-22}$$

式（2—22）称为平面任意力系的平衡方程。即平面任意力系平衡的充要条件是：力系中各力在两直角坐标轴上投影的代数和等于零，力系中各力对平面内任意点之矩的代数和等于零。式（2—22）是平衡方程的基本形式，共包含三个独立的方程，其中有 2 个力的投影平衡方程和 1 个力矩平衡方程，用它解题时，一个研究对象最多可求三个未知量。值得一提的是，上述结论是在直角坐标系下推导出来的，但在用式（2—22）解题时，两个投影坐标轴也可以不正交。对于平面任意力系，其平衡方程还有其他两种形式。

二、平衡方程的二矩式

若三个平衡方程中有两个是力矩的平衡方程，一个是力的投影的平衡方程，如

$$\begin{cases} \sum F_x = 0 \\ \sum M_A(\boldsymbol{F}_i) = 0 \\ \sum M_B(\boldsymbol{F}_i) = 0 \end{cases} \tag{2-23}$$

则式（2—23）称为平衡方程的二矩式。式中投影轴 x 可沿任何方向，只要不与两矩心 A、B 的连线垂直即可。即平面任意力系平衡的充要条件是：力系中各力对任意两点的力矩的代数和分别为零，各力在不与矩心连线垂直的任一轴上投影的代数和为零。以上方程的必要性是显然的，为什么满足上述附加条件的三个方程也构成力系平衡的充分条件呢？由平面任意力系简化的结果可知，力系简化的最终结果是平衡、简化为合力或者简化为合力偶。由第二个方程可知，原力系不可能简化为力偶（因为力系简化为力偶时向任一点简化的结果都一样，既然向 A 点简化主矩为零，向其他点简化主矩也一定为零），只能简化为通过 A 点的一个合力（由合力矩定理，合力对 A 点的矩为零，故合力作用线过 A 点）或者平衡，同时由第三个方程可知，这个合力也一定过 B 点。也就是说原力系只可能简化为通过 AB 的合力或者平衡。由第一个方程可知，这个合力在 x 轴上投影为零，合力的作用线不与投影轴 x 垂直，只能是合力为零，也就是说原力系平衡。

三、平衡方程的三矩式

若三个平衡方程都是力矩的平衡方程，如

$$\begin{cases} \sum M_A(\boldsymbol{F}_i) = 0 \\ \sum M_B(\boldsymbol{F}_i) = 0 \\ \sum M_C(\boldsymbol{F}_i) = 0 \end{cases} \tag{2-24}$$

式中，A、B、C 三点不共线，则上式称为平面任意力系平衡方程的三矩式。即平面任意

力系平衡的充要条件是：力系中各力对任意不共线三点的力矩的代数和分别为零。为什么满足上述三个方程与附加条件的力系一定也是平衡的？读者可自行分析。

值得注意的是，不论选用哪种形式的平衡方程，对于同一平面力系来说，最多只能列出三个独立的平衡方程，因而一个研究对象只能求解出三个未知量。选用二矩式或三矩式方程，必须满足附加条件，否则所列平衡方程将不是独立的。另外，在应用平衡方程解题时，为使计算简化，通常将矩心选在尽量多的未知力的交点上；坐标轴选取与力系中尽可能多的未知力作用线垂直，尽可能避免求解联立方程。

各力作用线在同一平面内且互相平行的力系称为平面平行力系。平面平行力系是平面任意力系的一种特殊情形，因而其平衡方程也可从平面任意力系平衡方程的基本形式中直接导出。

若取 x 轴与各力垂直，则不论该力系是否平衡，总有 $\sum F_x = 0$，这个方程失去了意义。于是平面平行力系的平衡方程为

$$\begin{cases} \sum F_y = 0 \\ \sum M_O(\boldsymbol{F}_i) = 0 \end{cases} \tag{2-25}$$

平面平行力系平衡的充要条件为：力系对作用面内任一点力矩的代数和为零，在不与力的作用线垂直的任一轴上的投影的代数和为零。式（2—25）为平面平行力系平衡方程的一般式，应用式（2—25）时，为求解方便，一般取投影轴与各力作用线平行。两个独立的平衡方程可以求解两个未知量。

同理，平面平行力系的平衡方程也有二矩式，即

$$\begin{cases} \sum M_A(\boldsymbol{F}_i) = 0 \\ \sum M_B(\boldsymbol{F}_i) = 0 \end{cases} \tag{2-26}$$

式中，A、B 两点的连线不能与各力作用线平行。平面平行力系平衡的充要条件为：力系对作用面内连线不与各力作用线平行的任意两点的力矩的代数和分别为零。

例 2—8　如图 2—25（a）所示，水平悬臂梁 AB 上作用有均布荷载 $q=2\text{kN/m}$，集中力 $F=10\text{kN}$ 及集中力偶 $M=20\text{kN}\cdot\text{m}$。$AB$ 杆长度为 2m，求固定端 A 的约束力。

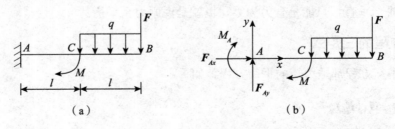

图 2—25

解：首先选取 AB 杆作为研究对象，其受力图如图 2—25（b）所示，列平衡方程

$$\sum F_x = 0, \quad F_{Ax} = 0$$

解得 $F_{Ax} = 0$。

列平衡方程

$$\sum M_A = 0, \quad M_A + M + q \times l \times 1.5l + F \times 2l = 0$$

解得 $M_A = -43\text{kN} \cdot \text{m}$。

再列平衡方程

$$\sum F_y = 0, \quad -ql - F + F_{Ay} = 0$$

解得 $F_{Ay} = 12\text{kN}$。

例 2—9 直角曲杆 ABC 的各个部分尺寸如图 2—26（a）所示。作用在曲杆上的主动力有集中力 $F = 10\text{kN}$、均布荷载 $q = 2\text{kN/m}$ 和力偶矩 $M = 10\text{kN} \cdot \text{m}$ 的力偶，试求固定铰支座 A 和活动铰支座 B 对曲杆的约束力。

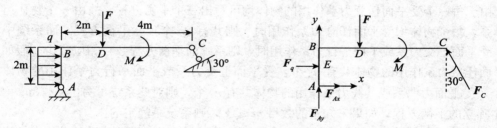

图 2—26

解：在求约束力时，可先将均布荷载 q 简化为集中力 F_q，如图 2—26（b）所示，其值为

$$F_q = \overline{AB} \times q = 2 \times 2 = 4\text{kN}$$

取直角曲杆 ABC 为研究对象，其受力图如图 2—26（b）所示。建立坐标系 xAy，根据平面任意力系平衡方程的一般式，有

$$\sum F_x = 0, \quad F_{Ax} + F_q - F_C \times \sin 30° = 0$$

$$\sum M_A(F) = 0,$$

$$-F_q \times 0.5 \times \overline{AB} - F \times \overline{BD} - M + F_C \times \cos 30° \times \overline{BC} + F_C \times \sin 30° \times \overline{AB} = 0$$

$$\sum F_y = 0, \quad F_{Ay} + F_C \times \cos 30° - F = 0$$

联立上面三式，可解得

$$F_C = \frac{17}{13}(3\sqrt{3} - 1) = 5.49\text{kN}$$

$$F_{Ax} = \frac{17}{26}(3\sqrt{3} - 1) - 4 = -1.26\text{kN}$$

$$F_{Ay} = 10 - \frac{17}{13}(3\sqrt{3} - 1) \times \frac{\sqrt{3}}{2} = 5.25\text{kN}$$

2.5 物体系统的平衡 静定和超静定问题

一、静定和超静定的概念

实际工程结构大都是由两个或两个以上物体通过一定约束方式相互连接构成物体系统的。在物体系统问题中，我们把作用在物体系统上的力区分为内力与外力。所谓内力，就是同一物体系统内各物体相互作用的力；所谓外力，就是系统以外的物体作用在系统内物体上的力。物体系统平衡时，组成该系统的每一个物体都处于平衡状态。物体系统平衡问题的求解，除了要考虑系统的平衡外，往往还需要考虑系统中单个或几个物体组成的部分的平衡。当系统中的未知量数目小于或等于独立平衡方程的数目时，待求的未知量仅用静力平衡方程就能全部求出。这样的问题就称为静定问题，相应的结构称为静定结构。

由于每一个受平面任意力系作用的物体均可写出三个平衡方程，故由 n 个物体组成的物体系，每个物体均受平面任意力系作用时，则共有 $3n$ 个独立平衡方程。而系统中有的物体受平面汇交力系或平面平行力系作用时，则系统的平衡方程数目相应减少。假如其中受平面任意力系作用的物体共有 n_1 个，受平面汇交力系或平面平行力系作用的物体共有 n_2 个，受平面力偶系或共线力系作用的物体共有 n_3 个，则对此系统可写出 $k = 3n_1 + 2n_2 + n_3$ 个独立的平衡方程，如果未知量的数目 $m \leqslant k$，则系统是静定的。

在实际工程中有很多构件与结构，为了提高刚度和坚固性，常常需要在静定结构上再增加约束，从而使这些结构的未知约束力的数目多于独立平衡方程的数目，仅仅依靠平衡方程不能求出全部未知量，这类问题称为超静定问题（静不定问题）。相应的结构称为超静定结构（或静不定结构）。超静定问题的特点是未知约束反力的数目多于系统独立平衡方程的数目，多出的个数称为超静定次数。

如图 2—27（a）所示为机床主轴，该轴可视为 A 处受到固定铰支座约束，而 B、C 处受到活动铰支座约束，如图 2—27（b）所示。对该主轴进行受力分析可知，共有四个约束反力，但只能列出三个独立的平衡方程，故是一次超静定问题。也可将主轴受到的力视为平面平行力系，这时有三个未知力，只有两个独立的平衡方程。超静定问题的求解超出了静力学的范围，将在"材料力学"和"结构力学"中介绍。

二、物体系统的平衡

求解物体系的平衡问题具有重要的实际意义，也是静力学的核心内容。现就解题中的指导思想和需要注意的问题，列举如下：

1. 解决物体系的平衡问题时，应针对各问题的具体条件和要求，构思正确、简捷的解题思路。这种解题思路具体体现为：恰当地选取分离体，恰当地选取平衡方程，以最简单的方法完成问题的解答。盲目地对系统中的每一个物体都写出三个平衡方程，最终也能完成问题的解答，但工作量大，易于出错。更重要的是，它不利于培养分析问题和解决问

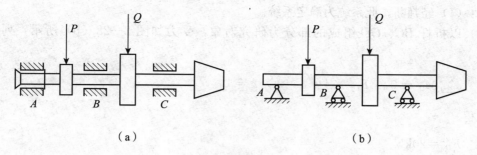

（a）   （b）

图 2—27

题的能力。

2. 分别选取系统整体和部分作为研究对象，列平衡方程，是解题的基本方法。正确地画出系统整体和各局部的受力图是必须完成的基本训练，这是求解复杂平衡问题及学习后续课程的需要，也是解决工程问题的需要。

3. 在画系统整体和各局部的受力图时，要注意内力与外力、作用力与反作用力的概念。还要注意正确地画出各类约束的约束反力，特别是二力杆约束、定向支座、固定端支座等的约束反力。现举例如下。

例 2—10　求如图 2—28（a）所示平面结构固定支座 A 的反力。已知 $M = 20\text{kN} \cdot \text{m}$，$q = 10\text{kN/m}$。

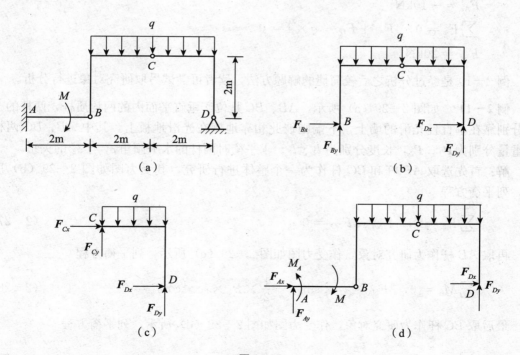

图 2—28

解：（1）经判断，此系统为静定系统。

（2）以折杆 BC、CD 组成的部分为研究对象，受力如图 2—28（b）所示，列平衡方程：

$$\sum M_B = 0, \quad F_{Dy} \times 4 - q \times 4 \times 2 = 0$$

解得

$$F_{Dy} = 20\text{kN}$$

（3）以折杆 CD 为研究对象，受力如图 2—28（c）所示，列平衡方程：

$$\sum M_C = 0, \quad F_{Dy} \times 2 + F_{Dx} \times 2 - q \times 2 \times 1 = 0$$

解得

$$F_{Dx} = -10\text{kN}$$

（4）以整体为研究对象，受力如图 2—28（d）所示，列平衡方程：

$$\sum M_A = 0, \quad M_A - M + F_{Dy} \times 6 - q \times 4 \times 4 = 0$$

$$M_A = 60\text{kN} \cdot \text{m}$$

$$\sum F_x = 0, \quad F_{Ax} + F_{Dx} = 0$$

$$F_{Ax} = -10\text{kN}$$

$$\sum F_y = 0, \quad F_{Ay} + F_{Dy} - q \times 4 = 0$$

$$F_{Ay} = 20\text{kN}$$

例 2—10 是经过分析之后较简捷的解题方法，读者可尝试另取研究对象进行分析。

例 2—11　如图 2—29（a）所示，AB、BC 是位于垂直平面内的两均质杆，两杆的上端分别靠在垂直且光滑的墙上，下端则彼此相靠地搁在光滑地板上，其中 AB、BC 两杆的重量分别为 $\boldsymbol{P}_1$、$\boldsymbol{P}_2$，长度分别为 l_1、l_2。求平衡时两杆的水平倾角 α_1 与 α_2 的关系。

解：首先选取 AB 杆和 BC 杆作为一个整体进行研究，其受力图如图 2—29（b）所示，列平衡方程

$$\sum F_x = 0, \quad F_{NA} - F_{NC} = 0 \tag{2—27}$$

再取 AB 杆作为研究对象，作受力图如图 2—29（c）所示，列平衡方程

$$\sum M_B = 0, \quad F_{NA} \times l_1 \times \sin\alpha_1 - \frac{1}{2} \times P_1 \times l_1 \times \cos\alpha_1 = 0 \tag{2—28}$$

最后取 BC 杆作为研究对象，作受力图如图 2—29（d）所示，列平衡方程

$$\sum M_B = 0, \quad F_{NC} \times l_2 \times \sin\alpha_2 - \frac{1}{2} \times P_2 \times l_2 \times \cos\alpha_2 = 0 \tag{2—29}$$

联立式（2—27）、式（2—28）、式（2—29）可得两杆的水平倾角 α_1 与 α_2 的关系为

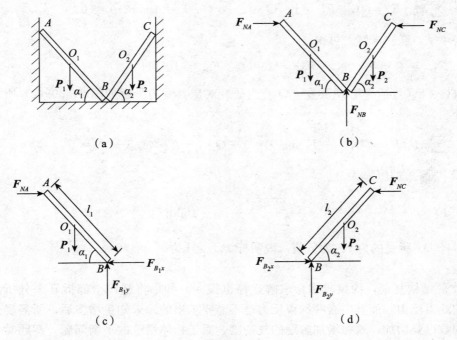

图 2—29

$$\frac{\tan\alpha_1}{\tan\alpha_2} = \frac{P_1}{P_2}$$

例 2—12 物体重量为 $Q = 1200\text{N}$，由三杆 AB、BC 和 CE 所组成的构架以及滑轮 E 支持，如图 2—30（a）所示。已知 $AD = DB = 2\text{m}$，$CD = DE = 1.5\text{m}$，不计各杆及滑轮重量。求支座 A 和 B 处的约束反力以及杆 BC 所受的力。

解： 先取整体为研究对象，受力图及坐标系如图 2—30（b）所示。列平衡方程

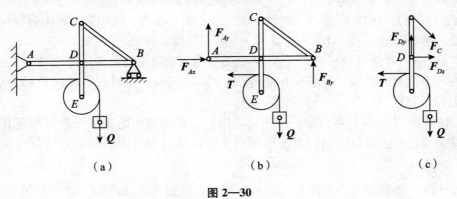

图 2—30

$$\sum F_x = 0, \quad F_{Ax} - T = 0$$
$$\sum F_y = 0, \quad F_{Ay} + F_{By} - Q = 0$$

$$\sum M_A(F) = 0, \quad F_{By} \cdot 4 - Q \cdot (2+r) - T \cdot (1.5-r) = 0$$

其中，$T = Q$，联立求解，可得

$$F_{Ax} = T = 1200\text{N}, \quad F_{Ay} = 150\text{N}, \quad F_{By} = 1050\text{N}$$

再取杆 CE（包括滑轮 E 及重物 Q）为研究对象，受力分析如图 2—30（c）所示。列平衡方程

$$\sum M_D(F) = 0, \quad -F_C\sin\alpha \cdot 1.5 - Q \cdot r - T \cdot (1.5-r) = 0$$

解得杆 BC 所受的力 F_C 为

$$F_C = -\frac{Q}{\sin\alpha} = -\frac{1200 \times \sqrt{2^2 + 1.5^2}}{2} = -1500\text{N}$$

求得杆 BC 所受的力 F_C 为负值，说明杆 BC 受压力。

讨论：

1. 本题结构复杂，约束较多，求解途径也很多。如果将结构全部拆开来分析，将暴露许多的约束反力，而其中有些约束反力是不需要求出的。未知量增多后，所需要列出的平衡方程数也要增加，这将增加解题的复杂度。对于物体系统的平衡问题，解题时一般首先考虑整体，然后再根据题目需要考虑物体系统中的一部分或单个物体。在本例中 A、B 处的约束反力都是外力，且未知量正好三个，因此首先以整体为研究对象是比较合适的。

2. 正确判断出系统中的二力构件，能简化受力分析和计算。本例中杆 BC 是二力杆，二力杆的内力沿其轴线，其指向可根据结构受力情况判断，难以判断时可任意假设，图中假设杆 BC 受拉力。

3. 由于取整体为研究对象不能求出杆 BC 的内力，因此必须另外取研究对象。注意每取一次研究对象都要单独画出其受力图。受力图必须画完整，即使是方程中不出现的力也应画出其约束反力，如本例中图 2—30（c）上点 D 的约束反力。

4. 建立平衡方程时，应适当选择投影轴方向和矩心位置，使相应方程中最好只含有一个未知量。在本例图 2—30（b）中选点 A 为矩心可直接求得 F_{By}；在图 2—30（c）中取点 D 为矩心，只需列一个方程便可求出 F_C，由于点 D 约束反力不需要求，因此对图 2—30（c）而言，在列方程时，方程中最好不出现 F_{Dx} 和 F_{Dy}，所以只需列一个对点 D 的力矩方程，而不必列投影方程。

5. 力的指向未知时，可假定一个指向，根据计算结果中的正负号即可判断其实际指向。当结果为正时表示假定指向与实际指向相同；结果为负则表明假定指向与实际指向相反。

例 2—13　连续梁受力如图 2—31（a）所示。已知 $q = 2\text{kN/m}$，$M = 4\text{kN} \cdot \text{m}$，$F = 10\text{kN}$。求 A、B 和 C 处支座的约束反力。

解：［分析］取整体为研究对象，可列出三个平衡方程，但未知约束力有四个，如图 2—31（b）所示，所以还要另外取研究对象，以增加平衡方程的数量。可以再以梁 BC 为研究对象，解除铰链 B 的约束，虽然增加了两个未知约束力 F_{Bx}、F_{By}，如图 2—31（c）

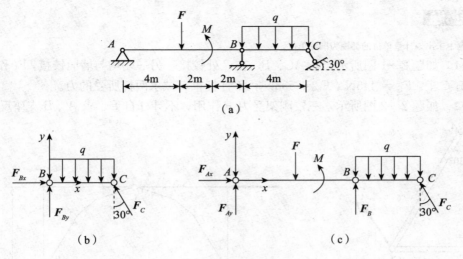

图2—31

所示，但可增加3个独立的平衡方程，也即未知量变为6个后，独立平衡方程的数目也有6个。当然求解时并不需要写出全部6个方程。如何选取研究对象、列平衡方程是物体系统平衡问题求解中技巧性较强的一个问题，原则是用尽可能少的平衡方程求出要求的未知量，且每个方程中未知量的数目越少求解越简单，尽量避免解联立方程组。

通过分析后，我们可分别选择梁 BC 和整体为研究对象，受力分析如图2—31（b）和图2—31（c）所示。分别列平衡方程

BC 杆：$\sum M_B = 0$，$q \times \overline{BC} \times 0.5\,\overline{BC} - F_C \times \cos 30° \times \overline{BC} = 0$

整体：$\quad \sum F_x = 0$，$F_{Ax} - F_C \times \sin 30° = 0$

$\qquad \sum F_y = 0$，$F_{Ay} + F_B + F_C \cos 30° - F - q \times \overline{BC} = 0$

$\qquad \sum M_B = 0$，

$\qquad F_C \times \cos 30° \times \overline{BC} + F \times \dfrac{1}{2}\,\overline{AB} + M - q \times \overline{BC} \times 0.5\,\overline{BC} - F_{Ay} \times \overline{AB} = 0$

联立求解，可得 A、B 和 C 处支座的约束反力

$\quad F_C = 4.62\text{kN}$

$\quad F_{Ay} = 5.5\text{kN}$

$\quad F_{Ax} = 2.31\text{kN}$

$\quad F_B = 8.5\text{kN}$

注：题中未出现计量单位的都视为国际单位。

2—1 如题2—1图所示，杆 AC、BC 在 C 处铰接，另一端均与墙面铰接，F_1 和 F_2 作用在销钉 C 上，$F_1 = 445\text{N}$，$F_2 = 535\text{N}$，不计杆重，试求两杆所受的力。

2—2 如题2—2图所示，三铰刚架受力 F 作用，不计杆自重。求 A、B 支座反力。

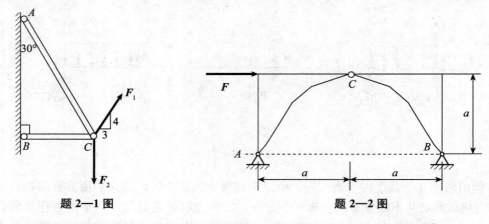

题 2—1 图　　　　　　　　　　　题 2—2 图

2—3 如题2—3图所示，铆接薄板在孔心 A、B 和 C 处受三力作用。$F_1 = 100\text{N}$，沿铅直方向；$F_3 = 50\text{N}$，沿水平方向，并通过 A；$F_2 = 50\text{N}$，力的作用线也通过点 A，尺寸如图所示。求此力系的合力。

2—4 如题2—4图所示，四连杆机构 $CABD$ 的 CD 边固定，A、B、C、D 各点为铰链，因此，$ABCD$ 的形状是可变的。今在铰 A 上作用力 F_1、铰 B 上作用力 F_2，使机构在图所示位置处于平衡。若各杆重量忽略不计，试求力 F_1 与 F_2 的大小关系。

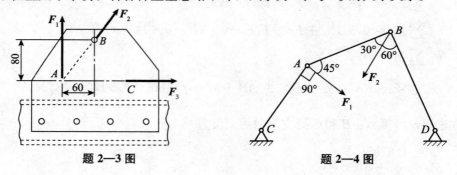

题 2—3 图　　　　　　　　　　　题 2—4 图

2—5 如题2—5图所示，物体重 $P = 20\text{kN}$，用绳子挂在支架的滑轮 B 上，绳子的另一端接在绞 D 上。转动绞，物体便能升起。设滑轮的大小、AB 与 CB 杆自重及摩擦略去不计，A、B、C 三处均为铰链连接。当物体处于平衡状态时，求拉杆 AB 和支杆 CB 所受的力。

2—6 支架如题2—6图所示，已知 $AB = AC = 30\text{cm}$，$CD = 15\text{cm}$，$F = 100\text{N}$，$\alpha = 30°$，求对 A、B、C 三点之矩。

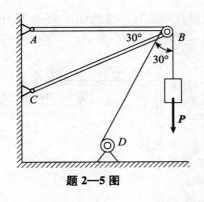

题 2—5 图

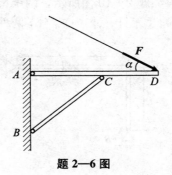

题 2—6 图

2—7　如题 2—7 图所示，不计重量的直杆 AB 与折杆 CD 在 B 处用光滑铰链连接，若结构受力 F 作用，各杆的自重不计，试求支座 C 处的约束力。

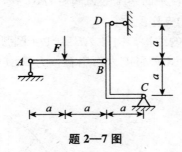

题 2—7 图

2—8　如题 2—8 图所示，一拔桩装置，AB、ED、DB、CB 均为绳，$\theta=0.1\mathrm{rad}$，DB 水平，AB 铅垂。力 $F=800\mathrm{N}$，求绳 AB 作用于桩上的力。

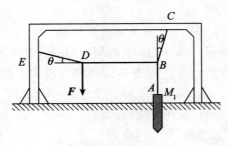

题 2—8 图

2—9　如题 2—9 图所示，已知梁 AB 上作用一力偶，力偶矩为 M，梁长为 l，梁重不计。求在图（a）、（b）、（c）三种情况下，支座 A 和 B 的约束力。

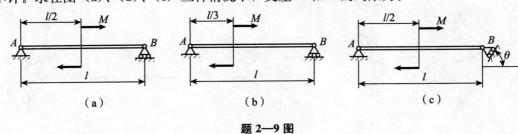

（a）　　　　　　　　　（b）　　　　　　　　　（c）

题 2—9 图

2—10 如题 2—10 图所示，两个尺寸相同的直角曲杆，受相同的力偶 M 作用，尺寸如图所示，自重不计，求（a）、（b）两种情况下，支座 A_1、B_1 和 A_2、B_2 处的约束力。

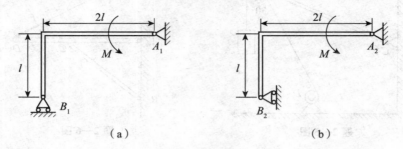

（a）　　　　　　　　　　（b）

题 2—10 图

2—11 如题 2—11 图所示，平面系统受力偶矩为 $M = 10\text{kN} \cdot \text{m}$ 的力偶作用。当力偶 M 作用于 AC 杆时，求 A、B 的支座反力

2—12 如题 2—12 图所示的结构，构件 AB 为 1/4 圆弧形，半径为 r，构件 BDC 为直角折杆，BD 垂直于 CD，在 BDC 平面内作用有一力偶 M，$L = 2r$，求 A、C 处的约束反力。

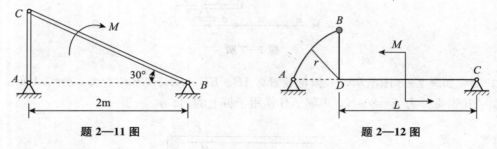

题 2—11 图　　　　　　　　　　题 2—12 图

2—13 如题 2—13 图所示，曲柄 OA 上作用一力偶，其矩为 M；另在滑块 D 上作用水平力 F。机构尺寸如图所示，各杆重量不计。求当机构平衡时，力 F 与力偶矩 M 的关系。

2—14 如题 2—14 图所示，各构件的自重略去不计，在构件 BC 上作用一力偶矩为 M 的力偶，尺寸如图所示。求支座 A 的约束力。

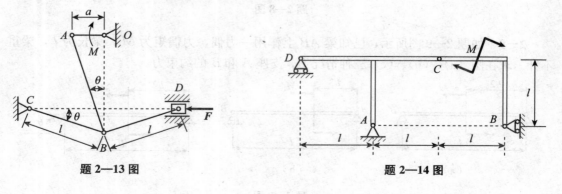

题 2—13 图　　　　　　　　　　题 2—14 图

2—15 如题 2—15 图所示，机构的自重不计。圆轮上的销子 A 放在摇杆 BC 上的光滑导槽内。圆轮上作用一力偶，其力偶矩 $M_1 = 21$kN·m，$OA = r = 0.5$m。图示位置时 OA 与 OB 垂直，$\alpha = 30°$，且系统平衡。求作用于摇杆 BC 上力偶的矩 M_2 以及铰链 O、B 处的约束反力。

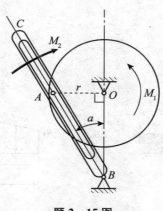

题 2—15 图

2—16 如题 2—16 图所示，已知 P、Q，滑轮 B、C 忽略自重，求平衡时的夹角 α 及地面对球体 A 的支持力。

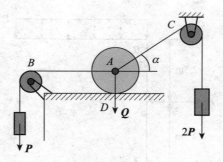

题 2—16 图

2—17 如题 2—17 图所示的杆系，已知力偶矩为 m 的力偶，l 表示长度，各杆重量不计。求 A、B 处的约束力。

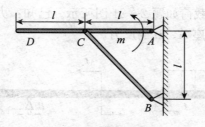

题 2—17 图

2—18 如题 2—18 图所示的压榨机中，杆 AB 和 BC 的长度相等，自重忽略不计。

A、B、C、E 处为铰链连接。已知活塞 D 上受到油缸内的总压力为 $F=3$kN，$h=200$mm，$l=1500$mm。试求出杆 AB、连杆 BC 以及压块 C 所受的力。

2—19 如题 2—19 图中所示的 AB 段作用有梯形分布力，试求该力系的合力及合力作用线的位置，并在图上标出。

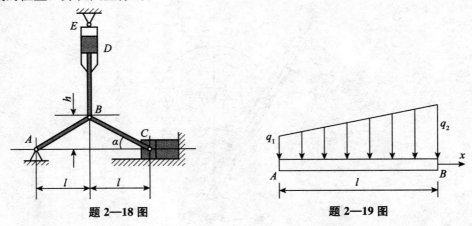

题 2—18 图	题 2—19 图

2—20 悬臂钢架受力图如题 2—20 图所示，已知：$q=3$kN/m，$P=5$kN，$F=3$kN，求固定端 A 的约束反力。

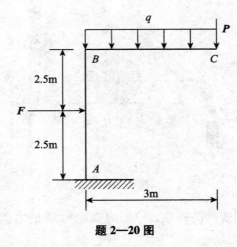

题 2—20 图

2—21 水平梁的支承和载荷如题 2—21 图所示。已知：力为 F，力偶矩为 M 的力偶，集度为 q 的均布载荷，求支座 A、B 的反力。

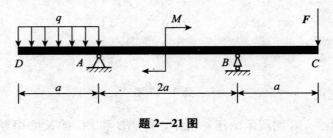

题 2—21 图

2—22 重物悬挂如题 2—22 图所示，已知 $G=1.8$kN，其他重量不计。求铰链 A 的约束反力和杆 BC 所受的力。

2—23 求如题 2—23 图所示平面力系的合成结果，长度单位为 m。

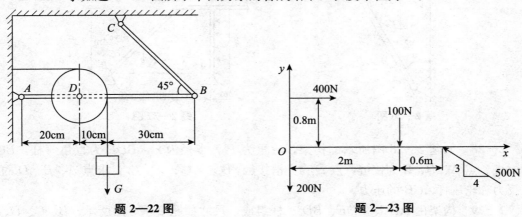

题 2—22 图　　　　　　　　题 2—23 图

2—24 求如题 2—24 图（a）、(b) 所示平行分布力的合力和对于点 A 之矩。

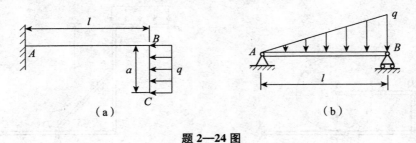

（a）　　　　　　　　　（b）

题 2—24 图

2—25 静定多跨梁的荷载及尺寸如题 2—25 图（a）、（b）所示，长度单位为 m，求支座的约束反力。

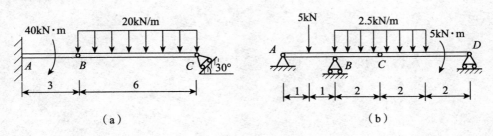

（a）　　　　　　　　　（b）

题 2—25 图

2—26 均质圆柱体 O 重为 P，半径为 r，放在墙与板 BC 之间，如题 2—26 图所示，板长 $BC=L$，其与墙 AC 的夹角为 α，板的 B 端用水平细绳 BA 拉住，C 端与墙面间为光滑铰链。不计板与绳子自重，问 α 角为多大时，绳子 AB 的拉力最小？

2—27 在如题 2—27 图所示结构中，$P_1=10$kN，$P_2=12$kN，$q=2$kN/m，求平衡时支座 A、B 的约束反力。

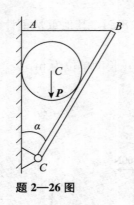

题 2—26 图

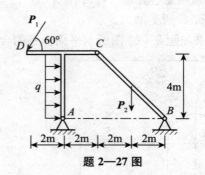

题 2—27 图

2—28 如题 2—28 图所示的构架，轮重为 P，半径为 r，BDE 为直角弯杆，BCA 为一杆。点 A、B、E 为铰链，点 D 为光滑接触，$BC = CA = L/2$，求点 A、B、D 的约束反力和轮压杆 ACB 的压力。

2—29 构架由 ABC、CDE、BD 三杆组成，尺寸如题 2—29 图所示。B、C、D、E 处均为铰链。各杆重不计，已知均布载荷 q，求点 E 的反力和杆 BD 所受的力。

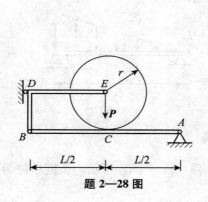

题 2—28 图

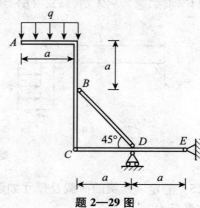

题 2—29 图

第 3 章
空 间 力 系

3.1 空间汇交力系

各力的作用线不在同一平面但汇交于同一点的力系，称为空间汇交力系。以下利用解析法研究空间汇交力系的简化及平衡条件。

一、力在轴上及平面上的投影

1. 力在轴上的投影

如图 3—1 所示，若力 F 的大小已知，且力 F 与空间直角坐标系 $Oxyz$ 三个坐标轴正方向之间的夹角分别为 α、β、γ，则力 F 在三个坐标轴上的投影分别为

$$\begin{cases} F_x = F\cos\alpha \\ F_y = F\cos\beta \\ F_z = F\cos\gamma \end{cases} \tag{3—1}$$

投影的正负号与平面力系中投影的正负号规定相同，即投影的指向与坐标轴正方向一致时为正，反之为负。

2. 力在平面上的投影

设力 F 与 z 轴的夹角为 γ，当力与 x 轴和 y 轴的夹角不易确定时，可采用二次投影法。如图 3—2 所示，可先将力 F 投影在 Oxy 平面内，即从力矢量的起点和终点分别向 Oxy 平面作垂线，两垂足之间的有向线段即为力矢量在 Oxy 平面上的投影，以符号 F_{xy} 表

示。F_{xy} 的大小为

$$F_{xy} = F\sin\gamma$$

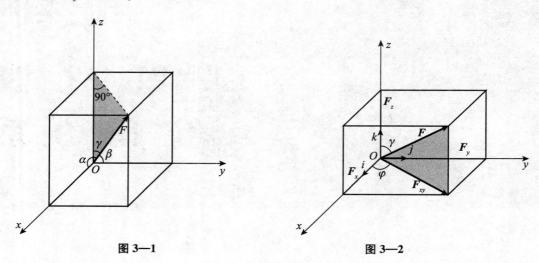

图 3—1   图 3—2

即：力在平面上投影的大小等于力与投影面法线夹角的正弦。方向由力矢量起点的垂足指向终点的垂足。

若 F_{xy} 与 x 轴的夹角为 φ，则力 F 在三个坐标轴上的投影为

$$\begin{cases} F_x = F\sin\gamma\cos\varphi \\ F_y = F\sin\gamma\sin\varphi \\ F_z = F\cos\gamma \end{cases} \tag{3—2}$$

力在坐标轴上的投影是代数量，但力在平面上的投影却是矢量。上述计算力在轴上投影的方法称为二次投影法。力 F 在 Oxy 平面内的投影 F_{xy} 不能像投影到轴上那样简单地用正负号来表示，因此它仍是一个矢量。

若 F_x、F_y、F_z 分别表示力 F 在三个坐标轴上的分量，x 轴、y 轴、z 轴的正向单位矢量分别为 i、j、k，则合力 F 可表示为

$$F = F_x + F_y + F_z = F_x i + F_y j + F_z k \tag{3—3}$$

若已知力 F 在三个坐标轴上的投影为 F_x、F_y、F_z，则力的大小和方向余弦分别为

$$\begin{cases} F = \sqrt{F_x{}^2 + F_y{}^2 + F_z{}^2} \\ \cos\alpha = \dfrac{F_x}{F}, \quad \cos\beta = \dfrac{F_y}{F}, \quad \cos\gamma = \dfrac{F_z}{F} \end{cases} \tag{3—4}$$

例 3—1 如图 3—3 所示的长方体上作用有三个力，已知 $F_1 = 800\text{N}$，$F_2 = 2000\text{N}$，$F_3 = 1000\text{N}$，求各力在 x、y、z 轴上的投影。

解： 由图可知：力 F_1、F_2 与坐标轴之间的夹角易确定，可用直接投影法；力 F_3 与坐标轴之间的夹角不易确定，则采用二次投影法。

56

$$BC = 5\text{m}, \quad AB = \sqrt{2.5^2 + 5^2} = 5.59\text{m}$$

则可知

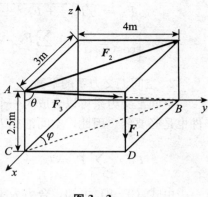

图 3—3

$$\sin\theta = \frac{BC}{AB} = \frac{5}{5.59}, \quad \cos\theta = \frac{AC}{AB} = \frac{2.5}{5.59}$$

$$\sin\varphi = \frac{BO}{BC} = \frac{4}{5}, \quad \cos\varphi = \frac{CO}{BC} = \frac{3}{5}$$

各力在坐标轴上的投影分别为

$$F_{1x} = 0, \quad F_{1y} = -800\text{N}, \quad F_{1z} = -800\text{N}$$

$$F_{2x} = -2000 \times \frac{3}{5} = -1200\text{N}$$

$$F_{2y} = 2000 \times \frac{4}{5} = 1600\text{N}$$

$$F_{2z} = 0$$

$$F_{3x} = -1000 \cdot \sin\theta \cdot \cos\varphi = -537\text{N}$$

$$F_{3y} = 1000 \cdot \sin\theta \cdot \sin\varphi = 716\text{N}, \quad F_{3z} = -1000 \cdot \cos\theta = -447\text{N}$$

可见，求解空间中力的投影时，可根据具体情况选择求解投影的方法。

二、空间汇交力系的合成与平衡

1. 空间汇交力系的合成

设有空间汇交力系 $\boldsymbol{F}_1, \boldsymbol{F}_2, \cdots, \boldsymbol{F}_n$，如图 3—4 所示。根据静力学公理，显然，空间汇交力系可以合成为一个合力，合力等于各分力的矢量和，合力的作用线通过汇交点。合力和分力的关系式为

$$\boldsymbol{F}_R = \boldsymbol{F}_1 + \boldsymbol{F}_2 + \cdots + \boldsymbol{F}_n = \sum_{i=1}^{n} \boldsymbol{F}_i \qquad (3-5)$$

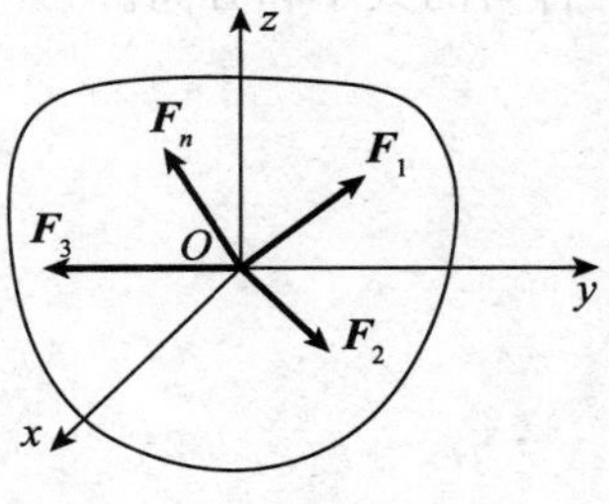

计算空间汇交力系的合力时，可将汇交力系中的各力向空间直角坐标轴投影。由合力投影定理可得

$$\begin{cases} F_{Rx} = F_{1x} + F_{2x} + F_{3x} + \cdots + F_{nx} = \sum F_x \\ F_{Ry} = F_{1y} + F_{2y} + F_{3y} + \cdots + F_{ny} = \sum F_y \\ F_{Rz} = F_{1z} + F_{2z} + F_{3z} + \cdots + F_{nz} = \sum F_z \end{cases} \quad (3-6)$$

图 3—4

因此式（3—5）可写成解析式

$$\boldsymbol{F}_R = \sum F_x \boldsymbol{i} + \sum F_y \boldsymbol{j} + \sum F_z \boldsymbol{k} \qquad (3-7)$$

由此可得合力的大小和方向余弦分别为

$$
\begin{cases}
F_R = \sqrt{F_{Rx}{}^2 + F_{Ry}{}^2 + F_{Rz}{}^2} = \sqrt{\left(\sum F_x\right)^2 + \left(\sum F_y\right)^2 + \left(\sum F_z\right)^2} \\
\cos(\boldsymbol{F}_R, \boldsymbol{i}) = \dfrac{\sum F_x}{F_R}, \quad \cos(\boldsymbol{F}_R, \boldsymbol{j}) = \dfrac{\sum F_y}{F_R}, \quad \cos(\boldsymbol{F}_R, \boldsymbol{k}) = \dfrac{\sum F_z}{F_R}
\end{cases}
\tag{3-8}
$$

2. 空间汇交力系的平衡

空间汇交力系可以合成为一个合力，显然合力为零时，此空间汇交力系平衡。这个条件也是必要的。因此，空间汇交力系平衡的充分与必要条件是力系的合力等于零，即

$$
\boldsymbol{F}_R = \sum_{i=1}^{n} \boldsymbol{F}_i = 0
\tag{3-9}
$$

由式（3—8）可知，合力为零时，合力在任选的三个坐标轴上的投影都为零，再由式（3—7）可知

$$
\begin{cases}
\sum F_x = 0 \\
\sum F_y = 0 \\
\sum F_z = 0
\end{cases}
\tag{3-10}
$$

空间汇交力系平衡的充要条件是力系中所有各力在三个坐标轴上的投影代数和都为零。式（3—10）称为空间汇交力系的平衡方程，一共可列出三个平衡方程，求解三个独立的未知量。应用式（3—10）求解空间汇交力系的平衡问题时，为得到三个独立的平衡方程，三个投影轴不能共面。为求解方便，一般可选择三个正交坐标轴作为投影轴。

例 3—2　已知空间汇交力系各力在 x 轴、y 轴和 z 轴上的投影如下表所示，求力系合力的大小和方向。

	$\boldsymbol{F}_1$	$\boldsymbol{F}_2$	$\boldsymbol{F}_3$	单位
F_x	1	5	2	kN
F_y	10	8	−5	kN
F_z	3	4	−2	kN

解： 由表中数据计算得

$$
\sum F_x = 8\text{kN}, \quad \sum F_y = 13\text{kN}, \quad \sum F_z = 5\text{kN}
$$

代入式（3—8）求得

$$
F_R = 16.06\text{kN}
$$

合力的方向余弦：

$$
\cos(\boldsymbol{F}_R, \boldsymbol{i}) = \frac{8}{F_R} = 0.498, \quad \cos(\boldsymbol{F}_R, \boldsymbol{j}) = \frac{13}{F_R} = 0.809
$$

$$
\cos(\boldsymbol{F}_R, \boldsymbol{k}) = \frac{5}{F_R} = 0.311
$$

因此求得各力与坐标轴之间的夹角 α、β、γ 分别为 60.13°、36°和 71.88°。

例 3—3 如图 3—5 所示的三脚架，杆 AD、BD、CD 用滑轮 D 连接，它们与水平面的夹角均为 60°，且 $AB=AC=BC$，不计杆重。绳索绕过滑轮 D 并由电机 E 牵引，起吊重物的重量 $P=30\mathrm{kN}$，重物被匀速起吊，绳索 DE 与水平面成 60°角，求杆 AD、BD、CD 所受的约束力。

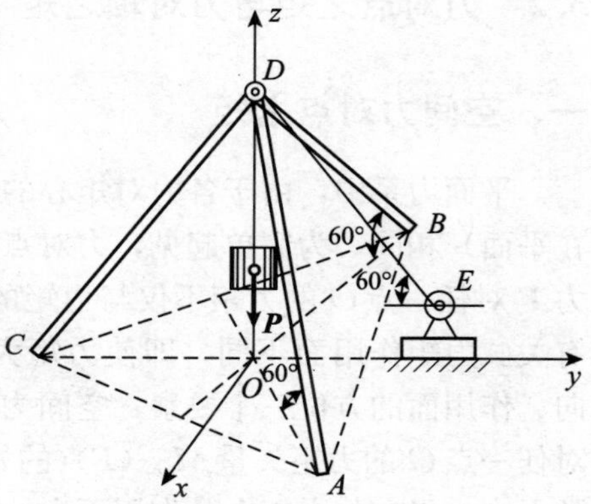

图 3—5

解：分析可知杆 AD、BD、CD 均为二力杆，其约束力沿着各杆的轴线。绳索的拉力 $F_{DE}=P=30\mathrm{kN}$，忽略滑轮的大小，则该力系各力均通过 D 点，构成一个空间汇交力系。

设 AD、BD、CD 均为压杆，约束力分别为 F_{AD}、F_{BD}、F_{CD}。取图示直角坐标系，其中 y 轴垂直于 AB，将各力分别向坐标轴投影，列平衡方程

$$\sum F_x = 0$$
$$-F_{AD}\cos60°\sin60° + F_{BD}\cos60°\cos30° = 0$$

可得

$$F_{AD} = F_{BD} \tag{1}$$

又

$$\sum F_y = 0$$
$$-F_{AD}\cos60°\sin30° - F_{BD}\cos60°\cos60° + F_{CD}\cos60° + F_{DE}\sin30° = 0$$

可得

$$2F_{CD} - F_{AD} - F_{BD} + 2F_{DE} = 0 \tag{2}$$

又

$$\sum F_z = 0$$
$$F_{AD}\sin60° + F_{BD}\sin60° + F_{CD}\sin60° - F_{DE}\cos30° - P = 0$$

可得

$$F_{CD} + F_{AD} + F_{BD} - F_{DE} - P/\sin60° = 0 \tag{3}$$

联立式（1）、（2）、（3），代入 $F_{DE}=P=30\mathrm{kN}$，求得 $F_{AD} = F_{BD} = 28.45\mathrm{kN}$，$F_{CD} = -1.55\mathrm{kN}$，负号表示 CD 杆实际指向与假设相反，即 CD 杆应为拉杆。

3.2 力对点之矩与力对轴之矩

一、空间力对点之矩

平面力系中，由于各力对矩心的力矩作用面的方位（即力 F 作用线与矩心 O 所确定在平面）相同，为简单起见，力对点的力矩可只考虑力矩的大小和转向，用代数量表示。力 F 对任一点 O 的力矩不仅与力矩的大小和转向有关，还与力矩作用面在空间中的方位有关。力矩作用面不同，即使力矩大小一样，作用效果也将不同。为反映力矩大小、转向、作用面的方位三个要素，空间力系中力对点之矩用矢量表示，如图 3—6 所示，力 F 对任一点 O 的力矩矢量 $M_O(F)$ 的始端在矩心，垂直于力矩作用面，矢量的模表示力矩的大小，指向与力矩在其作用面内的转向成右手螺旋，即从矢量的末端观察，力矩转向为逆时针。

由力对点之矩的定义知

$$M_O(F) = Fd = 2S_{\triangle OAB} \qquad (3-11)$$

若以 r 表示矩心 O 到力 F 作用点 A 的矢径，则矢量 $(r \times F)$ 的指向与 $M_O(F)$ 的指向一致，且

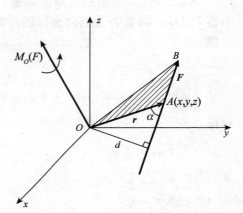

$$|r \times F| = rF\sin\alpha = Fd = 2S_{\triangle OAB}$$

所以

$$M_O(F) = r \times F \qquad (3-12)$$

即：空间中力对点之矩等于矩心到该力作用点的矢径与该力的矢量积。

图 3—6

以矩心为原点建立空间坐标系 $Oxyz$，设 i、j、k 为坐标轴正向单位矢量，F_x、F_y、F_z 为力 F 在 x、y、z 轴上的投影，(x, y, z) 为力的作用点 A 的坐标，则有

$$r = xi + yj + zk$$
$$F = F_xi + F_yj + F_zk$$

所以

$$M_O(F) = r \times F = \begin{vmatrix} i & j & k \\ x & y & z \\ F_x & F_y & F_z \end{vmatrix} = (yF_z - zF_y)i + (zF_x - xF_z)j + (xF_y - yF_x)k$$

$$(3-13)$$

由于力矩矢的大小和方向都与矩心位置有关，故力矩矢的始端必须在矩心，不可任意移动，这种矢量称为定位矢量。

60

二、空间力对轴之矩

工程中常遇到刚体绕定轴转动等情形，如齿轮上的力使齿轮绕轴转动等问题。力使物体绕轴转动的效应可用力对轴的力矩来度量。

现假设刚体可绕 z 轴转动，力 $\boldsymbol{F}$ 作用于刚体上 A 点，一般情况下，力 $\boldsymbol{F}$ 与 z 轴不垂直，如图 3—7 所示。此时将力 $\boldsymbol{F}$ 分解到 z 轴和与 z 轴垂直的 Oxy 平面上，得到分力 $\boldsymbol{F}_z$ 和 $\boldsymbol{F}_{xy}$ 。

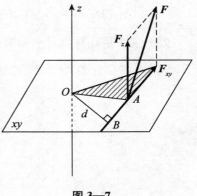

$\boldsymbol{F}_z$ 与 z 轴平行，实践表明其不能使刚体绕 z 轴转动，只有分力 $\boldsymbol{F}_{xy}$ 才有使刚体绕轴转动的效应。力 $\boldsymbol{F}_{xy}$ 对刚体的转动效应，可以用 $\boldsymbol{F}_{xy}$ 对 z 轴和 Oxy 平面的交点 O 的矩来度量。所以力 $\boldsymbol{F}$ 对 z 轴的矩定义为

$$
\begin{aligned}
M_z(\boldsymbol{F}) &= M_z(\boldsymbol{F}_{xy}) = M_O(\boldsymbol{F}_{xy}) \\
&= \pm F_{xy} \cdot d \\
&= \pm 2S_{\triangle OAB}
\end{aligned} \tag{3—14}
$$

图 3—7

由上式可知：力对轴之矩等于力在垂直于此轴的任一平面内的投影对该轴与平面交点之矩。由于力使刚体绕轴转动的方向只有两个可能的方向，因此，力对轴之矩是代数量。其正负号规定为：从 z 轴正向看去，力使刚体绕 z 轴逆时针转动为正；反之为负。

从力对轴之矩的定义可知，当力与轴平行或力与轴相交，即力与轴共面时，力对轴之矩等于零。

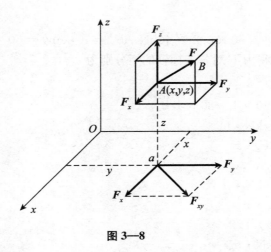

图 3—8

如图 3—8 所示，力 $\boldsymbol{F}$ 对 z 轴之矩为

$$
\begin{aligned}
M_z(\boldsymbol{F}) &= M_O(\boldsymbol{F}_{xy}) \\
&= M_O(\boldsymbol{F}_x) + M_O(\boldsymbol{F}_y)
\end{aligned}
$$

即

$$M_z(F) = xF_y - yF_x$$

同理可得其余两式，将此三式合写为

$$
\begin{cases}
M_x(F) = F_z \cdot y - F_y \cdot z \\
M_y(F) = F_x \cdot z - F_z \cdot x \\
M_z(F) = F_y \cdot x - F_x \cdot y
\end{cases}
\tag{3-15}
$$

以上三式是计算力对坐标轴之矩的解析式。

例3—4 计算图3—9中力 F 对三个坐标轴的矩。已知 $x = 0.2\text{m}$，$y = 1.2\text{m}$，$z = 1\text{m}$。

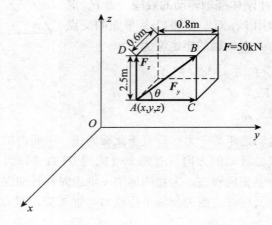

图3—9

解： $F_y = F \cdot \cos\theta = 50 \times 0.8 = 40\text{kN}$，$F_z = F \cdot \sin\theta = 50 \times 0.6 = 30\text{kN}$。
由式（3—15）求得力 F 对各坐标轴的矩分别为

$$
\begin{aligned}
M_x(F) &= -F_y \cdot z + F_z \cdot y \\
&= -40 \times 1 + 30 \times 1.2 \\
&= -4\text{kN} \cdot \text{m} \\
M_y(F) &= -F_z \cdot x \\
&= -30 \times 0.2 \\
&= -6\text{kN} \cdot \text{m} \\
M_z(F) &= F_y \cdot x \\
&= 40 \times 0.2 \\
&= 8\text{kN} \cdot \text{m}
\end{aligned}
$$

例3—5 如图3—10所示，力 $F = 10\text{kN}$，其作用点的坐标为（0，3，6），单位为 m。求力 F 对 x、y、z 轴的力矩。

解： 由几何关系求得

$$\sin\alpha = \frac{5}{\sqrt{61}}$$

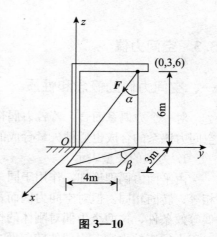

$$\cos\alpha = \frac{6}{\sqrt{61}}$$

$$\sin\beta = \frac{4}{5}$$

$$\cos\beta = \frac{3}{5}$$

图 3—10

力 F 在 x、y、z 轴上的投影分别为

$$F_z = -F \cdot \cos\alpha = -\frac{60}{\sqrt{61}}\text{kN}$$

$$F_x = F \cdot \sin\alpha \cdot \cos\beta = \frac{30}{\sqrt{61}}\text{kN}$$

$$F_y = F \cdot \sin\alpha \cdot \sin\beta = \frac{40}{\sqrt{61}}\text{kN}$$

力 F 对 x、y、z 轴的力矩分别为

$$M_x(\boldsymbol{F}) = yF_z - zF_y = -3 \times \frac{60}{\sqrt{61}} - 6 \times \frac{40}{\sqrt{61}} = -44.8\text{kN} \cdot \text{m}$$

$$M_y(\boldsymbol{F}) = zF_x - xF_z = 6 \times \frac{30}{\sqrt{61}} = 19.2\text{kN} \cdot \text{m}$$

$$M_z(\boldsymbol{F}) = xF_y - yF_x = -3 \times \frac{30}{\sqrt{61}} = -9.6\text{kN} \cdot \text{m}$$

三、力对点之矩和力对通过该点的轴之矩之间的关系

若用 $[\boldsymbol{M}_O(\boldsymbol{F})]_x$、$[\boldsymbol{M}_O(\boldsymbol{F})]_y$、$[\boldsymbol{M}_O(\boldsymbol{F})]_z$ 表示 $\boldsymbol{M}_O(\boldsymbol{F})$ 在 x、y、z 三个坐标轴上的投影，由式（3—13）可知

$$[\boldsymbol{M}_O(\boldsymbol{F})]_x = yF_z - zF_y$$
$$[\boldsymbol{M}_O(\boldsymbol{F})]_y = zF_x - xF_z$$
$$[\boldsymbol{M}_O(\boldsymbol{F})]_z = xF_y - yF_x \tag{3—16}$$

将式（3—16）与式（3—15）比较得

$$\begin{cases} [\boldsymbol{M}_O(\boldsymbol{F})]_x = yF_z - zF_y = M_x(\boldsymbol{F}) \\ [\boldsymbol{M}_O(\boldsymbol{F})]_y = zF_x - xF_z = M_y(\boldsymbol{F}) \\ [\boldsymbol{M}_O(\boldsymbol{F})]_x = xF_y - yF_x = M_z(\boldsymbol{F}) \end{cases} \tag{3—17}$$

即：力对一点的力矩矢在通过该点的某一个轴上的投影，等于力对该轴之矩。式（3—17）称为力对点之矩和力对通过该点的轴之矩之间的关系定理。这一定理也为我们计算力对轴之矩提供了一种方法。

3.3 空间力偶

一、空间力偶的概念和性质

对一个力偶系而言，若各力偶作用面不在同一平面上，则此力偶系称为空间力偶系。空间力偶系的合成也遵循矢量合成的运算法则，也就是说力偶也是矢量。

1. 力偶的矢量表示

由平面力偶理论知，作用于同一平面内的两个力偶等效的条件是两力偶的力偶矩大小相等、转向相同。但对空间力偶而言，若两个力偶的作用面不相互平行，即使满足平面力偶等效条件，这两个力偶对刚体的作用也是不同的。可见，空间力偶对刚体的作用效应取决于力偶矩的大小、力偶的转向及力偶作用面在空间中的方位。因此，可用一矢量 M 来表示空间力偶，称为力偶矩矢量。如图 3—11 所示，M 的模表示力偶矩的大小，且 $M = F \cdot d$。力偶矢量方位与力偶作用面的法线方位相同，且 M 的指向与力偶转向的关系服从右手螺旋法则。

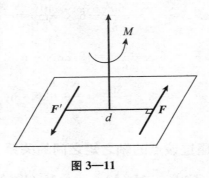

图 3—11

2. 空间力偶的性质

在实际生活中，用螺丝刀拧螺丝时，只要力偶的大小和转向不变，当其作用面沿螺丝轴线平行移动时，力偶的作用效果保持不变。由此可见，空间力偶可以平行搬移，当它从一个平面平行移动到刚体另一个平行平面时，不影响它对刚体的作用效应。亦即只要保持力偶矩矢的大小和方向不变，其矢量的始端可以移动到空间任一点，力偶矩矢是一个自由矢量。

空间力偶的等效条件是两个力偶的力偶矩矢量相等。

二、空间力偶系的合成和平衡

1. 空间力偶系的合成

各力偶的作用面不在同一平面，也不在一组平行平面的力偶系称为空间力偶系。若作用于刚体上的力偶 $M_1, M_2, \cdots, M_n$ 构成一空间力偶系，根据力偶的性质，可任取一点为简化中心，将力偶矩矢 $M_1, M_2, \cdots, M_n$ 平移至简化中心，形成一个汇交矢量系，将矢量两两合成，最终合成为一个合力偶矩矢量 M，即：空间力偶系可以合成为一个合力偶，合力偶

矩矢等于各力偶矩矢的矢量和，其矢量表达式为

$$\boldsymbol{M} = \boldsymbol{M}_1 + \boldsymbol{M}_2 + \cdots + \boldsymbol{M}_n = \sum \boldsymbol{M}_i \qquad (3-18)$$

合力偶矢量由解析法确定，取正交坐标系 $Oxyz$，由合矢量投影定理知

$$\begin{cases} M_x = \sum M_{ix} \\ M_y = \sum M_{iy} \\ M_z = \sum M_{iz} \end{cases} \qquad (3-19)$$

式中 M_x、M_y、M_z 分别为 $\boldsymbol{M}$ 在 x、y、z 轴上的投影。

合力偶矩矢的大小和方向余弦分别为

$$\begin{cases} M = \sqrt{M_x{}^2 + M_y{}^2 + M_z{}^2} = \sqrt{\left(\sum M_{ix}\right)^2 + \left(\sum M_{iy}\right)^2 + \left(\sum M_{iz}\right)^2} \\ \cos(\boldsymbol{M}, \boldsymbol{i}) = \dfrac{M_x}{M}, \quad \cos(\boldsymbol{M}, \boldsymbol{j}) = \dfrac{M_y}{M}, \quad \cos(\boldsymbol{M}, \boldsymbol{k}) = \dfrac{M_z}{M} \end{cases} \qquad (3-20)$$

2. 空间力偶系的平衡

空间力偶系平衡的必要和充分条件为：该力偶系的合力偶矩矢等于零。即 $\boldsymbol{M} = \sum \boldsymbol{M}_i = 0$。

由式（3—20）可知，空间力偶系的合力偶矩矢要等于零，其在三个正交坐标轴上的投影必同时为零。即

$$\begin{cases} \sum M_{ix} = 0 \\ \sum M_{iy} = 0 \\ \sum M_{iz} = 0 \end{cases} \qquad (3-21)$$

即：空间力偶系作用下刚体平衡的充要条件是各力偶矩矢在三个坐标轴上的投影之和分别等于零。

空间力偶系作用下平衡的每个刚体都可列出三个独立的方程，求解三个未知量。事实上，空间力偶系作用下如果刚体平衡，各力偶矩矢投影到任意轴上的和都应该为零。解题时可任选三个相交的投影轴作为坐标轴，只要这三个投影轴不共面，就可得到三个独立的平衡方程，求解三个未知量。为解题方便，一般取三个正交坐标轴。式（3—21）称为空间力偶系的平衡方程。

例 3—6 如图 3—12 所示的三棱柱是正方体的一半，其上作用三个力偶（$\boldsymbol{F}_1$，$\boldsymbol{F}_1'$）、（$\boldsymbol{F}_2$，$\boldsymbol{F}_2'$）和（$\boldsymbol{F}_3$，$\boldsymbol{F}_3'$）。已知各力偶矩大小分别为：$M_1 = 20\text{kN} \cdot \text{m}$，$M_2 = 10\text{kN} \cdot \text{m}$，$M_3 = 30\text{kN} \cdot \text{m}$，且与水平面成 45°。求合力偶矩矢 $\boldsymbol{M}$，并问若使这个刚体平衡，还需施加什么样的一个力偶？

解： 由式（3—19）求得

$$M_x = M_{1x} + M_{2x} + M_{3x} = 0$$
$$M_y = M_{1y} + M_{2y} + M_{3y} = 0 - 10 - 30\cos45° = 11.2\text{kN} \cdot \text{m}$$
$$M_z = M_{1z} + M_{2z} + M_{3z} = 20 + 0 + 30\cos45° = 41.2\text{kN} \cdot \text{m}$$

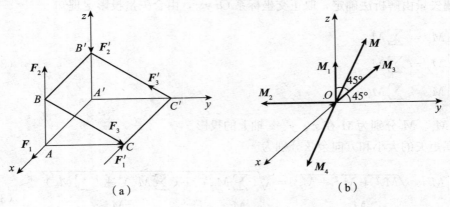

图 3—12

由式（3—20）求解合力偶矩矢 M 的大小和方向：

$$M = \sqrt{M_x^2 + M_y^2 + M_z^2} = 42.7\text{kN} \cdot \text{m}$$

$$\cos(M,i) = \frac{M_x}{M} = 0, \quad \alpha = 90°$$

$$\cos(M,j) = \frac{M_y}{M} = 0.262, \quad \beta = 74°48'$$

$$\cos(M,k) = \frac{M_z}{M} = 0.965, \quad \gamma = 15°12'$$

若使该刚体平衡，需加一力偶 M_4，如图 3—12（b）所示，且 $M_4 = -M$。

3.4 空间任意力系向一点的简化 主矢和主矩

一、空间任意力系向已知点的简化

　　力的作用线不在同一平面而呈空间任意分布的力系，称为空间任意力系，这是力系中最普遍的情形，其他各种力系都可看作是它的特殊情况，比如空间汇交力系、空间平行力系、平面力系等。对空间任意力系进行研究，不仅在理论上有普遍的意义，对实际应用也有重要意义。

　　当空间力系中的各力既不汇交于一点也不相互平行时，形成的力系称为空间任意力系。与平面任意力系的简化类似，将空间力系向任一点简化时仍采用力的平移定理，只是平移时附加的力偶形成一个空间力偶。

　　设空间任意力系 $F_1, F_2, \cdots, F_n$ 作用于刚体上，如图 3—13 所示。任选一点 O 作为简化中心，以 O 为坐标原点建立空间直角坐标系。将各力平行移动到 O 点，得到一个汇交于 O

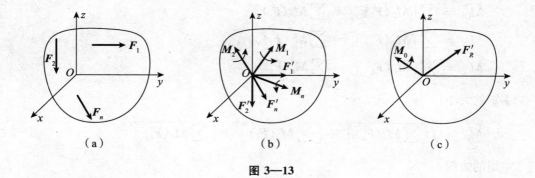

|（a）|（b）|（c）|

图 3—13

点的空间汇交力系 $\boldsymbol{F}'_1, \boldsymbol{F}'_2, \cdots, \boldsymbol{F}'_n$（其中 $\boldsymbol{F}'_i = \boldsymbol{F}_i$）和一个附加的空间力偶系，各附加力偶的力偶矩矢分别等于原力系中各力对简化中心 O 点的力矩矢，即 $\boldsymbol{M}_i = \boldsymbol{M}_O(\boldsymbol{F}_i)$。

二、主矢与主矩的概念

空间汇交系可以合成为一个通过 O 点的力 $\boldsymbol{F}'_R$，此汇交力系的合力称为原力系的主矢，主矢等于力系中各力的矢量和，与简化中心位置的选取无关。

$$\boldsymbol{F}'_R = \sum \boldsymbol{F}'_i = \sum \boldsymbol{F}_i$$

设 F'_{Rx}、F'_{Ry}、F'_{Rz} 分别为 $\boldsymbol{F}'_R$ 在 x、y、z 三轴上的投影，由合力投影定理：

$$F'_{Rx} = \sum F_{ix}, \quad F'_{Ry} = \sum F_{iy}, \quad F'_{Rx} = \sum F_{iz}$$

主矢的大小：

$$F_R = \sqrt{{F'_{Rx}}^2 + {F'_{Ry}}^2 + {F'_{Rz}}^2} = \sqrt{\left(\sum F_{ix}\right)^2 + \left(\sum F_{iy}\right)^2 + \left(\sum F_{iz}\right)^2} \qquad (3-22)$$

主矢的方向：

$$\begin{cases} \cos(\boldsymbol{F}_R, \boldsymbol{i}) = \dfrac{F'_{Rx}}{F_R} \\[2mm] \cos(\boldsymbol{F}_R, \boldsymbol{j}) = \dfrac{F'_{Ry}}{F_R} \\[2mm] \cos(\boldsymbol{F}_R, \boldsymbol{k}) = \dfrac{F'_{Rz}}{F_R} \end{cases} \qquad (3-23)$$

附加空间力偶系可合成为一合力偶，其力偶矩矢 $\boldsymbol{M}_O$ 等于各力对简化中心之矩的矢量和，称为力系对简化中心的主矩。

$$\boldsymbol{M}_O = \sum \boldsymbol{M}_O(\boldsymbol{F}_i)$$

设 M_{Ox}、M_{Oy}、M_{Oz} 为 $\boldsymbol{M}_O$ 在 x、y、z 三轴上的投影，同样有

$$M_{Ox} = \sum \left[\boldsymbol{M}_O(\boldsymbol{F}_i) \right]_x = \sum M_x(\boldsymbol{F}_i)$$

$$M_{Oy} = \sum \left[\boldsymbol{M}_O(\boldsymbol{F}_i) \right]_y = \sum M_y(\boldsymbol{F}_i)$$

$$M_{Oz} = \sum \left[\boldsymbol{M}_O(\boldsymbol{F}_i) \right]_z = \sum M_z(\boldsymbol{F}_i)$$

主矩的大小：

$$M_O = \sqrt{ \left[\sum M_x(F_i) \right]^2 + \left[\sum M_y(F_i) \right]^2 + \left[\sum M_z(F_i) \right]^2 } \qquad (3-24)$$

主矩的方向：

$$\begin{cases} \cos(\boldsymbol{M}_O, \boldsymbol{i}) = \dfrac{M_{Ox}}{M_O} \\[2mm] \cos(\boldsymbol{M}_O, \boldsymbol{j}) = \dfrac{M_{Oy}}{M_O} \\[2mm] \cos(\boldsymbol{M}_O, \boldsymbol{k}) = \dfrac{M_{Oz}}{M_O} \end{cases} \qquad (3-25)$$

一般情况下，主矩与简化中心位置的选取有关。

即：空间任意力系向一点简化，一般情况下可以得到一个力和一个力偶。力作用在简化中心，其大小和方向与力系的主矢相同，力偶矩矢的大小和方向与力系对简化中心的主矩矢相同。

3.5　空间任意力系的平衡方程

空间任意力系向任一已知点简化后得到一个主矢和一个主矩，可知力系平衡的充分与必要条件是：力系的主矢和主矩同时为零。即 $\boldsymbol{F}'_R = 0$, $\boldsymbol{M}_O = 0$。

由式（3-22）和式（3-24）可知，主矢、主矩同为零需满足下式：

$$\begin{cases} \sum F_x = 0, \ \sum F_y = 0, \ \sum F_z = 0 \\[2mm] \sum M_x(F) = 0, \quad \sum M_y(F) = 0, \quad \sum M_z(F) = 0 \end{cases} \qquad (3-26)$$

式（3-26）称为空间任意力系的平衡方程。因此空间任意力系平衡的条件为：力系中各力在三个任选的直角坐标轴上投影的代数和为零，且各力对三个坐标轴之矩的代数和也分别为零。此条件既是充分的，也是必要的。事实上，只要三个相交的坐标轴异面，满足式（3-26）的力系也一定是平衡的，只是为了解题的方便，我们一般取空间直角坐标系。式（3-26）中包含的六个方程均为相互独立的方程，可求解六个未知量。

空间任意力系是空间力系最一般的情况，其他力系均为空间任意力系的特例，前面我们介绍了空间汇交力系与空间力偶系的平衡方程，下面给出空间平行力系的平衡方程。

假设所有力的作用线与 z 轴平行，则式（3-26）中：

$$\sum F_x \equiv 0, \quad \sum F_y \equiv 0, \quad \sum M_z(F) \equiv 0$$

六个平衡方程中有三个自然满足，则空间平行力系的平衡方程为

$$\sum F_z = 0, \quad \sum M_x(\boldsymbol{F}) = 0, \quad \sum M_y(\boldsymbol{F}) = 0 \tag{3-27}$$

同样，空间平行力系也有三个独立的平衡方程，可求解三个未知量。

求解空间力系的平衡问题时，其方法与求解平面力系的平衡方法基本相同。但由于空间结构的几何关系相对比较复杂，因此在求解空间力系平衡问题时应注意以下几点：

（1）建立的坐标系应尽量使力与轴之间的夹角简单、容易确定，且力的作用点相对于轴的几何尺寸简单易算。

（2）计算力在坐标轴上的投影和力对轴之矩时，一定要搞清楚力的作用线在空间中的几何位置，受力图应简明清楚。

（3）对于平衡问题，由于力系在任一轴上的投影均为零，因此列投影方程时可任意选取正交的投影轴，但应使所取的投影轴尽量与较多的未知量垂直，这样列出的投影平衡方程将包含较少的未知量，若未知量只有一个，则可直接求解，省去了求解联立方程的过程。另外，由于空间平衡力系对任一坐标轴的矩均为零，因此力矩轴也是可以任意选取的。同样，为了使得列出的力矩平衡方程包含较少的未知量，最好是只有一个未知量，则应使选取的力矩轴尽量与较多的未知力平行或相交。总之，应以列出的平衡方程求解更为简便为目的适当地选取投影轴或力矩轴。

（4）列平衡方程时，投影方程和力矩方程可交替穿插，先列投影方程还是力矩方程应视具体情况而定，没有特定的次序和限制。

求解空间力系问题时，常遇到空间约束，现将几种常见的空间约束列于表 3-1 中。

表 3-1 　　　　　　　　　　　**常见的空间约束及其约束力**

约束类型	计算简图	约束力
球形铰链 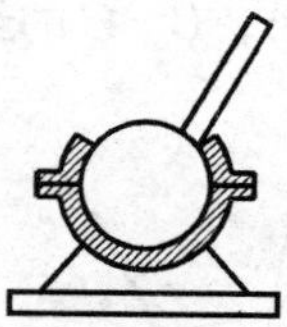		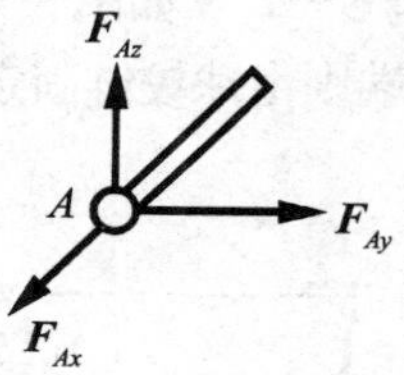
径向轴承 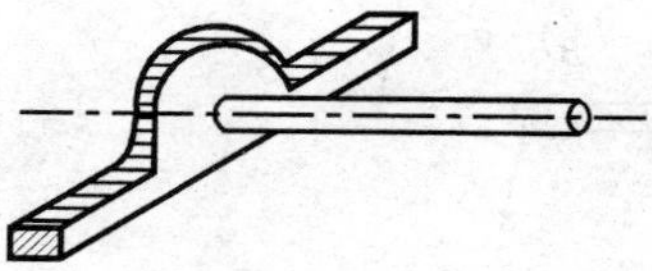	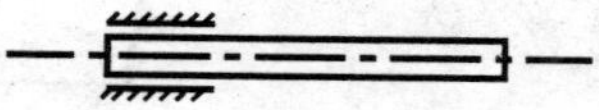	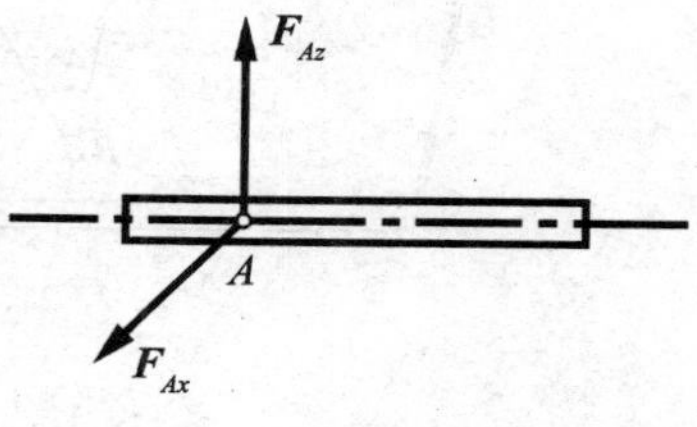

続表

约束类型	计算简图	约束力
止推轴承	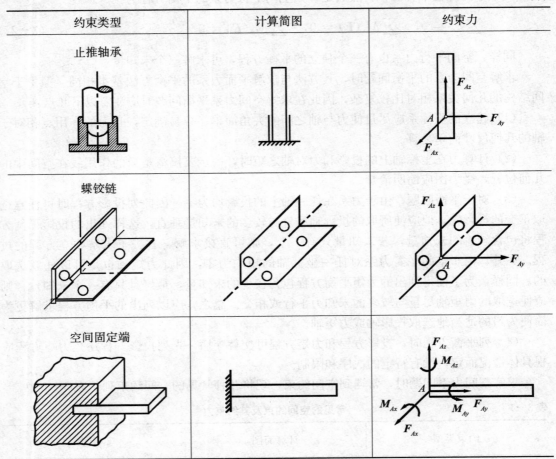	
蝶铰链		
空间固定端		

例3—7 如图3—14所示的空间构架由三根无重直杆组成，在 D 端用球铰链连接。A、B、C 端则由球铰链固定在水平地板上，若重物重 $W=10$kN，求铰链 A、B、C 的约束力。

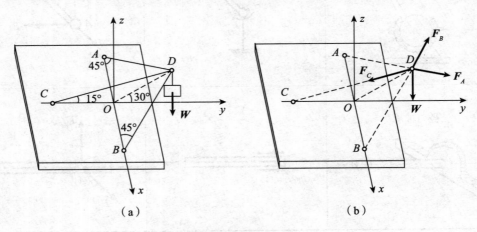

（a） （b）

图3—14

解： 取 D 点为研究对象，分析受力，受力图见图 3—14（b）。其中设 AD、BD 杆为压杆，CD 杆为拉杆。显然，F_A、F_B、F_C、W 四个力构成一个空间汇交力系。由已知条件分析知，F_A、F_B 两个力的作用线与 OD 延长线的夹角分别为 45°。列平衡方程：

$$\sum F_x = 0, \quad F_A \cdot \cos45° - F_B \cdot \cos45° = 0$$

$$\sum F_y = 0, \quad F_C \cdot \cos15° - F_A \cdot \sin45° \cdot \cos30° - F_B \cdot \sin45° \cdot \cos30° = 0$$

$$\sum F_z = 0, \quad -F_C \cdot \cos75° + F_A \cdot \sin45° \cdot \sin30° + F_B \cdot \sin45° \cdot \sin30° - W = 0$$

解得：$F_A = F_B = 26.39\text{kN}$（压力）；$F_C = 33.46\text{kN}$（拉力）。

本题也可重新建立坐标系进行求解，请读者自行思考。

例 3—8 如图 3—15 所示的三轮小车，自重 $W = 8\text{kN}$，作用于 E 点，力 $P = 10\text{kN}$，作用于 C 点。求小车静止时地面对车轮的约束力。

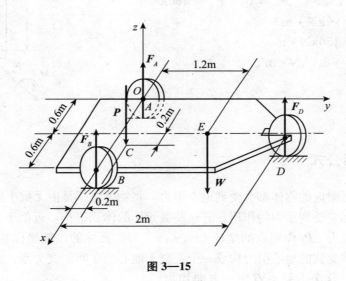

图 3—15

解： 取小车为研究对象，受力如图 3—15 所示。可知主动力 W、P 和约束反力 F_A、F_B、F_D 五个力共同构成一个空间平行力系，由空间平行力系的平衡方程：

$$\sum F_z = 0, \quad F_A + F_B + F_D - P - W = 0$$

$$\sum M_x(\boldsymbol{F}) = 0, \quad F_D \times 2 - P \times 0.2 - W \times 1.2 = 0$$

$$\sum M_y(\boldsymbol{F}) = 0, \quad P \times 0.8 + W \times 0.6 - F_B \times 1.2 - F_D \times 0.6 = 0$$

解得：$F_D = 5.8\text{kN}$，$F_B = 7.78\text{kN}$，$F_A = 4.42\text{kN}$。

例 3—9 某厂房柱子下端固定，受力如图 3—16 所示，F_1、F_2 位于 Oyz 平面内，与 z 轴的距离分别为 $e_1 = 0.1\text{m}, e_2 = 0.34\text{m}$，$F_3$ 平行于 x 轴。已知 $F_1 = 120 \text{ kN}$，$F_2 = 300\text{kN}$，$F_3 = 25 \text{ kN}$。柱子自重 $P = 40 \text{ kN}$，$h = 6\text{m}$。求基础的约束反力。

解：对柱子进行受力分析，其基础底面固定端约束的约束反力如图 3—16 所示。列平衡方程：

$$\sum F_x = 0, \quad F_x - F_3 = 0$$

$$\sum F_y = 0, \quad F_y = 0$$

$$\sum F_z = 0, \quad F_z - F_1 - F_2 - P = 0$$

$$\sum M_x(\boldsymbol{F}) = 0, \quad M_x + F_1 \cdot e_1 - F_2 \cdot e_2 = 0$$

$$\sum M_y(\boldsymbol{F}) = 0, \quad M_y - F_3 \cdot h = 0$$

$$\sum M_z(\boldsymbol{F}) = 0, \quad M_z + F_3 \cdot e_2 = 0$$

代入 P、F_1、F_2、F_3、e_1、e_2 及 h 的值解得

$$F_x = 25\text{kN}, \quad F_y = 0, \quad F_z = 460\text{kN}$$
$$M_x = 90\text{kN} \cdot \text{m}$$
$$M_y = 150\text{kN} \cdot \text{m}$$
$$M_z = -8.5\text{kN} \cdot \text{m}。$$

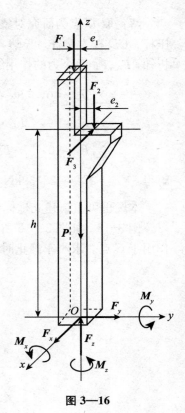

图 3—16

3.6 重心

一、重心坐标公式

地球表面或表面附近的物体都会受到地心引力，将物体看作是由无数个微元体组成的，则每一个微元体都应受到重力的作用。若这些微元体的体积很小，近似于一个质点，则任一微元体所受的重力 ΔP_i 作用点的坐标 (x_i, y_i, z_i) 与微元体的位置坐标相同，如图3—17所示。所有微元体受到的地心引力构成一个汇交于地心的空间汇交力系。由于地球半径远大于物体的尺寸，这个力系可看作一方向均为垂直向下的空间平行力系，而这个平行力系的合力称为物体的重力，合力的作用点称为重心。重心对于物体的相对位置是确定的，与物体在空间中的方位无关。

物体的重心在工程中有非常重要的意义，其位置影响物体的平衡和稳定性。例如起重机的重心位置需满足一定条件，起重机才能保持稳定。高速转动的机械，若重心不在轴线上，将引起轴的强烈振动及对轴承的巨大压力，甚至会使材料超过其强度极限而破坏。因此，在许多工程设计中，重心的计算或测

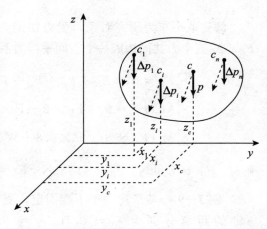

图 3—17

72

定是一个重要环节。

平行力系的中心是指平行力系合力的作用点。

若平行力系各力的大小和作用点保持不变，而将各力绕各自作用点转过同一角度，则该平行力系的合力也绕其作用点转过相同的角度。

可见，平行力系的中心所在位置仅与力系中各力的大小和指向有关，与平行力系的力系作用线方位无关。

将物体看作是由无数个微元体（质点）组成的，每个微元体受到的重力为 $\Delta \boldsymbol{P}_i$，它们形成一空间平行力系，其合力即物体的重力为 $\boldsymbol{P}$，合力作用点 C 即为物体重心，则 $\boldsymbol{P} = \sum \Delta \boldsymbol{P}_i$。

由合力矩定理：

$$M_y(\boldsymbol{P}) = \sum M_y(\Delta \boldsymbol{P}_i)$$

得到力矩方程为 $P \cdot x_C = \sum \Delta P_i x_i$，即 $x_C = \dfrac{\sum \Delta P_i x_i}{P}$。

同理：

$$y_C = \frac{\sum \Delta P_i y_i}{P}$$

为确定 z_C，将各力绕 y 轴转 $90°$，则合力 $\boldsymbol{P}$ 也绕 y 轴转 $90°$，同样由合力矩定理可得

$$z_C = \frac{\sum \Delta P_i z_i}{P}$$

因此，重心坐标公式为

$$x_C = \frac{\sum \Delta P_i x_i}{P}, \quad y_C = \frac{\sum \Delta P_i y_i}{P}, \quad z_C = \frac{\sum \Delta P_i z_i}{P} \tag{3-28}$$

若物体是均质的，其密度 ρ 是常量，则

$$P = \rho g \cdot V, \quad \Delta P_i = \rho g \cdot \Delta V_i$$

因此均质物体重心坐标公式为

$$x_C = \frac{\sum \Delta V_i x_i}{V}, \quad y_C = \frac{\sum \Delta V_i y_i}{V}, \quad z_C = \frac{\sum \Delta V_i z_i}{V} \tag{3-29}$$

式中，V 为物体的总体积；ΔV_i 为微元体 i 的体积。

如果物体是连续体，对物体作无限细分，上式中的求和便可改写成积分，即

$$x_C = \frac{\int_V x \, \mathrm{d}V}{V}, \quad y_C = \frac{\int_V y \, \mathrm{d}V}{V}, \quad z_C = \frac{\int_V z \, \mathrm{d}V}{V} \tag{3-30}$$

由上式可知，均质体的重心只与物体的形状和尺寸有关。物体的几何中心称为其形心，对匀质体而言，其重心与形心是重合的。

二、确定物体重心位置的方法

1. 具有对称轴或对称面的规则物体

若均质体具有对称面、对称轴或对称点，则其重心一定在对称面、对称轴或对称点上。若均质体有两个对称面，则重心一定在这两个对称面的交线上。若有两个对称轴，则重心在这两个对称轴的交点上。常见的简单平面图形中（图 3—18），圆形、矩形、工字形截面的形心都在其各自的对称中心上，T 形、槽形截面只有一条对称轴，则重心一定位于此对称轴上。

因此求解物体的重心或形心时，应充分利用物体或图形的对称面、对称轴或对称中心。

2. 简单形状物体

简单形状物体的重心，可用积分法计算。常用的简单形状物体的重心，可从工程手册上查到。表 3—2 列出了几种常用简单平面图形的形心。

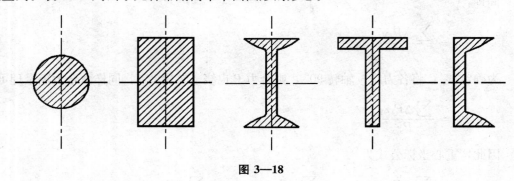

图 3—18

表 3—2   常见简单平面图形形心位置表

图形	形心位置	图形	形心位置
三角形	$y_C = \dfrac{h}{3}$ $A = \dfrac{1}{2}bh$	梯形	$y_C = \dfrac{h(a+2b)}{3(a+b)}$ $A = \dfrac{h}{2}(a+b)$

图形	形心位置	图形	形心位置
扇形	$x_C = \dfrac{2r\sin\alpha}{3\alpha}$ $A = \alpha r^2$ 半圆: $\alpha = \dfrac{\pi}{2}$ $x_C = \dfrac{4r}{3\pi}$	圆弧	$x_C = \dfrac{r\sin\alpha}{\alpha}$ 半圆弧: $\alpha = \dfrac{\pi}{2}$ $x_C = \dfrac{2r}{\pi}$
抛物线三角形	$x_C = \dfrac{1}{4}l$ $y_C = \dfrac{3}{10}h$ $A = \dfrac{1}{3}hl$	抛物线三角形	$x_C = \dfrac{3}{8}l$ $y_C = \dfrac{3}{10}h$ $A = \dfrac{2}{3}hl$

3. 组合截面

组合截面重心可采用组合法计算。将平面图形分成几个形状简单且重心已知的部分，然后利用重心坐标公式组合求解。视平面图形的具体情况，分别采用以下两种方法：

（1）分割法

例 3—10 求 L 形截面的重心位置，尺寸如图 3—19 所示。

解： 建立直角坐标系 Oxy 如图所示。将 L 形截面分割成 I、II 两个矩形，则：

矩形 I：$A_1 = 10 \times 30 = 300 \ \text{mm}^2$,

$\quad x_1 = 5\text{mm}, y_1 = 25\text{mm}$

矩形 II：$A_2 = 10 \times 30 = 300 \ \text{mm}^2$,

$\quad x_2 = 15\text{mm}, y_2 = 5\text{mm}$

则由重心（形心）坐标公式求得

$$x_C = \frac{\sum A_i x_i}{\sum A_i} = \frac{A_1 x_1 + A_2 x_2}{A_1 + A_2}$$

$$= \frac{300 \times 5 + 300 \times 15}{300 + 300} = 10(\text{mm})$$

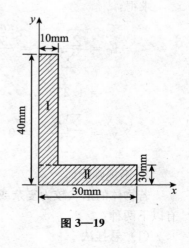

图 3—19

$$y_C = \frac{\sum A_i y_i}{\sum A_i} = \frac{A_1 y_1 + A_2 y_2}{A_1 + A_2}$$

$$= \frac{300 \times 25 + 300 \times 5}{300 + 300} = 15 \text{(mm)}$$

注意，分割的部分与坐标系的建立因人而异，并非是一定的。当建立的坐标系不同时，求得的 x_C、y_C 值也是不同的，但形心的位置相对于平面图的位置而言是确定的，不随坐标系建立的不同而变化。

（2）负面积法

当截面中有挖去部分时，可将挖去部分的面积取负值进行组合。

例 3—11　如图 3—20 所示的匀质板，求其重心坐标位置。

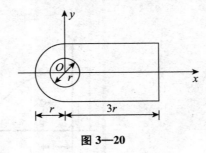

图 3—20

解： 建立图示坐标系 Oxy。将匀质板分成三部分：半圆Ⅰ、矩形Ⅱ、挖去的小圆Ⅲ。

则半圆Ⅰ：$A_1 = \dfrac{\pi r^2}{2}$，$x_1 = -\dfrac{4r}{3\pi}$，$y_1 = 0$

矩形Ⅱ：$A_2 = 6r^2$，$x_2 = \dfrac{3r}{2}$，$y_2 = 0$

挖去的小圆Ⅲ：$A_3 = -\dfrac{\pi r^2}{4}$，$x_3 = 0$，$y_3 = 0$

求得：

$$x_C = \frac{\sum A_i x_i}{\sum A_i} = \frac{\dfrac{\pi r^2}{2} \cdot \left(-\dfrac{4r}{3\pi}\right) + 6r^2 \cdot \dfrac{3r}{2}}{\dfrac{\pi r^2}{2} + 6r^2 - \dfrac{\pi r^2}{4}}$$

$$= 1.23r$$

$$y_C = \frac{\sum A_i y_i}{\sum A_i} = 0$$

4. 不规则物体

若物体的形状较为复杂或不满足匀质条件，则采用实验法测定其重心。常用的实验法有以下两种：

（1）悬挂法

对平板形物体，可将其悬挂于任一点 A，作铅垂线，如图 3—21 所示。由二力平衡可

76

知，该物体的重心一定在此铅垂线上。然后再悬挂于任一其他点 B，作出另一铅垂线，同理可知重心也在此铅垂线上，因此得到两铅垂线的交点即为物体的重心。

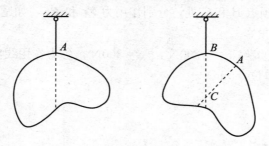

图 3—21

（2）称重法

当物体形状复杂、体积大、较笨重时，常采用称重法测定物体的重心位置。如图 3—22所示物体，测定其重心位置时，将一端放在台秤上，另一端放在水平面上，使轴线处于水平位置。设物体重 F_P，台秤测得的力为 F_B，则由物体的平衡方程：

$$\sum M_A(F) = 0, \quad F_B \cdot l - F_P \cdot x_C = 0$$

则 $x_C = \dfrac{F_B \cdot l}{F_P}$。

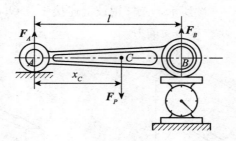

图 3—22

![习题]

3—1 在正方体的顶点 B 和 C 处，分别作用力 F_1 和 F_2，如题 3—1 图所示。求这两个力在 x、y、z 轴上的投影。

3—2 力系 $F_1 = 100N$，$F_2 = 200N$，$F_3 = 300N$，各力作用线位置如题 3—2 图所示，将力系向 O 点简化。（单位：mm）

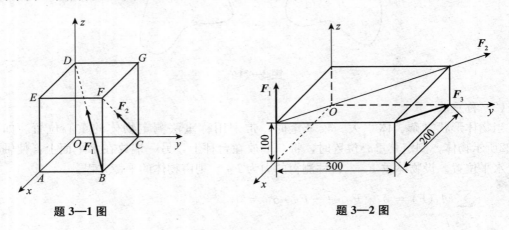

题 3—1 图　　　　　　　　　　　　题 3—2 图

3—3 如题 3—3 图所示，已知 $F = 20kN$，求力 F 对 x、y、z 轴的力矩。（单位：mm）

3—4 起重构架如题 3—4 图所示，三杆用铰链连接于点 O，平面 OAB 水平且 $OA = OB$，重物重量 $P = 2kN$，求三杆所受的力。

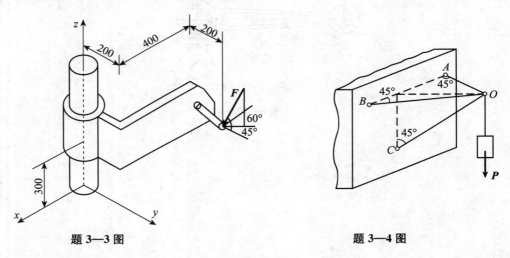

题 3—3 图　　　　　　　　　　　　题 3—4 图

3—5 如题 3—5 图所示三圆盘 A、B、C 的半径分别为 150mm、100mm 和 50mm，三轴 OA、OB、OC 在同一平面内，$\angle AOB$ 为直角。三个力偶分别作用于圆盘上，组成各力偶的力作用在轮缘上，大小分别为 $10N$、$20N$ 和 F。如这三个圆盘所构成的系统是自由的，不计系统重量，求能使此系统平衡的力 F 的大小和角 θ。

3—6 悬臂钢架如题 3—6 图所示，均布荷载 $q = 2kN/m$，集中力 P、Q 的作用线分别

78

平行于 AB、CD，且 $P = 5\text{kN}$，$Q = 4\text{kN}$。求固定端 O 处的约束力。

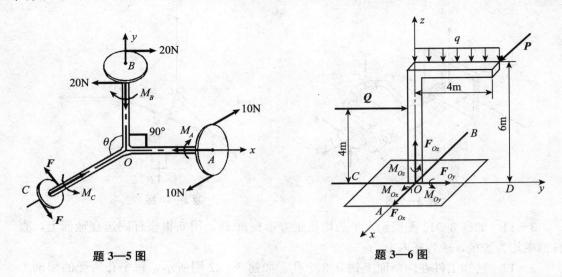

题 3—5 图   题 3—6 图

3—7 如题 3—7 图所示，均质长方形薄板重 $P = 200\text{N}$，用球铰链 A 和蝶铰链 B 固定在墙上，并用绳 CE 维持在水平位置上，求绳子的拉力和支座处的约束力。

3—8 如题 3—8 图所示变速箱中间轴装有两直齿圆柱齿轮，其分度圆半径 $r_1 = 100\,\text{mm}$，$r_2 = 72\,\text{mm}$，啮合点分别在两齿轮的最高与最低位置，两齿轮压力角 $\alpha = 20°$，齿轮 1 上的圆周力 $F_{t1} = 1.58\text{kN}$，两齿轮的径向力与圆周力之间的关系为 $F_r = F_t \tan 20°$。试求当轴平衡时作用于齿轮 2 的圆周力 F_{t2} 与轴承 A、B 处的约束力。

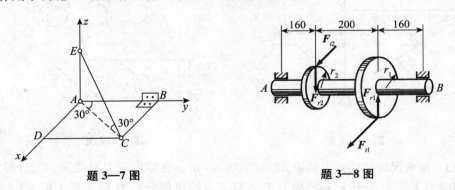

题 3—7 图   题 3—8 图

3—9 如题 3—9 图所示，手摇钻由支点 B、钻头 A 和一个弯曲的手柄组成。当支点 B 处加压力 F_x、F_y 和 F_z 以及手柄上加力 F 后，即可带动钻头绕轴 AB 转动而钻孔，已知 $F_x = 50\text{N}$，$F_y = 40\text{N}$，$F_z = 60\text{N}$，$F = 150\text{N}$。求：

（1）钻头受到的阻抗力偶矩 M；

（2）材料给钻头的反力 F_{Ax}、F_{Ay} 和 F_{Az} 的值；

3—10 长度相等的两直杆 AB 和 CD 在中点 E 以螺栓连接，使两杆互成直角，如题 3—10 图所示。A、C 两端用球铰链固定于铅垂墙上，并用绳子 BF 吊住 B 端，使 AB、CD 维持在水平位置上。D 端重物重 $P = 250\text{N}$，杆重不计。求绳子的拉力和 A、C 处的支座约束力。

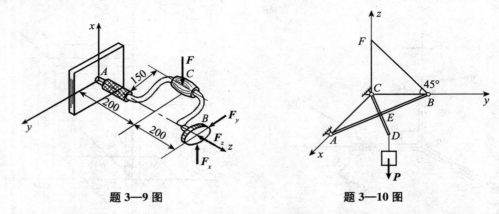

题 3—9 图   题 3—10 图

3—11 如题 3—11 图所示水平的均质正方形板重 P，用 6 根直杆固定在地面上，直杆两端均为铰接，求各杆内力。

3—12 已知工件在四个面上钻有 5 个孔，如题 3—12 图所示，每个孔所受的切削力偶矩均为 80N·m。求工作所受合力偶矩在 x、y、z 轴上的投影 M_x、M_y、M_z。

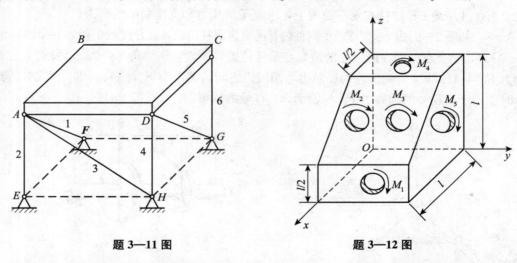

题 3—11 图   题 3—12 图

3—13 使水涡轮转动的力偶矩 $M_z = 1200$N·m。在锥齿轮 B 处受到的力分解为三个分力：切向力 F_t、轴向力 F_a 和径向力 F_r，且三者的比例分别为 $F_t : F_a : F_r = 1 : 0.32 : 0.17$。已知水涡轮连同轴和锥龄轮的总重 $P = 12$kN，其作用线沿轴 Cz，锥齿轮的平均半径 $OB = 0.6$m，其余尺寸如题 3—13 图所示。求止推轴承 C 和轴承 A 的约束力。

3—14 杆系由球铰连接，位于正方体的边和对角线上，如题 3—14 图所示，在节点 D 沿对角线 LD 方向作用力 F_D，在节点 C 沿 CH 边铅直向下作用力 F。如球铰 B、L 和 H 是固定的，杆重不计，求各杆的内力。

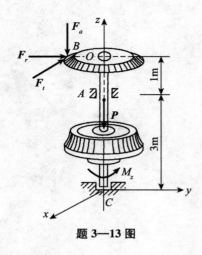

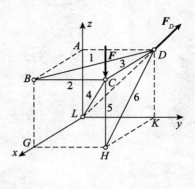

题 3—13 图　　　　　　　　　　　　　　　　题 3—14 图

3—15　如题 3—15 图所示机床重 50kN，当水平放置时（$\theta = 0°$）秤上读数为 35 kN。当 $\theta = 20°$ 时秤上读数为 30kN，试确定机床重心的位置。

3—16　如题 3—16 图所示工字型截面，求其形心位置。（单位：mm）

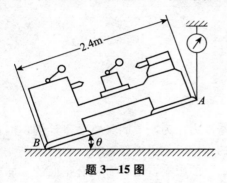

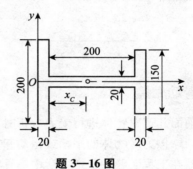

题 3—15 图　　　　　　　　　　　　　　　　题 3—16 图

3—17　求如题 3—17 图所示平面图形的形心位置。（单位：mm）

3—18　均质正方形薄板 ABCD 边长为 a，如题 3—18 图所示。求使薄板在被截去等腰三角形 ABE 后，剩余面积的重心仍位于平板内的最大距离 y_{max}。

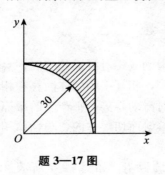

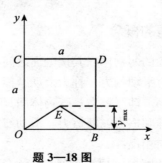

题 3—17 图　　　　　　　　　　　　　　　　题 3—18 图

81

第 **4** 章

摩 擦

4.1 滑动摩擦

在前面几章对物体进行受力分析时，是将摩擦力作为次要因素略去不计的，但在某些问题中，摩擦力对物体的平衡或运动起着重要的作用，是不能忽略的。

摩擦在工程实践和日常生活中都具有十分重要的影响，这种影响有正面的，如重力式挡土墙就依靠墙的底部与地基之间的摩擦力防止墙身在土压力作用下的滑动。同时摩擦也有负面的影响，如摩擦使机器上的零部件磨损、发热，从而降低机器寿命与能效。因此，对摩擦现象的本质和规律应有一定的认识，才能充分利用其有利的一面和尽量避免它不利的一面。

一、滑动摩擦的概念

当表面粗糙的两物体在其接触面之间有相对滑动或相对滑动趋势时，会在接触面间产生阻碍物体相对滑动的力，称为滑动摩擦力。其中，相互接触物体间存在相对滑动时产生的摩擦力称为动滑动摩擦力；若物体间只存在相对滑动趋势，则产生的摩擦力称为静滑动摩擦力，简称静摩擦力或摩擦力。滑动摩擦力沿接触面切线方向，与物体相对滑动或相对滑动趋势的方向相反。

物体间滑动摩擦的规律可通过一个简单的试验说明。如图 4—1 所示，将重为 P 的物体放在固定的粗糙水平面上，此时物体在重力 P 和法向约束力 F_N 作用下保持平衡。现将物体上作用一水平拉力 F_T，并且令 F_T 的大小由零逐渐增大。随着力 F_T 由零逐渐增大，物

82

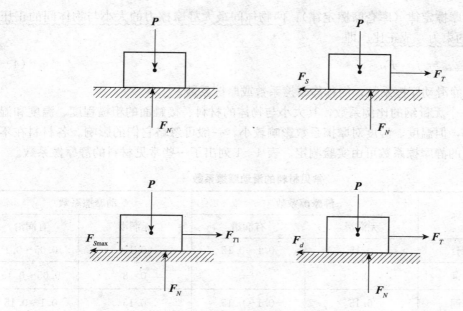

图 4—1

体与水平面间的滑动摩擦力表现不同，具体分析如下：

当 $F_T = 0$ 时，物体静止不动。此时物体和水平面间没有摩擦力作用，物体重力 P 与法向反力 F_N 构成一对平衡力。

当 F_T 逐渐增大时，物体相对于平面有向右的滑动趋势，但只要 F_T 的大小不超过某一数值（图中用 F_{T1} 表示），物体仍可保持静止。可见水平面对物体的约束力除法向反力 F_N 外，还有一个切向的约束反力 F_S 来阻碍物体沿水平面向右的滑动，力 F_S 即为静滑动摩擦力，简称静摩擦力。静滑动摩擦力的方向与相对滑动趋势相反，其大小由平衡方程确定：

$$\sum F_x = 0, \quad F_S = F_T$$

二、滑动摩擦定律

由上式可知，静滑动摩擦力 F_S 是随着主动力 F_T 的增大而增大的。但事实说明，F_S 并不会随 F_T 的增大而无限度地增大。当 F_T 的数值增大至 F_{T1} 时，物体将处于平衡的临界状态。此时，静滑动摩擦力将达到最大，称为最大静滑动摩擦力，简称最大静摩擦力，用 F_{Smax} 表示。由于物体处于临界平衡状态，F_{Smax} 的值仍可由平衡方程确定：

$$\sum F_x = 0, \quad F_{Smax} = F_{T1}$$

由以上分析可知，静滑动摩擦力 F_S 的方向沿两物体接触面的公切线，与两物体相对滑动趋势方向相反。静滑动摩擦力的大小随主动力的变化而变化，可以介于零和最大静摩擦力之间，即

$$0 \leqslant F_S \leqslant F_{Smax}$$

静滑动摩擦定律（库仑摩擦定律）：两物体间最大静摩擦力的大小与物体间的正压力（或称法向约束力）成正比。即

$$F_{Smax} = f_s \cdot F_N \qquad\qquad (4-1)$$

式中，f_s 为静滑动摩擦系数，简称静摩擦系数或摩擦系数。

f_s 是一个无量纲的比例系数，其大小与物体的材料、接触面的粗糙程度、温度和湿度等因素有关，但温度、湿度对摩擦系数影响较小，一般可忽略它们的影响。各材料在不同表面情况下的静摩擦系数可由实验测定。表 4—1 列出了一些常见材料的静摩擦系数。

表 4—1 　　　　　　　　　　　　　　常见材料的滑动摩擦系数

材料名称	静摩擦系数		动摩擦系数	
	无润滑	有润滑	无润滑	有润滑
钢—钢	0.15	0.1～0.12	0.15	0.05～0.1
钢—铸钢	0.3	—	0.18	0.05～0.15
钢—青铜	0.15	0.1～0.15	0.15	0.1～0.15
铸铁—铸铁	—	0.18	0.15	0.07～0.12
铸铁—青铜	—	—	0.15～0.2	0.07～0.15
青铜—青铜	—	0.1	0.2	0.07～0.1
皮革—铸铁	0.3～0.5	0.15	0.6	0.15
橡皮—铸铁	—	—	0.8	0.5
木材—木材	0.4～0.6	0.1	0.2～0.5	0.07～0.15

当 F_T 继续增大至其值超过 F_{T1} 时，物体不能继续保持平衡，开始加速滑动。此时，物体与水平面之间仍然存在摩擦，此时的摩擦力称为动滑动摩擦力，简称动摩擦力，用 F_d 表示。动摩擦力的方向与物体间相对滑动的方向相反。实验表明，动摩擦力的大小也与两物体间的正压力（或法向约束力）成正比。即

$$F_d = f_d \cdot F_N \qquad\qquad (4-2)$$

这就是动滑动摩擦定律。式中 f_d 称为动滑动摩擦系数，简称动摩擦系数。它也是一个无量纲的比例系数，与相互接触物体的材料和表面情况有关，此外，动摩擦系数还与物体相对滑动的速度有关。多数情况下，f_d 随相对滑动速度的增大而略有减小。但当相对滑动速度不大时，动摩擦系数可近似地认为是一个常数。一般工程中，当精度要求不高时，可近似认为 $f_d = f_s$，常见材料的动摩擦系数见表 4—1。

4.2 摩擦角和自锁现象

一、摩擦角的概念

当物体和接触面间有摩擦时，接触面对物体的约束力既有法向约束力也有切向约束力。若物体处于平衡状态，则切向约束力就是静摩擦力。将法向约束力 F_N 和静摩擦力 F_S 合成为一个合力，称为接触面的全约束反力或全反力，记作 F_R，即 $F_R = F_N + F_S$，如图 4—2 所示（图中未画出主动力）。

设全约束力与接触面公法线之间的夹角为 φ。φ 随静摩擦力 F_S 的变化而变化，存在一定的变化范围。当静摩擦力 F_S 为零时，φ 也为零；当静摩擦力逐渐增大时，φ 也逐渐增大；当静摩擦力达到最大值时，φ 也达到最大 φ_m，如图 4—2（b）所示，称 φ_m 为摩擦角。此时物体处于即将滑动的临界平衡。由图 4—2（b）可知

$$\tan\varphi_m = \frac{F_{Smax}}{F_N} = \frac{F_N \cdot f_s}{F_N} = f_s \qquad (4—3)$$

即：摩擦角的正切值等于静滑动摩擦系数。

可见摩擦角与摩擦系数一样，是只与两接触物体表面材料及粗糙程度有关的常数。

图 4—2（b）中，当物体处于临界平衡状态时，随着物体所受的主动力的方位改变，物体的滑动趋势方向改变，全约束力 F_R 作用线的方位也随之改变。这样，各全约束反力的作用线在空间中形成一个以接触点为顶点的锥面，称为摩擦锥。若物体与接触面各个方向的摩擦系数都相同，则摩擦锥将是一个顶角为 $2\varphi_m$ 的圆锥，如图 4—2（c）所示。

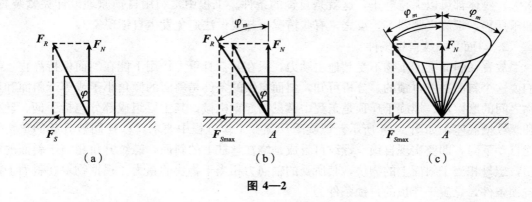

图 4—2

二、自锁

1. 自锁的概念及实例

物体平衡时，随主动力的改变，静摩擦力可在零和最大静滑动摩擦力之间变化，即 $0 \leqslant F_S \leqslant F_{Smax}$。因此，全约束反力与支承面法线间的夹角 φ 也在零和摩擦角 φ_m 之间变化，即 $0 \leqslant \varphi \leqslant \varphi_m$。可见，全约束力的作用线不可能超出摩擦角以外，一定在摩擦角内。

如图 4—3 (a) 所示。作用在物体上的主动力的合力 F_Q 与接触面公法线间的夹角为 α。当物体平衡时，由平衡条件可知，主动力的合力 F_Q 与全约束力 F_R 等值、反向、共线，因此 $\alpha = \varphi$。当主动力合力 F_Q 的作用线位于摩擦角以内时，无论合力 F_Q 有多大，总有全约束力 F_R 与之平衡，物体一定能保持静止；反之，若主动力合力 F_Q 的作用线位于摩擦角以外，则无论 F_Q 有多小，物体都不能保持静止。因为全约束力 F_R 的作用线不可能位于摩擦角外，如图 4—3 (b) 所示，这种情况下，F_R 与 F_Q 不能满足二力平衡条件。

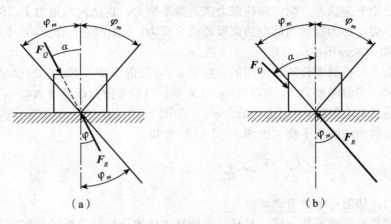

图 4—3

我们将这种无论主动力的合力大小如何，只要其作用线位于摩擦锥内物体都能保持静止的现象称为自锁。只与摩擦角有关而与主动力合力大小无关的平衡条件称为自锁条件，也就是全约束力与接触面法线的夹角 α 小于或等于摩擦角 φ_m，即 $\alpha \leqslant \varphi_m$ 时，无论主动力多大，物体都可以保持静止，这就是自锁的条件。工程中常利用自锁原理设计夹紧装置，如千斤顶、螺旋夹紧器等。反之，有些情况下却要设法避免发生自锁现象。

2. 斜面及螺纹自锁条件

放置在斜面上的重物不受其他主动力，只在其自身重力作用下能在斜面保持静止，我们说这个斜面是能自锁的。分析可知，斜面自锁的条件是斜面的倾角小于或等于斜面和重物之间的摩擦角。螺旋千斤顶是工程中常见的起重机械，其主要组成部分包括手柄、丝杠和螺纹槽底座，如图 4—4 所示。螺旋千斤顶在工作过程中要求丝杠连同被升起的重物不能自动下降，即要实现自锁。螺纹可看成是绕在丝杠上的斜面，螺纹升角相当于斜面的倾角，螺母相当于斜面上的物块，其所受的轴向力相当于物块的重力。根据物块在斜面上的自锁条件，螺旋千斤顶的自锁条件为

$$\alpha \leqslant \varphi_m \qquad\qquad (4-4)$$

若螺旋千斤顶的丝杠与螺纹之间的静摩擦系数 $f_s = 0.11$，则

$$\tan\varphi_m = f_s = 0.11, \qquad \varphi_f = 6°17'$$

因此为确保螺旋千斤顶实现自锁，千斤顶的螺纹升角 α 要小于或等于螺母和丝杆螺纹之间的摩擦角。螺旋千斤顶的自锁原理同样适用于螺旋夹紧器及螺纹连接，如图 4—5 所

86

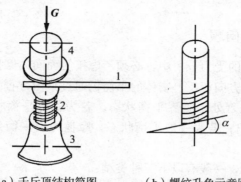

（a）千斤顶结构简图　　　（b）螺纹升角示意图

图4—4　螺旋千斤顶自锁

1—手柄；2—丝杠；3—螺纹槽底座；4—重物

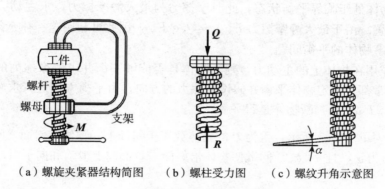

（a）螺旋夹紧器结构简图　　（b）螺柱受力图　　（c）螺纹升角示意图

图4—5　螺旋夹紧器自锁

示，一般取螺纹升角为$4°\sim 5°$。

3. **摩擦系数的测定**

利用摩擦角的概念，可通过简单的试验方法测定摩擦系数。如图4—6所示，将要测定的两种材料分别做成斜面和物块，斜面倾角可调。作用在物体上的主动力只有重力P，约束力包括法向反力和静摩擦力，这两个约束力构成全约束力F_R。物体在重力P和全约束力F_R作用下保持平衡，F_R与P等值、反向、共线。因此F_R的作用线一定沿铅垂线，且与斜面法线的夹角等于斜面的倾角θ。逐渐上抬斜面直至物块处于临界平衡状态，此时全约束力F_R与法线的夹角等于摩擦角φ_m，而斜面倾角$\theta = \varphi_m$，由式（4—3）求得静摩擦系数：

$$f_s = \tan\varphi_m = \tan\theta$$

由试验过程可知，当斜面倾角$\theta \leqslant \varphi_m$时，物块不会自行下滑，斜面是自锁的，验证了斜面自锁的条件。

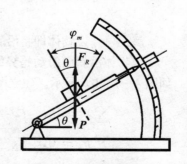

图4—6　静摩擦系数测定

87

4.3 考虑摩擦时的平衡问题

对工程中一些实际问题的受力分析中，必须考虑接触面间的摩擦力，摩擦力的方向与相对滑动或相对滑动趋势的方向相反。物体的平衡仍通过平衡方程求解。平衡方程中应列出摩擦力，但应注意物体是否处于临界平衡状态。若为临界平衡状态，摩擦力为最大值 F_{Smax}，可由静摩擦定律求出；若为一般平衡状态，摩擦力由平衡条件确定，且大小应满足 $F_S \leqslant F_{Smax}$。

考虑摩擦时的平衡问题，一般有以下三种类型：

1）求物体的平衡范围。由于物体平衡时摩擦力 F_S 有一定的范围，即 $0 \leqslant F_S \leqslant F_{Smax}$，因此求得的解（有可能是主动力的大小或平衡位置）也有一定的范围，而不是一个确定的值。

2）已知物体处于临界平衡状态，此时摩擦力为最大静摩擦力，求主动力的大小或物体平衡时的位置。由于最大静摩擦力 $F_{Smax} = f_s \cdot F_N$，因此可利用这一补充条件（也称补充方程）来求解物体的平衡问题。

3）已知作用在物体上的主动力，判断物体是否能够平衡并求解摩擦力的大小。这类问题的求解通常都是假定物体平衡并假设摩擦力的方向，由平衡方程进行求解，并根据是否满足 $|F_S| \leqslant F_{Smax}$ 来判断物体是否平衡。

例 4—1　如图 4—7 所示，重为 P 的物体放置于斜面上，物体与斜面之间的摩擦角为 φ_m，斜面倾角为 α，且 $\alpha < \varphi_m$。问欲使物体恰好能沿斜面向上滑动和向下滑动时的力 F 分别为多大？

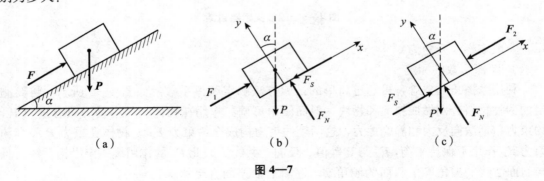

（a）　　　　　　　　　（b）　　　　　　　　　（c）

图 4—7

解：（1）设物体即将沿斜面向上滑动的力为 F_1。

因物体沿斜面滑动趋势的方向向上，所以摩擦力沿斜面向下，对物体进行受力分析，如图 4—7（b）所示。建立图示坐标系，列平衡方程：

$$\sum F_x = 0, \quad F_1 - P \cdot \sin\alpha - F_S = 0$$

$$\sum F_y = 0, \quad F_N - P \cdot \cos\alpha = 0$$

考虑到物体处于临界平衡状态，列补充方程：

$$F_S = F_N \cdot f_s \ (f_s = \tan\varphi_m)$$

联立方程求得

$$F_1 = P(f_s \cdot \cos\alpha + \sin\alpha) = P(\tan\varphi_m \cdot \cos\alpha + \sin\alpha)$$

（2）设物体即将沿斜面向下滑动的力为 F_2。

使物体沿斜面滑动趋势向下，此时摩擦力方向向上，受力分析如图 4—7（c）所示。列平衡方程：

$$\sum F_x = 0, \quad F_s - P \cdot \sin\alpha - F_2 = 0$$

$$\sum F_y = 0, \quad F_N - P \cdot \cos\alpha = 0$$

此时物体处于临界平衡状态，有

$$f_{s2} = 0.15$$

联立方程求得

$$F_2 = P(f_s \cdot \cos\alpha - \sin\alpha) = P(\tan\varphi_m \cdot \cos\alpha - \sin\alpha)$$

例 4—2　如图 4—8（a）所示，重为 P 的物块放在倾角为 α 的斜面上，物块与斜面的摩擦角为 φ_m，斜面倾角 $\alpha = 0 > \varphi_m$。若物块在水平力 F 作用下平衡，求 F 的大小。

解：若水平力 F 太小，物块将沿斜面下滑；若水平力太大，物块又会沿斜面上滑，可见水平力过小或过大都不能使物体保持平衡，这是一个求解平衡范围的问题。

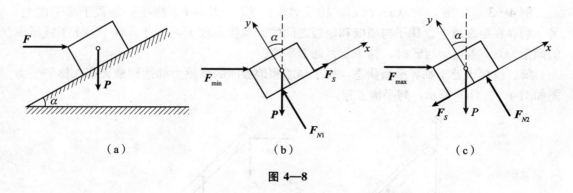

图 4—8

（1）求 F_{min}

F_{min} 是使物体不下滑的最小水平力，此时物块处于下滑的临界平衡状态，摩擦力达到最大值，方向沿斜面向上。物块的受力分析如图 4—8（b）所示，建立图示坐标系，列平衡方程：

$$\sum F_x = 0, \quad F_{min} \cdot \cos\alpha + F_S - P \cdot \sin\alpha = 0$$

$$\sum F_y = 0, \quad -F_{min} \cdot \sin\alpha + F_{N1} - P \cdot \cos\alpha = 0$$

补充方程

$$F_S = F_{Ssin} = f_s \cdot F_{N1}$$

联立上述 3 个方程求得

$$F_{min} = \frac{\sin\alpha - f_s \cdot \cos\alpha}{\cos\alpha + f_s \cdot \sin\alpha} P$$

（2）求 F_{max}

F_{max} 是使物块不上滑的最大水平力，此时物块处于上滑的临界平衡状态，摩擦力也达到最大值，但方向沿斜面向下。物块的受力图如图 4—8（c）所示，列平衡方程：

$$\sum F_x = 0, \quad F_{max} \cdot \cos\alpha - F_S - P \cdot \sin\alpha = 0$$
$$\sum F_y = 0, \quad -F_{max} \cdot \sin\alpha + F_{N2} - P \cdot \cos\alpha = 0$$

补充方程

$$F_S = F_{Ssin} = f_s \cdot F_{N2}$$

同理求得

$$F_{max} = \frac{\sin\alpha + f_s \cdot \cos\alpha}{\cos\alpha - f_s \cdot \sin\alpha} P$$

因此，水平力 **F** 的取值范围是 $F_{min} \leqslant F \leqslant F_{max}$，将 $f_s = \tan\varphi_m$ 代入 F_{min} 和 F_{max} 中，并简化得

$$P \cdot \tan(\alpha - \varphi_m) \leqslant F \leqslant P \cdot \tan(\alpha + \varphi_m)$$

例 4—3 如图 4—9（a）所示，梯子 AB 长 $2l$，重为 **P**，梯子一端置于水平面上，另一端靠在铅垂墙上。梯子与墙壁和地板之间的静摩擦系数 $f_s = 0.4$，梯子与水平线所成的倾角为 φ，当 $\varphi = 45°$ 时，梯子能否处于平衡？

解： 设梯子处于临界平衡状态，梯子与墙和地板间的摩擦力都达到最大值，梯子受力图如图 4—9（b）所示，列平衡方程：

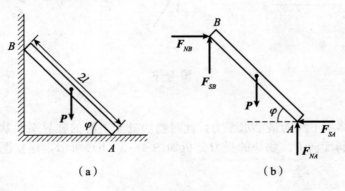

（a）   （b）

图 4—9

$$\sum F_x = 0, \quad F_{NB} - F_{SA} = 0 \tag{1}$$

$$\sum F_y = 0, \quad F_{NA} + F_{SB} - P = 0 \tag{2}$$

$$\sum M_A(F) = 0, \quad P \cdot l \cdot \cos\varphi - F_{NB} \cdot 2l \cdot \sin\varphi - F_{SB} \cdot 2l \cdot \cos\varphi = 0 \tag{3}$$

补充方程

$$F_{SA} = f_s \cdot F_{NA} \tag{4}$$

$$F_{SB} = f_s \cdot F_{NB} \tag{5}$$

将式（4）、（5）代入式（1）、（2）可得

$$F_{NB} = f_s \cdot F_{NA} \tag{6}$$

$$F_{NA} = P - f_s \cdot F_{NB} \tag{7}$$

联立式（6）、（7）求得

$$F_{NA} = \frac{P}{1 + f_s^2}, \qquad F_{NB} = \frac{f_s \cdot P}{1 + f_s^2}$$

将 F_{NA}、F_{NB} 代入式（3），求得 $\tan\varphi = \dfrac{1 - f_s^2}{2f_s}$。将 $f_s = 0.4$ 代入，求得 $\tan\varphi = 1.05$，$\varphi = 46.4°$。分析可知，$\varphi = 46.4°$ 应是梯子保持平衡时的最小倾角，所以当 $\varphi = 45°$ 时，梯子不能平衡。

例 4—4 如图 4—10 所示，杆 AB 与杆 CD 接触点 C 的静摩擦系数 $f_s = 0.1$，$P = 20\text{kN}$，$AC = CB = 5\text{cm}$，$AD = 4\text{cm}$，杆 AB 处于水平位置，不计各杆自重。试求系统在该位置平衡时力偶矩 M 的大小。

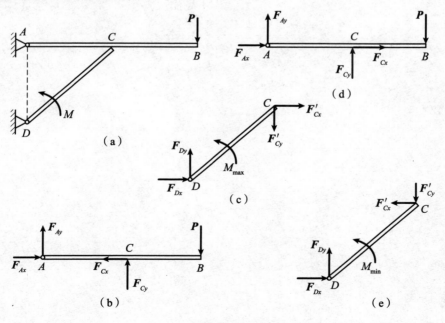

图 4—10

解：分析 M 为最大值时的临界情况，作受力分析，如图 4—10 (b)、(c) 所示。

由 $\sum M_A = 0$，$F_{Cy} \cdot 5 - P \cdot 10 = 0$，求得 $F_{Cy} = 2P = 40\text{kN}$。

对 CD 杆，由

$$\sum M_D = 0，M_{max} - F'_{Cy} \cdot 5 - F'_{Cx} \cdot 4 = 0 \tag{1}$$

又 $F_{Cx} = F'_{Cx} = f_s \cdot F_{Cy} = 4\text{kN}$，代入式（1）解得 $M_{max} = 216\text{kN} \cdot \text{m}$。

分析 M 为最小值时的临界情况，作受力分析，如图 4—10 (d)、(e) 所示。

对 AB 杆，$\sum M_A = 0$，$F_{Cy} \cdot 5 - P \cdot 10 = 0$，求得 $F_{Cy} = 40\text{kN}$。

对 CD 杆，由

$$\sum M_D = 0，M_{min} - F'_{Cy} \cdot 5 + F'_{Cx} \cdot 4 = 0 \tag{2}$$

又 $F_{Cx} = f_s \cdot F_{Cy} = 4\text{kN}$，代入式（2）解得 $M_{min} = 184\text{kN} \cdot \text{m}$。

综上，平衡时，M 应满足 $184\text{kN} \cdot \text{m} \leqslant M \leqslant 216\text{kN} \cdot \text{m}$。

4—1 斜面上放一重为 **P** 的物块，如题 4—1 图所示，斜面倾角为 α，物块与斜面之间的摩擦角为 φ_m，且 $\alpha > \varphi_m$，求可使物块在斜面上静止的水平推力 **F** 的大小。

4—2 如题 4—2 图所示，直杆 AB 长 1.5m，重为 **P**，$P = 6$kN，AB 杆铅垂放置于粗糙水平面上，A 端用绳子与水平面连接于 E 点，绳与杆的夹角 $\alpha = 45°$，杆端与水平面的静滑动摩擦系数 $f_s = 0.3$，距 B 端 0.5m 处 D 点上作用一水平力 **F**，且 $F = 6$kN。问 AB 是否处于平衡状态？若 AB 不能平衡，则杆端与水平面的静滑动摩擦系数 f_s 至少为多大？

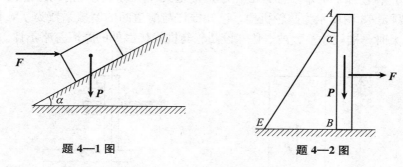

题 4—1 图　　　　　　　　　　题 4—2 图

4—3 如题 4—3 图所示的是运送砂子装置简图，已知材料与砂子共重 25kN，料斗与轨道的动摩擦系数 $f = 0.3$，求料斗匀速上升时绳子的拉力。

4—4 砖夹宽为 28cm，AHB 与 $BCED$ 在 B 点由铰链连接，尺寸如题 4—4 图所示。已知砖重 $P = 120$N，提举力 **F** 作用在砖夹中心线上，砖夹与砖之间的摩擦系数 $f_s = 0.5$，问砖夹的尺寸 b 多大时能保证砖不滑落？

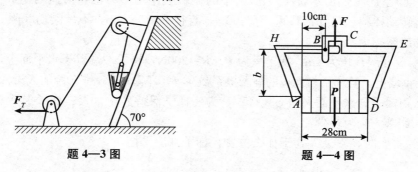

题 4—3 图　　　　　　　　　　题 4—4 图

4—5 滑块 A、B 均为 60N，与接触面间的静滑动摩擦系数分别为 0.2 和 0.3，求作用在销钉 C 上的铅垂力 F_C 多大时滑块不会滑动？

4—6 尖劈顶重装置如题 4—6 图所示，物块 B 上受力 **P** 作用，A 与 B 间的摩擦系数为 f_s，有滚珠处表示光滑，不计 A、B 质量，求使系统保持平衡的力 **F** 的值。

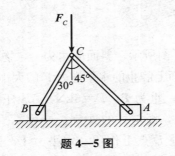

题 4—5 图

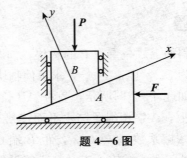

题 4—6 图

4—7　如题 4—7 图所示的物体重为 500N，已知 $h=1.3a$，物体与地面间的摩擦系数 $f_s=0.4$，作用在物体上的水平推力 F 由小逐渐增大，问物体是先滑动还是先倾倒？

4—8　如题 4—8 图所示为凸轮机构，已知推杠与滑道间的摩擦系数为 f，滑道宽度为 b。问 a 为多大时，推杠才不致被卡住？设凸轮与推杠接触处的摩擦忽略不计。

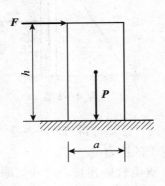

题 4—7 图

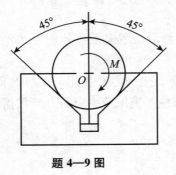

题 4—8 图

4—9　如题 4—9 图所示置于 V 形槽中的棒料上作用一力偶，力偶的矩 $M=15\text{N}\cdot\text{m}$ 时，刚好能转动棒料。已知棒料重 $P=400\text{N}$，直径 $D=0.25\text{m}$，不计滚动摩阻。求棒料与 V 形槽间的静摩擦因数 f_s。

4—10　梯子 AB 长为 4m，梯子重为 P，$P=200\text{N}$，梯子一端置于水平面上，另一端靠在光滑的铅垂墙上。若梯子与地板的静摩擦系数 $f_s=0.5$，重 $P_1=650\text{N}$ 的人沿梯子向上爬。

（1）已知梯子与水平面夹角 $\varphi=45°$，为使梯子保持静止，人在梯子上活动的最高点 C 与 A 点的距离 l 应为多少？

（2）φ 为多大时，不论人处于什么位置，梯子都能平衡？

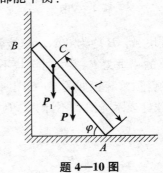

题 4—9 图

题 4—10 图

4—11 制动器结构如题 4—11 图所示，若作用在飞轮上的转矩为 M，制动块与飞轮之间的摩擦因数为 f_s。求制动力 F 的大小。

4—12 攀登电线杆时的脚套钩如题 4—12 图所示。电线杆的直径 $d=300\text{mm}$，A、B 间的铅直距离 $b=100\text{mm}$。若脚套钩与电线杆之间的摩擦系数 $f_s=0.5$。问工人操作时，在保证安全的情况下站在脚套钩上的最小距离 l 应为多大？

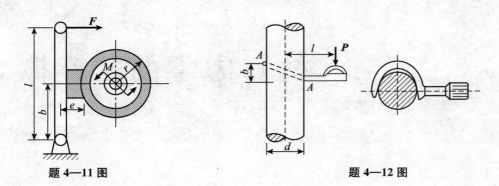

题 4—11 图　　　　　　　　　　　　　题 4—12 图

4—13 如题 4—13 图所示汽车重 $P=15\text{kN}$，车轮的直径为 600mm，轮自重不计。问发动机应给予后轮多大的力偶矩，才能使轮越过高为 80mm 的阻碍物？并问此时后轮与地面的静摩擦系数应为多大才不至于打滑？

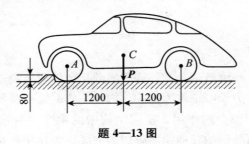

题 4—13 图

4—14 匀质圆柱重为 P，半径为 r，搁在不计自重的水平杆和固定斜面之间。杆端 A 为光滑铰链，D 端受一铅垂向上的力 F，圆柱上作用一力偶 M，如题 4—14 图所示。已知 $F=P$，圆柱与杆和斜面间的静滑动摩擦系数 f_s 均为 0.3，不计滚动摩阻，当 $\theta=45°$ 时，$AB=BD$。求此时能保持系统静止的力偶矩 M 的最小值。

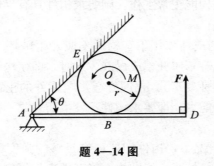

题 4—14 图

第 **5** 章
材料力学的基本概念

5.1 材料力学的任务

机械与工程结构通常是由若干个零部件组成的，比如建筑物中的梁和柱、机床和电动机中的轴等，这些在材料力学中统称为构件。构件工作时，要受到外力的作用。例如，机床主轴受齿轮啮合力和切削力的作用，房屋结构中的梁受自身重力和其他物体重力的作用。物体的重力和构件所受到的其他物体施加的力统称为作用在构件上的荷载。在外力的作用下，构件的几何形状和尺寸将会有所变化，称为变形。若变形在外力撤除后能完全恢复，则称这种变形为弹性变形；若变形在外力撤除后不能完全恢复，则称之为塑性变形（或残余变形）。构件本身设计应具有抵抗破坏的能力，但这种能力是有限度的，当外力增大到某一程度时，构件将会发生破坏。

为了保证机械或工程结构能正常工作，则要求构件具有足够的承载能力，构件的承载能力一般包括以下三个方面：

1. 强度要求　在规定的载荷作用下，构件不应发生破坏。例如，起重机提升重物的钢丝绳不应该被拉断，储气罐不应开裂或爆破。有时，即使构件没有发生断裂，但产生大量的不能恢复的变形（即塑性变形），也同样会影响构件的正常工作。强度要求就是指材料或构件要具有抵抗破坏的能力，即要求构件不发生断裂或不发生塑性变形，总称为结构不"失效"。

2. 刚度要求　在某些情况下，构件即使已有足够的强度，但是由于构件的弹性变形超过了允许的限度，也会使机械或工程结构不能正常工作。例如，楼板梁变形过大，抹灰层就会开裂、脱落；机床主轴变形过大，就会影响工件的加工精度及齿轮的啮合，还会导致轴承的不均匀磨损。刚度要求就是指构件应具有足够的抵抗变形的能力，即要求构件在规定的外力作用下，不发生过大的弹性变形。

3. 稳定性要求　有些构件在载荷作用下，还有可能发生不能保持它原有平衡形态的现象。例如，建筑物的柱体、千斤顶的螺杆这一类受压的杆件，当压力在所允许的范围内时，其能保持原有形式的平衡，当压力达到某一限度时，杆就会由原来的直线状态突然变弯。这种不能保持其原来平衡形态的现象，称为丧失稳定性，简称失稳。构件失稳会丧失其承载能力，这也是工程中所不允许的。稳定性要求就是指构件应具有足够的保持原来平衡形态的能力，即要求构件在一定的外力作用下，能够维持其原有的平衡形态。

综上所述，为了保证构件安全、正常地工作，构件必须具有足够的强度、刚度和稳定性。

材料力学所研究的主要内容就是构件的强度、刚度和稳定性，这些同时又与所使用的材料有关。例如，形状、尺寸以及载荷均相同而材料不同的构件（如：木杆和钢杆）对比，显然木杆更易变形，也易破坏，同样做成细长直杆后，木杆也更容易发生失稳现象。所以材料力学还要通过实验来研究材料的力学性质。

材料力学除了要求其能安全、正常地工作外，同时还应考虑合理地使用和节约材料。前者要求使用较多或较好的材料，而后者要求使用较少或廉价的材料，两者必然生成矛盾。材料力学的目的就是通过材料强度、刚度和稳定性的研究，为构件选择合理的材料以及合适的结构。

对于材料力学，除材料的力学性质需要通过实验来测定，工程中还有一些理论分析结果需要实验来检验或解决。所以，实验研究和理论分析，同样都是材料力学解决问题的必要手段。

5.2　材料力学的基本假设

机械与工程结构中的各种构件，都是通过各种材料所制成的，虽然其物质构造和性质各异，但它们的形态都是固体。任何固体在外力作用下都会引起变形，由于固体具有的可变形性质，则可称为变形固体。针对不同的研究目的，常要舍弃那些与所研究问题无关或关系不大的性质，而保留其主要性质，有时还要通过某些假设，建立一种理想化的"模型"。例如，在理论力学中，为研究物体的宏观的机械运动，常视物体为不变形的刚体；而在材料力学中，为了研究构件的强度、刚度和稳定性问题，则必须考虑到构件的变形，即把构件看作变形固体。

在材料力学中，对变形固体作出如下基本假设：

1. 连续性假设　认为在物体的整个空间中无间隙地充满了物质。由此假设，物体在受力和变形时产生的内力和位移等物理量也将会是连续的，因而可以表示为各点坐标的连续函数，从而能建立相应的数学模型。

2. 均匀性假设　认为物体内部各点的力学性质都是一样的。由此假设，在分析材料力学问题时就可以从构件中截取无限小的部分进行研究（称为取单元体），然后将研究结果推广到整个构件；同样也可以通过试样测得的材料性质，用于构件的内部任意位置。应该指出，对于实际材料，其基本组成部分的力学性质往往存在不同程度的差异，但是，由于构件的尺寸远大于其基本组成部分的尺寸，因而可以认为各部分的力学性质是均匀的。

3. 各向同性假设　认为固体材料沿任何方向的力学性质都一样。把具有这种性质的材料称为各向同性材料，如低碳钢、铸铁、玻璃等。而在各个方向上具有不同力学性质的材料则称为各向异性材料，如木材、复合材料等。

前面提到过，变形固体受力产生变形，分为弹性变形和塑性变形，而在材料力学中，所讨论的问题将限于材料的弹性阶段，即把研究对象看成理想弹性体。

对于工程中大多数构件在载荷作用下，其几何尺寸的改变量与构件本身的尺寸相比，常是很微小的，我们称这类变形为"小变形"。我们所研究的构件变形就属于此类范围内。

综上所述，在材料力学针对构件进行研究的时候，提出了一系列的假设，在上述假设的基础上，研究构件强度、刚度和稳定性的问题。

5.3　内力的概念和截面法

作用于构件上的载荷和约束力统称为外力。

按作用方式外力可分为表面力和体积力。表面力是作用于构件表面的，依据作用的面积的大小，又分为分布力和集中力。分布力是连续作用于构件表面的力，如雨水、大风、积雪等都是作用于建筑物表面的；集中力作用面积远小于所研究的构件尺寸，如钉入材料中的钢钉、椅腿与地面的接触等。体积力是连续分布于构件内部各质点上的力，如重力和惯性力等。

一、内力的概念

材料力学中，构件的内力是指在外力作用下，该构件内部各部分之间相互作用力的合力。

事实上，构件在不受到外力作用下，内部各质点之间也会有相互作用的初始内力（即"凝聚力"），就是因为这些力的存在，才能使各质点之间保持一定的相对位置，使构件保持一定的结构形状，但事实上材料力学并不研究这种内力。

当构件受到外力作用时会产生变形，这样就会引起各质点间距离的变化；与此同时，质点间的初始内力也会因为质点间距离的变化而改变，所以，这个因外力作用而引起的初始内力的改变量，称为"附加内力"，这才是材料力学所要研究的内力。当外力增加时，构件的变形和内力都将随之增加，当内力达到某个限度的时候，就会引起构件的破坏，所以，研究构件的内力对整个构件的强度和刚度问题有着重要的影响。

二、截面法

为了显示和确定构件的内力情况，通常采用的方法称为截面法。

如图5—1所示，可假想地用一平面将构件分为 A、B 两部分，任取其中一部分作为研究对象（例如 A 部分），并将另一部分（例如 B 部分）对该部分的作用以截面上的力的形式体现在图上，此力就是该截面上的内力。由于在基本假设中已假设物体是连续、均匀的变形体，所以内力在截面上是连续分布的。通常，应用力系简化理论，这一连续分布的内力系可以向截面形心简化为一个力和一个力矩，尽管内力的合力是未知的，但总可以用六个内力分量（视为空间力系）来表示 F_x、F_y、F_z 与 M_x、M_y、M_z。

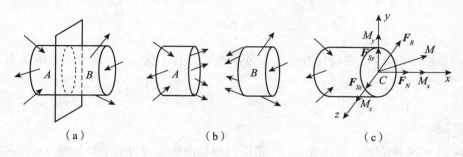

图 5—1

因构件在外力作用下处于平衡状态，所以假想截开后所保留的部分也应该处于平衡状态，这样有下面六个平衡方程存在：

$$\sum F_x = 0, \quad \sum F_y = 0, \quad \sum F_z = 0$$
$$\sum M_x = 0, \quad \sum M_y = 0, \quad \sum M_z = 0$$

通过以上六个平衡方程便可求出上面的六个假想截面上的内力分量。同样，如果保留研究的是 B 部分，得到的结果也是一样的，只不过同 A 部分截面上的内力是作用与反作用力、等值反向而已。

上述这种用截面假想地将构件截开，从而显示并确定内力的方法，称为截面法。可将其归纳为以下三个步骤：

（1）在需要求内力的截面处，沿该截面假想地将构件截开成两部分，保留其中任一部分为研究对象，弃掉另一部分。

（2）将弃掉部分对保留部分的作用，以作用在截面上的内力来代替（至于有何种内力，要根据静力平衡条件分析）。

（3）对保留的部分建立静力平衡方程，求出该截面的内力。

必须指明一点，在研究过程中，针对外力（包括力和力偶），不能随便利用力的平移定理等。这是因为外力移动的时候，可能会引起内力或变形的改变。

5.4 应力的概念

前面我们通过运用截面法分析了构件截面上的内力。但是，这样所求得的内力只是截面上附近的分布力系的合力（或者合力偶），此合力并不能说明在构件截面上各个点的内力分布的密集程度，也就是不能作为构件破坏的判断依据，那么为了描述在截面上各点处内力分布的强弱程度，引入内力集度的概念，即应力的概念。

为了确定某截面上某点的应力，例如图 5—2 所示构件某截面上 K 点的应力，可围绕

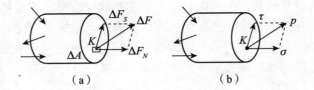

图 5—2

K 点取一微小面积 ΔA，现假设在 ΔA 上分布内力的合力为 ΔF，则 ΔA 上单位面积的内力为

$$p_m = \frac{\Delta F}{\Delta A}$$

p_m 称为 ΔA 的平均应力，它代表在 ΔA 范围内单位面积上内力的平均集度。将 ΔF 沿截面的法向和切向分解，得到分量 ΔF_N 和 ΔF_S。于是有

$$\sigma_m = \frac{\Delta F_N}{\Delta A}$$

$$\tau_m = \frac{\Delta F_S}{\Delta A}$$

σ_m 与 τ_m 分别称为微小面积 ΔA 上的平均正应力和平均切应力。

对于截面上的内力分布一般是非均匀的，ΔA 的平均应力 p_m 的数值和方向会随着微小面积 ΔA 的变化而改变，为了能准确地描述截面上 K 点的内力集度，应使 ΔA 的面积趋于零，由此所得平均应力 p_m 的极限值，称为 K 点处的总应力（或全应力）并用 p 表示，即

$$p = \lim_{\Delta A \to 0} \frac{\Delta F}{\Delta A} = \frac{\mathrm{d}F}{\mathrm{d}A}$$

$$\sigma = \lim_{\Delta A \to 0} \frac{\Delta F_N}{\Delta A} = \frac{\mathrm{d}F_N}{\mathrm{d}A}$$

$$\tau = \lim_{\Delta A \to 0} \frac{\Delta F_S}{\Delta A} = \frac{\mathrm{d}F_S}{\mathrm{d}A}$$

式中 σ 与 τ 分别称为 K 点处的正应力（法向分量）和切应力（切向分量）。

显然，总应力 p 与正应力 σ 和切应力 τ 三者之间有如下关系：

$$p^2 = \sigma^2 + \tau^2$$

在国际单位制（SI）中，应力单位为"帕斯卡"（Pascal），简称为帕（Pa），因在工程实际中这个单位太小，不便使用，因此常采用千帕（$1\mathrm{kPa} = 10^3\,\mathrm{Pa}$）、兆帕（$1\mathrm{MPa} = 10^6\,\mathrm{Pa}$）或吉帕（$1\mathrm{GPa} = 10^9\,\mathrm{Pa}$）。

5.5 位移和应变的概念

构件在外力作用下，整个构件及构件的每个微小的部分都将发生形状与尺寸的改变，

即发生了变形。在材料力学中，对于构件变形的大小是用位移和应变这两个物理量来度量的。

物体在外力作用下，其内部各质点及各截面在空间位置一般将发生改变，也就是说出现了位移。位移可分为线位移和角位移。线位移指物体内某点的原位置到它新位置的连线。角位移指物体内某线段或某平面在改变位置后所旋转的角度。如图 5—3 所示，构件上 A 点在构件受力变形后发生位移到了 A_1 点，连线 AA_1 称为 A 点的线位移。杆件右端面 $m-m$ 在构件受力变形后到达 m_1-m_1 所转过的角度 θ 称为 $m-m$ 面的角位移（或为转角）。

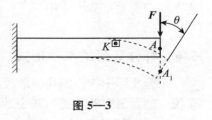

图 5—3

显然对于构件上不同的点或不同的截面所形成的线位移或角位移是不一样的，但它们都与当前的位置有关。

那什么是应变？为了说明应变，同样看图 5—3，在构件上任取一个点 K，围绕 K 点周围截取一个微小的正六面体（当这种六面体边长趋于无限小时，则称为单元体），研究此微小的正六面体，其变形表现为边长的变化与棱边夹角的改变，如图 5—4 所示。而为了度量单元体的变形程度，引入了线应变与切应变两个物理量。

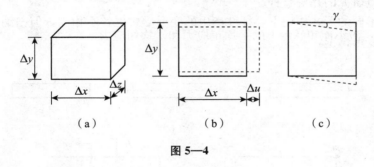

（a）　　　　　　（b）　　　　　　（c）

图 5—4

（1）线应变：单元体棱边长度的相对变化量，通常用 ε 表示。

取 x 方向原始长度为 Δx，构件变形后其长度变化为 $\Delta x + \Delta u$，则 Δu 就是单元体棱边的伸长量。取 $\dfrac{\Delta u}{\Delta x}$ 为在 Δx 范围内单位长度上的平均伸长量，称为平均线应变。其取值会受到 Δx 长度的影响，为了消除尺寸的影响，取极限：

$$\varepsilon_x = \lim_{\Delta x \to 0} \frac{\Delta u}{\Delta x} = \frac{\mathrm{d}u}{\mathrm{d}x}$$

ε_x 称为 K 点处沿 x 方向的线应变，线应变是一个无量纲量。

（2）切应变：单元体两条互相垂直的棱边所夹直角的改变量，也称为角应变。通常用 γ 表示。

在图 5—4 中，两相邻棱边间夹角在未变形前是直角，变形后，角度的改变量为 γ。通常用弧度来度量。

构件中不同点处的线应变与切应变一般也是各不相同的，同样也都是位置的函数。有

101

了线应变与切应变，就可以度量构件中任意微小部分处的变形情况。

应力与应变是相对应的，且其间存在一定的关系，其如何对应以及其相互关系如何，将在后面有关章节中介绍。

5.6 杆件变形的基本形式

工程实际中构件的几何形状是各式各样的，比如杆、块、板、壳体等。对于材料力学来说，所要研究的主要是其中的<u>杆件</u>。所谓杆件就是纵向（长度方向）尺寸远大于横向（垂直于长度方向）的构件。

根据杆件的外形不同，一般杆件可分为直杆、曲杆和折杆。首先就杆件不同的形式进行以下几个说明：

①杆件的轴线是杆件各横截面形心的连线。

②直杆是轴线为直线的杆件。

③等截面直杆是横截面大小和形状相同的直杆，简称等直杆。

④曲杆是轴线为曲线的杆件。

例如：机械中的连杆、齿轮轴，建筑结构中的立柱和衡量等，都是比较常见的杆件。

本书中着重研究的是等直杆。

在外力以不同的形式作用下，杆件产生的变形形式也各不相同，但归纳起来，杆件有以下四种基本变形情况：

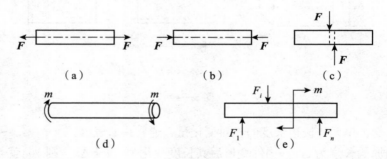

图 5—5

（1）<u>轴向拉伸</u>（图 5—5（a））或<u>轴向压缩</u>（图 5—5（b））是在一对大小相等、方向相反、作用线与杆件轴线重合的外力作用下，杆件长度发生伸长或缩短。

（2）<u>剪切</u>（图 5—5（c））是在一对大小相等、方向相反、作用线相距很近的横向外力作用下，杆件的横截面沿外力方向发生错动（或错动趋势）。

（3）<u>扭转</u>（图 5—5（d））是在一对大小相等、转向相反、作用面垂直于杆轴线的外力偶作用下，杆件的任意两个横截面将绕杆件轴线发生相对转动。

（4）<u>弯曲</u>（图 5—5（e））是在一对大小相等、方向相反、位于包含杆件轴线的纵向平面内的力偶作用下，杆件将在纵向平面内发生弯曲，轴线由直线变成曲线。

以上是杆件的四种基本变形形式，其他复杂的变形不外乎是这四种基本变形的组合。本书将首先分别讨论杆件在上述四种基本变形下的强度与刚度问题，然后讨论组合变形问题。

第 **6** 章
轴向拉伸和压缩

6.1 轴向拉伸、压缩的概念和实例

　　工程实际中有许多构件承受轴向拉伸或压缩。例如起吊重物时的起重钢索，承受拉伸；三角支架 ABC（图 6—1）在节点 B 受到重物 P 作用时，杆 AB 受到拉伸，杆 BC 受到压缩；桥梁中的桥墩、千斤顶的螺杆在顶起重物时，都承受压缩。

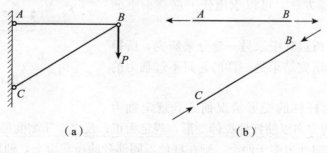

（a）　　　　　　　　　　　　（b）

图 6—1

　　上述例子中各个构件虽然外形各有差异，端部的具体连接情况以及加载方式也各不相同，但若其进行杆件简化，都有共同的特点。

　　对于轴向拉伸或压缩作为杆件基本变形之一，其受力特点：如图 6—2 所示，作用于杆件上的外力或外力的合力的作用线与杆件轴向重合。变形特点：杆件沿轴线方向产生伸长或缩短，同时横向发生缩小或增大。这种变形形式，称为轴向拉伸或压缩。

103

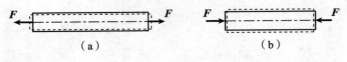

$$
\begin{array}{cc}
\text{(a)} & \text{(b)}
\end{array}
$$

图 6—2

本章内容着重讨论杆件轴向拉伸或压缩时的内力、应力及变形的计算，同时还通过实验研究材料的力学性质。

6.2 轴力和轴力图

为了对轴向拉伸或压缩的杆件进行强度与刚度计算，首先必须用截面法求出其横截面上的内力。如图 6—3 所示，对于内力的计算方法，在前面内容已经讲述，按照截面法，其相应步骤如下：

（1）先假想用一平面，在需要研究的杆横截面 $m-m$ 处截开，分成两部分。

（2）然后在这两部分中，任意留下一部分进行研究分析（包括作用在该部分的外力），并以相应力的形式代替去除部分对保留部分的作用，在横截面 $m-m$ 处用力的形式体现，其合力为 F_N，见图 6—3（b）、（c），此合力 F_N 即为横截面 $m-m$ 的内力，因其沿杆件的轴线方向，称为**轴力**。

（3）考虑留下的部分在原有外力及轴力 F_N 共同作用下处于平衡状态，根据平衡条件

$$\sum F_x = 0, \quad F_N = F \tag{6-1}$$

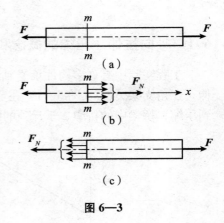

图 6—3

可以得到，在横截面 $m-m$ 上的轴力 F_N，大小等于外力 F，方向与 F 相反，沿同一作用线（杆轴线）。通过上述步骤方法，可以求出任一横截面上的内力。

如果在前面分析过程中取另一部分来研究，所得到的结果与前面的研究结果是一样的，只不过轴力的方向相反而已。

轴力的符号由杆件的变形情况而定。规定轴力 F_N 的符号：轴力的方向以使杆件拉伸变形，规定为正；反之，压缩变形为负。

若杆受到的轴向外力多于两个，则在杆件不同部分的横截面上，轴力可能会不同。

当杆受到多个力作用时，如图 6—4（a）所示，则在求轴力时进行分段，依据外力的改变情况，分别截取 1—1 和 2—2 两个截面进行研究、求解。

取截面 1—1 截开，并取左段为脱离体，根据平衡条件 $\sum F_x = 0$，有

$$F_{N1} = F$$

再取截面 2—2 截开，并取右段为脱离体，根据平衡条件 $\sum F_x = 0$，有

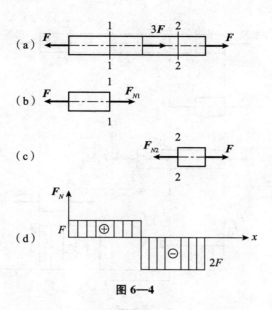

图 6—4

$$-F_{N2} - 2F = 0$$

由此得

$$F_{N2} = -2F$$

负号表示 F_{N2} 的方向与所设的方向相反，即为压缩轴力。

由前面例子可以看出，当杆件上受到多个外力作用时，由于各段杆的轴力大小及正负号不同，所以为了形象地将杆件各横截面上的轴力沿其轴线变化的情况表示出来，通常绘制轴力图。做法如下：以杆的左端作为坐标原点，取与杆轴线平行的 x 轴为横坐标表示各横截面的位置，称为基线，以垂直于杆轴线的坐标轴力 F_N 轴为纵坐标轴表示相应横截面上的轴力数值，并且正值绘在基线上方，负值绘在基线下方。

例 6—1 一杆所受外力如图 6—5（a）所示，试求各段内横截面上的轴力。

解： 通过对杆的研究，依据外力情况把全杆分成三部分研究各段的内力（轴力）。

取 1—1 截面截开并取左段为脱离体研究，由平衡条件

$$\sum F_x = 0, \quad -2 + F_{N1} = 0$$

有

$$F_{N1} = 2\text{kN}$$

再取 2—2 截面截开并取左段为脱离体研究，由平衡条件

$$\sum F_x = 0, \quad -2 + 3 + F_{N2} = 0$$

有

$$F_{N2} = -1\text{kN}$$

105

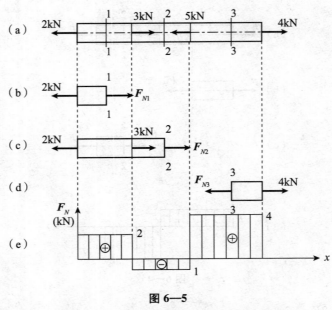

图 6—5

最后取 3—3 截面截开并取右段为脱离体研究，由平衡条件

$$\sum F_x = 0, \quad -F_{N3} + 4 = 0$$

有

$$F_{N3} = 4\text{kN}$$

由上述计算可见，在求解轴力过程中，先假设各截面上未知轴力为正，即拉力；如果求解出为正号，即表明假设为正确的；如果求解出为负号，则表明轴力实际为压力。

当求解出所有的轴力后，就可以依据各截面上的轴力的大小及正负号绘出轴力图，如图 6—5（e）所示。

6.3 横截面上的应力

仅仅求得轴向拉伸或压缩杆件的轴力，还不能据此判断杆在外力作用下是否会因强度不足而破坏。例如两根材料相同但粗细不同的杆，在相同的拉力作用下，很明显，两根杆横截面上的轴力是相同的，但是随着拉力的不断增加，最先破坏的应该是相对较细的杆件。这说明拉杆的强度不仅与轴力的大小有关，而且与杆横截面的面积有关。因此需要求出杆横截面上的任一点处的应力，并依此来判断构件的强度。

本节内容就是研究杆横截面上的应力。需要知道内力在横截面上的分布规律。但是，内力与应力都是不可见的，同时我们也知道，内力的分布是与变形有关的。为此我们需要通过实验观察来分析杆的变形情况，再由此求得横截面上的应力分布与数值。

如图 6—6（a）所示，取一等截面直杆（易变形，如橡皮），变形前，在其侧面画出两条与杆轴线相垂直的横向线 *aa* 和 *bb*，并在这两条横向线间画出几条与杆轴线相平行的纵向线。然后在杆两端逐渐缓慢地施加轴向拉力，使杆产生轴向变形，并保证整个加载过程中处于杆件变形的弹性阶段。观察杆件上所画的横向线和纵向线的变化情况：横向线 aa 和 bb 仍然维持为直线，且与杆轴线垂直，只不过分别平移到了 $a'a'$ 和 $b'b'$，各纵向线伸长相同，且仍然与杆轴线平行。根据这种现象，可以假设：<u>变形前原来是平面的横截面，变形后仍然保持为平面，且仍然垂直于杆的轴线</u>。这个假设称为<u>平截面假设</u>。假若设想杆是由无数根纵向纤维组成的，则可由平截面假设，拉杆的所有纵向纤维的伸长都相同。再考虑到材料的连续、均匀性，因此，所有纤维的力学性能相同，故可判断出各纵向纤维的受力是相同的（在弹性范围内）。于是可以知道，横截面上的内力呈连续、均匀分布，且平行于杆的轴线。如图 6—6（b）所示，设其合力为 F_N，由此可得到轴力在横截面上的集度为

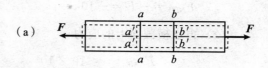

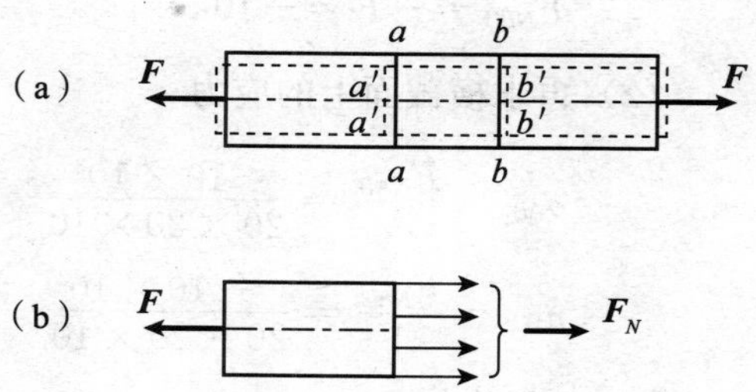

图 6—6

$$\sigma = \frac{F_N}{A} \tag{6—2}$$

式中 A 为横截面面积；σ 为横截面上的正应力（或法向应力）。上式即轴向拉伸时横截面上的应力计算公式，同样也适应于轴向压缩。σ 在横截面上各点处大小相等，方向均垂直于截面。当轴力为拉力时，σ 为拉应力；轴力为压力时，σ 为压应力。<u>一般规定拉应力为正，压应力为负</u>。

若轴力沿轴线变化，或截面的尺寸也沿轴线变化，只要变化缓慢，且外力或外力的合力的作用线仍与杆的轴线重合，则上式仍可使用。此时应写成

$$\sigma(x) = \frac{F_N(x)}{A(x)}$$

式中，$\sigma(x)$、$F_N(x)$ 和 $A(x)$ 表示这些量都是横截面位置（坐标 x）的函数。

应该指出，上述结论及计算公式不能用来计算杆件两端外力作用区域附近截面上各点的应力，因为该处由于外力作用的具体方式不同，引起的变化规律比较复杂，从而应力分布规律及计算公式也就很复杂，其研究已经超出了材料力学的研究范围。但是，在离外力作用区域稍远处（其距离约等于杆的截面尺寸），应力分布又趋于相同，这就是圣维南（Saint-Venant）原理，它已被无数实验所证实。因此在拉压杆的应力计算中，还以上述公式为准。

例 6—2 一等直截面杆受力如图 6—7 所示，杆横截面为边长 $a = 20\text{mm}$ 的正方形，$l = 1\text{m}$，$F = 10\text{kN}$。如不考虑杆的自重，试求各段杆横截面上的应力。

图 6—7

解：（1）先分别求出各段轴力

$$F_{NAB} = F = 10\text{kN}$$

$$F_{NBC} = -F = -10\text{kN}$$

（2）再求横截面上的应力

$$\sigma_{AB} = \frac{F_{NAB}}{A} = \frac{10 \times 10^3}{20 \times 20 \times 10^{-6}} = 25\text{MPa}$$

$$\sigma_{BC} = \frac{F_{NBC}}{A} = \frac{-10 \times 10^3}{20 \times 20 \times 10^{-6}} = -25\text{MPa}$$

注：负号表示压应力。

例 6—3　如图 6—8 所示为一个三角托架，已知：AC 杆横截面积为 1000mm^2，BC 杆横截面积为 2000mm^2，$P = 10\text{kN}$。试求各杆横截面上的应力。

解：取 C 节点研究

$$\sum F_x = 0, \quad -F_1\cos45° - F_2 = 0$$

$$\sum F_y = 0, \quad F_1\sin45° - P = 0$$

解得

$$F_1 = \sqrt{2}P$$
$$F_2 = -P$$

求应力：

$$\sigma_{AC} = \frac{F_1}{A_1} = \frac{\sqrt{2} \times 10 \times 10^3}{1000 \times 10^{-6}} = 14.14\text{MPa}$$

$$\sigma_{BC} = \frac{F_2}{A_2} = \frac{-10 \times 10^3}{2000 \times 10^{-6}} = -5\text{MPa}$$

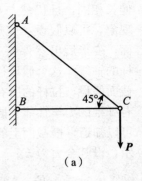

（a）

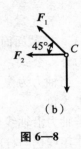

（b）

图 6—8

6.4　斜截面上的应力

在前面分析轴向拉伸或压缩问题时，主要是研究了直杆横截面上的正应力，但仅知道横截面上的正应力是不够的，因为在其他截面（斜截面）上一样有应力存在，且有实验表明，杆的破坏并不总是沿横截面发生的，有时是沿斜截面而发生的。可见，为了全面地分析拉压杆的强度问题，说明发生破坏的原因，除了要知道横截面上的应力外，还需要进一步研究其他斜截面上的应力。

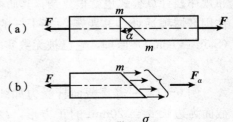

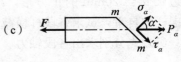

图 6—9

如图 6—9 所示，设一轴向拉力 F 作用的等直杆，其横截面面积为 A，现用一假想平面沿杆的斜截面 $m—m$ 截开，并与横截面 $m—m$ 成夹

角 α。取左段脱离体研究，可求得在假想斜截面上的内力的合力（轴力）F_N，且 $F_N = F$。于是得到斜截面上的应力 p_α：

$$p_\alpha = \frac{F_N}{A_\alpha}$$

式中 A_α 为斜截面的面积，则有

$$A_\alpha = \frac{A}{\cos\alpha}$$

整理上面式子，得

$$p_\alpha = \frac{F_N}{A}\cos\alpha$$

式中，$\frac{F_N}{A}$ 为横截面上的正应力 σ，则上式整理为

$$p_\alpha = \sigma\cos\alpha$$

上式通过横截面上的正应力 σ 表示了任一斜截面上的应力 p_α，下面把斜截面 $m-m$ 上的应力 p_α 分解为垂直于斜截面的正应力 σ_α 和平行于斜截面的切应力 τ_α，且分别有

$$\sigma_\alpha = p_\alpha\cos\alpha$$
$$\tau_\alpha = p_\alpha\sin\alpha$$

并且整理为

$$\sigma_\alpha = \sigma\cos^2\alpha \qquad\qquad (6-3)$$
$$\tau_\alpha = \sigma\cos\alpha\sin\alpha = \frac{1}{2}\sigma\sin2\alpha \qquad\qquad (6-4)$$

上式是求拉压杆中任一斜截面上正应力 σ_α 和切应力 τ_α 的计算公式。它们会随着斜截面的方位角 α 的变化而改变。其正负符号规定如下：σ 与 σ_α 仍以拉应力为正，压应力为负；切应力 τ_α 规定绕研究对象体内任一点有顺时针转动趋势时为正值，反之则为负值。

由上式可知：

（1）当 $\alpha = 0°$ 时，正应力最大，其值为 $\sigma_{max} = \sigma$，即拉压杆的最大正应力发生在横截面上，其值为 σ。

（2）当 $\alpha = 45°$ 时，切应力最大，其值为 $\tau_{max} = \frac{\sigma}{2}$，即拉压杆的最大切应力发生在与杆轴线成 $45°$ 的斜截面上，其值为 $\frac{\sigma}{2}$。

6.5 拉、压杆的变形

通过实验表明，直杆在轴向拉力作用下，将引起杆的轴向尺寸的伸长以及横向尺寸的缩短。反之，在轴向压力作用下，将引起轴向的缩短和横向的增大。换句话说，轴向与横

向尺寸改变恒为异号。

如图 6—10 所示，实线为变形前的形状，虚线为变形后的形状。

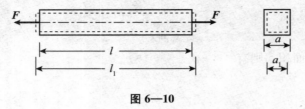

图 6—10

一、轴向变形

在图 6—10 中，设等直杆的原长为 l ，横截面面积为 A ，在轴向拉力 F 作用下，杆长由 l 变为 l_1 ，则杆在轴线方向的伸长量为

$$\Delta l = l_1 - l$$

Δl 称为杆的绝对伸长，将 Δl 除以 l 就会得到杆的轴向线应变

$$\varepsilon = \frac{\Delta l}{l}$$

而在杆的横截面上的正应力为

$$\sigma = \frac{F_N}{A} = \frac{F}{A}$$

实验表明，在线弹性变形范围内，杆的伸长量 Δl 与力 F 和杆的长度 l 成正比，而与杆的横截面面积 A 成反比，即有

$$\Delta l \propto \frac{Fl}{A}$$

引入比例常数 E ，上式可以写成

$$\Delta l = \frac{F_N l}{EA} \tag{6—5}$$

式（6—5）两边同时除以 l ，得

$$\sigma = E\varepsilon \tag{6—6}$$

式（6—5）和式（6—6）称为胡克定律，即在线弹性变形范围内，轴向拉压杆件的正应力与线应变成正比。

通过实验可测定，比例常数 E 仅与所用材料有关系，称为弹性模量。由式（6—5）可以知道，Δl 与 EA 乘积成反比，EA 越大，则 Δl 就会越小，也说明杆越不容易发生变形，所以 EA 代表杆件抵抗拉伸（或压缩）变形的能力，称为抗拉（压）刚度。

二、横向变形、泊松比

若设等直杆变形前的横向尺寸为 a ，变形后为 a_1 ，则杆的横向线应变为

110

$$\varepsilon_1 = \frac{\Delta a}{a} = \frac{a_1 - a}{a}$$

大量实验表明，当应力不超过比例极限时，同一材料的横向线应变 ε_1 与其轴向线应变 ε 之比的绝对值是一个常数，即

$$\left| \frac{\varepsilon_1}{\varepsilon} \right| = \mu$$

或写成

$$\varepsilon_1 = -\mu\varepsilon \tag{6-7}$$

式中，μ 称为横向变形系数或泊松比（Poisson ratio）。它是一个无量纲量，其值因材料而异。μ 和 E 一样，都是材料力学性能的一个常数。

例 6—4　在例题 6—2 中，其他条件不变的情况下，材料可以认为是符合胡克定律的，其弹性模量 $E = 200\text{GPa}$。试求：（1）每段的伸长；（2）每段的线应变；（3）全杆总伸长量 Δl。

解：（1）AB 段的伸长 Δl_{AB}

$$\Delta l_{AB} = \frac{F_{NAB} \times l_{AB}}{EA} = \frac{10 \times 10^3 \times 1}{200 \times 10^9 \times 20 \times 20 \times 10^{-6}} = 0.000125 \text{ （m）}$$

BC 段的伸长 Δl_{BC}

$$\Delta l_{BC} = \frac{F_{NBC} \times l_{BC}}{EA} = \frac{-10 \times 10^3 \times 1}{200 \times 10^9 \times 20 \times 20 \times 10^{-6}} = -0.000125 \text{ （m）}$$

（2）AB 段的线应变 ε_{AB}

$$\varepsilon_{AB} = \frac{\Delta l_{AB}}{l_{AB}} = \frac{0.000125}{1} = 1.25 \times 10^{-4}$$

BC 段的线应变 ε_{BC}

$$\varepsilon_{BC} = \frac{\Delta l_{BC}}{l_{BC}} = \frac{-0.000125}{1} = -1.25 \times 10^{-4}$$

（3）全杆总伸长量 Δl

$$\Delta l = \sum \frac{F_N l}{EA} = \frac{F_{NAB} l}{EA} + \frac{F_{NBC} l}{EA} = (F - F)\frac{l}{EA} = 0$$

例 6—5　如图 6—11 所示为一等直杆，下端受到一外力 F 作用，杆截面积为 A，材料密度为 ρ。试求整个杆件在考虑自重时所引起的伸长量 Δl。

解：在研究杆件轴力的时候要考虑到杆件自重的影响，则选取距离下端为 x 的截面 $m—m$，则在截面上的轴力 $F_N(x) = F + \rho g A x$。

杆在外力和自重共同作用下被拉长，杆内各横截面上轴力不相等，可以采用微段并用微分计算，进一步取微段 $\mathrm{d}x$，计算其伸长量 $\Delta(\mathrm{d}x)$，在计算过程中略去 $\mathrm{d}F_N(x)$ 的影响。

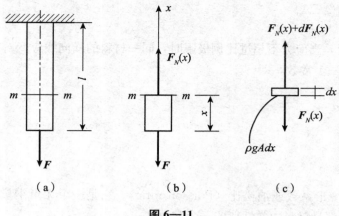

(a)　　　　　　　(b)　　　　　　　(c)

图 6—11

$$\Delta \ (\mathrm{d}x) = \frac{F_N \ (x) \ \mathrm{d}x}{EA} = \frac{1}{E} \ (\frac{F}{A} + \rho g x) \ \mathrm{d}x$$

进行整杆的积分后，就能算出全杆总伸长量

$$\Delta l = \int \frac{1}{E} \ (\frac{F}{A} + \rho g x) \ \mathrm{d}x = \frac{Fl}{EA} + \frac{\rho g l^2}{2EA} = \frac{(F + \frac{P}{2}) \ l}{EA}$$

其中，$P = \rho g A l$（杆件自重）。

因此，以后再计算考虑自重杆的变形量时，就是在变形量中加入相当于杆端半重的集中荷载作用即可。

6.6　材料在拉伸、压缩时的力学性质

在设计构件时，要从构件的强度、刚度等多方面考虑合理选用材料的问题。材料的力学性质是指材料受外力作用后，在强度和变形方面所表现出来的特性。材料的力学性质，必须通过各种力学试验来测定，例如前面所提到过的材料常数 μ、E 值。本节主要介绍在常温（指室温）和静荷载（缓慢平稳加载）作用下处于轴向拉伸和压缩时材料的力学性质，这是材料最基本的力学性质。

低碳钢和铸铁是工程中广泛使用的两种材料，它们的力学性质比较典型。以下主要介绍这两种材料拉伸和压缩时的力学性质。

一、低碳钢拉伸时的力学性质

低碳钢是在工程中广泛应用的一种金属材料，它是指含碳量在 0.3％ 以下的碳素钢，而其在拉伸试验中所表现出来的力学性质也最典型。

把低碳钢制成一定尺寸的杆件，称为试样。材料的力学性质与试样的几何尺寸有关。为了便于比较试验结果，应将材料制成标准试样（Standard specimen）。常用的试样有圆截面和矩形截面两种，如图 6—12 所示（所给的是圆形截面）。为了避免试样两端受力部

112

分对测试结果的影响，在试样等直部分中段取一段长为 l（称为标距）作为试验段。

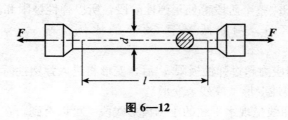

图 6—12

试验所用的主要设备是万能试验机。试验时，将试样两端装在试验机的夹头上，开动试验机使试样受到自零逐渐缓慢增加的拉力 F。在整个过程中，所选取的试验段将均匀产生伸长量 Δl，直至杆件被拉断为止。试验机自动绘制试样所受荷载与变形的关系曲线，即 $F - \Delta l$ 曲线，称为**拉伸图**。低碳钢的拉伸图如图 6—13 所示。

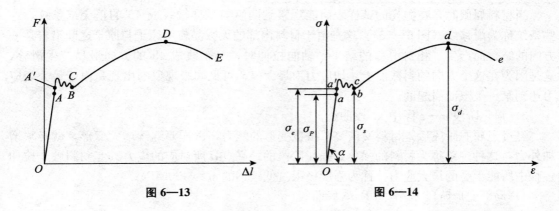

图 6—13   图 6—14

拉伸图仅反映了试样受力过程中的现象，还不能表征材料的力学性质，因为整个过程中受到试样尺寸的影响。为了消除上述影响，一般采用将拉力 F 除以试样的原横截面面积 A，伸长 Δl 除以原标距 l，得到材料的应力—应变图，即 $\sigma - \varepsilon$ 图（图 6—14）。这一图形与拉伸图的图形相似。从拉伸图和应力—应变图以及低碳钢拉伸图样的变形现象，可确定低碳钢的下列力学特性。

1. 强度性质

根据试验结果，可分为如下四个阶段。

1）弹性阶段　图中 Oa' 为弹性阶段。

这段曲线可分为两个阶段：Oa 为一条直线段，表明在这个范围内应力 σ 与应变 ε 成正比，即

$$\sigma = \tan\alpha\varepsilon$$
$$\sigma = E\varepsilon$$

式中 $E = \tan\alpha$，E 为与材料有关的比例常数，称为弹性模量。该直线段的最高点 a 所对应的应力值 σ_p，称为比例极限。

aa' 段呈微弯的曲线，不再呈直线，即应力 σ 与应变 ε 不成正比关系，但此时如果卸除

113

外力后，变形仍能完全消失，所以 a' 对应的应力值 σ_e 是材料只出现弹性变形的极限值，称为弹性极限。因为 Oa' 整个阶段都处于弹性阶段，所以弹性极限和比例极限在实际的工程中并不要求严格区分。例如低碳钢 $Q235$ 的比例极限 $\sigma_p \approx 200\text{MPa}$ ，弹性模量 $E \approx 200\text{GPa}$ 。

2）屈服阶段　当应力超过弹性极限 a' 后，变形将进入弹塑性阶段，即有一部分变形将残留下来，也称为塑性变形（或残余变形）。

在 $\sigma-\varepsilon$ 图上 $a'c$ 曲线呈现水平线的小锯齿形线段。可以看到，在这段曲线上，应力的变化不是很大，但是应变却在显著增加，好似此时材料暂时地失去了抵抗变形的能力。这种现象称为屈服或流动。在屈服阶段中的最大应力（点 b' ）称为上屈服极限，最低应力（点 b ）称为下屈服极限。因为上屈服极限受到试样形状、加载速度等的影响，所以一般不太稳定，而下屈服极限则有比较稳定的数值，能够反映材料的力学性质。所以通常选择下屈服极限作为材料的屈服极限（或流动极限），记为 σ_s ，低碳钢的 $\sigma_s \approx 240\text{MPa}$ 。

当材料屈服时，在抛光的试样表面能观察到两组与试样轴线成 $45°$ 的正交细条纹，这些条纹称为滑移线（图 6—15）。这是由于材料内部的无数晶粒中原子与原子之间沿着某一方向的结合面产生了相对滑移的结果。轴向拉伸时，与轴线成 $45°$ 的方向最易产生滑移，这是因为在这个方向的斜截面上，切应力为最大值，可见屈服现象的出现是由于最大切应力达到某一极限而引起的。

3）强化阶段　$\sigma-\varepsilon$ 图中 cd 段曲线。

经过了屈服阶段后，材料又恢复了抵抗变形的能力，试样要继续增大变形，就必须增加外力，这种现象称为材料的强化。强化阶段的最高点 d 所对应的应力 σ_b 是材料整个拉伸过程中所能承受的最大应力，称为强度极限。低碳钢的 $\sigma_b \approx 400\text{MPa}$ 。

4）局部变形阶段　$\sigma-\varepsilon$ 图中 de 段曲线。

在应力到达点 d 之前，试样标距的变形是均匀的。但过了点 d 之后，试样的变形就开始集中于某一局部范围内，此时，在该范围内试样的横向尺寸将会迅速缩小，形成颈缩现象（图 6—16），直至在此局部某个薄弱位置突然断裂。

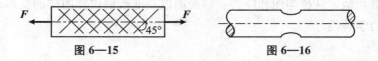

图 6—15　　　　　　　　　　　图 6—16

在上面的四个阶段中，应力值 σ_p 、σ_s 和 σ_b 代表材料在不同变形阶段的性质。其中 σ_s 屈服极限表示材料出现显著的塑性变形，表明拉伸杆件上的正应力达到了该材料的屈服极限，也就是说出现了显著的塑性变形，而不能正常使用，σ_b 表明拉伸杆件上的正应力达到了最大该材料强度极限应力，材料将发生破坏。所以 σ_s 和 σ_b 是代表材料强度性质的两个重要指标。

2. 变形性质

1）延伸率和断面收缩率

试样断裂后，变形中的弹性部分恢复而消失，但塑性变形部分则保留下来。试样标距的长度由 l 伸长到 l_1 ，断口处的横截面面积由原来的 A 缩小到 A_1 。工程实际中，材料的塑性是用试样断裂后标距部分伸长量 $\Delta l (l_1 - l)$ 与原标距长度 l 的百分比 δ 来表示的，即

114

$$\delta = \frac{l_1 - l}{l} \times 100\% = \frac{\Delta l}{l} \times 100\%$$

式中 δ 称为延伸率（或断后伸长率）。

工程中也常用断面收缩率来衡量材料的塑性，以 φ 表示，其值为试样断裂后，断口处横截面面积的缩小量 $\Delta A\,(A_1 - A)$ 与横截面原始面积 A 的百分比，即

$$\varphi = \frac{A_1 - A}{A} \times 100\% = \frac{\Delta A}{A} \times 100\%$$

式中 φ 称为断面收缩率（或截面收缩率）。

延伸率 δ 和断面收缩率 φ 是衡量材料塑性的两个指标。δ 和 φ 的数值越高，说明材料的塑性越好。Q235 钢的延伸率和断面收缩率 δ 为 $20\% \sim 30\%$，$\varphi \approx 60\%$。工程中常依据延伸率的大小将材料分为两大类：$\delta > 5\%$ 的材料称为塑性材料，例如碳钢、铝合金等；$\delta < 5\%$ 的材料称为脆性材料，例如铸铁、混凝土、陶瓷等。

2）冷作硬化

如图 6—17 所示，在材料拉伸强化阶段中任取一点 f，然后逐渐缓慢地卸除拉力，此时，应力—应变关系将沿着与 Oa 近似平行的斜直线 fg 回到 g 点。这表明，在卸载过程中，应力与应变之间是按直线规律变化的，通常称此规律为卸载定律。回到 g 点，代表弹性变形消失，Og 表明残留的塑性变形。

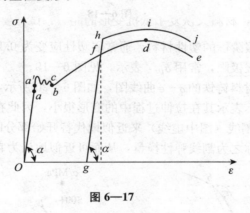

图 6—17

卸载后，如马上再次加载，则 $\sigma-\varepsilon$ 曲线将大致沿着斜直线 fg 回到 f 点，然后仍然沿 fde 变化，直至断裂。比较曲线 $Oacde$ 和曲线 $gfde$ 后，经过这样的处理后，材料的比例极限得到了提高，但塑性变形却有所降低，这种现象称为冷作硬化（冷作硬化经过退火后可消除）。工程中，常用这种方式提高材料在弹性范围内的承载能力。例如工程中的钢筋往往采用冷拔工艺来提高强度。

若在第一次卸载后，给材料"休息"几天，再重新加载，其曲线图为 $gfhij$，材料获得更高的 σ_s 和 σ_b，但是塑性性质就会更低了，这种现象称为冷拉时效。

二、其他材料拉伸时的力学性质

其他材料拉伸时的力学性质，也可以用拉伸的 $\sigma-\varepsilon$ 曲线来表示。

如图 6—18 所示，给出了几种塑性材料在拉伸时的 $\sigma-\varepsilon$ 曲线图，可以看出，其中 16Mn 钢与低碳钢的 $\sigma-\varepsilon$ 曲线相似，有完整的弹性、屈服、强化以及局部变形阶段，但工程中的许多金属材料都没有明显的屈服阶段，如黄铜、合金铝等，相应的延伸率 δ 都较大，达到了塑性材料的标准。

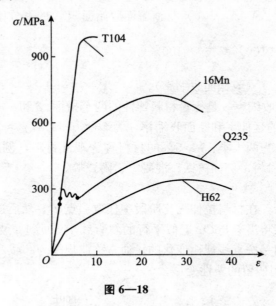

图 6—18

对于没有明显屈服阶段的塑性材料，通常取塑性应变为 0.2% 所对应的应力值作为屈服极限，称为名义屈服极限，常用 $\sigma_{p0.2}$ 表示，见图 6—19。

对于典型的脆性材料铸铁的 $\sigma-\varepsilon$ 曲线图，如图 6—20 所示，通过此图可以看到，呈现一段不长的微弯曲线，表示其在拉伸过程中的变形很小，因此在工程实际的计算中，往往采用 $\sigma-\varepsilon$ 曲线的一根割线（图中虚线）来近似地代替开始部分的曲线，并以此割线的斜率作为其弹性模量，且称之为割线弹性模量，从而可近似地认为它服从胡克定律。

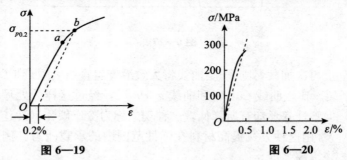

图 6—19　　　　　　　　　图 6—20

对于脆性材料，因为没有屈服现象的出现，所体现的只是最后构件发生的破坏，因此衡量铸铁强度的位移指标就是铸铁被拉断时的最大应力，即强度极限 σ_b。铸铁等脆性材料的抗拉强度很低，因此在工程实际中不用作抗拉构件。

三、材料在压缩时的力学性质

由于材料在压缩时所表现的力学性质与拉伸时并不完全一样，所以还要针对材料做相应的压缩试验。

对于金属材料，一般试样做成短粗的圆柱体（避免压弯），其高度为直径的 1.5～3 倍。对于混凝土和石料等则一般制成立方形的试块。

低碳钢压缩时的 $\sigma - \varepsilon$ 曲线如图 6—21 所示，图中虚线表示低碳钢拉伸时的 $\sigma - \varepsilon$ 曲线。通过图可以知道，低碳钢在压缩时的弹性模量 E、比例极限 σ_p 与屈服极限 σ_s 都同拉伸时大致相同。但是屈服后，试样会越压越扁，横截面面积增大，试样抗压能力持续增加，但不会像拉伸那样出现破坏，因此不能得到其抗压强度极限。但是作为塑性材料，主要是屈服极限 σ_s 的应用，因此做压缩试验就没有必要。

对于铸铁做成试样，同样做压缩试验，得到 $\sigma - \varepsilon$ 曲线如图 6—22 所示，并且对比其拉伸的 $\sigma - \varepsilon$ 曲线，可以发现其抗压的能力明显高于抗拉的能力，在铸铁试样被压坏后，其抗压的强度极限 σ_b 远比抗拉强度 σ_b 高很多，为抗拉强度的 4～5 倍。即其延伸率 δ 也要比拉伸时大，说明铸铁在压缩时出现了较大的变形，铸铁压缩破坏时，其断裂面与轴线成 45°～55° 的倾角，说明主要是因为最大切应力 $\tau_{\max}$ 作用而破坏。

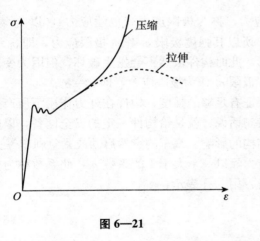

图 6—21

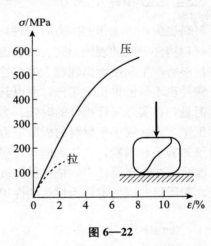

图 6—22

其他脆性材料，比如混凝土、石料等，压缩时的强度极限也比拉伸时的强度极限大很多，因此在工程实际中常用作受压构件。比如，用铸铁铸造机床的机架、机座，混凝土制成的桥墩、房屋结构的立柱。

四、塑性材料和脆性材料的力学性质的主要区别

1）多数塑性材料在弹性变形范围内，应力与应变成正比，符合胡克定律；多数脆性材料的 $\sigma - \varepsilon$ 曲线呈微弯曲线，即应力与应变不成正比关系，不符合胡克定律，但可采用割线方式，近似使用胡克定律。

2）塑性材料和脆性材料区分的依据是其断裂后的延伸率 δ 大小，明显塑性材料要高于脆性材料。

117

3）多数塑性材料在屈服以前阶段，抗拉与抗压能力基本相同，所以应用广泛；多数脆性材料抗压能力远高于抗拉能力，因此脆性材料多用于受压构件。

4）塑性材料的力学性质指标一般包括弹性模量、弹性极限、屈服极限、强度极限、延伸率和断面收缩率；脆性材料的力学性质指标只有弹性模量和强度极限。

5）对于构件在承受动载荷情况时，因为多数塑性材料抗拉与抗压能力基本相同，所以多作为承受动载荷下的构件。

最后再强调，本节所有为介绍材料力学性质而做的试验，都是在常温、静载荷（逐渐缓慢加载）下测定的，而当温度和载荷作用方式等因素改变时，会对材料力学性质的测定有影响。

6.7 安全因数、许用应力和强度条件

在工程实际中，为了保证整个结构或机械能安全可靠地正常工作，一方面不允许出现构件断裂，另一方面也不允许出现显著的塑性变形。因为上述两种情况都将会使构件失去安全正常工作的能力，这种情况也称为失效。

一、安全因数和许用应力

材料丧失正常工作的能力时构件内的应力，称为极限应力（危险应力），以 σ_u 表示。脆性材料构件失效的表现形式为断裂破坏，所以其强度极限 σ_b 作为极限应力，即 $\sigma_u = \sigma_b$，塑性材料将产生屈服而出现较大的塑性变形，此时构件虽然不会发生破坏，但因为变形过大，构件也不可能再正常工作，所以其屈服极限 σ_s 作为极限应力，即 $\sigma_u = \sigma_s$。

但是，在实际设计构件的时候，为了保证有足够的强度，构件在外力作用下所产生的最大工作应力必须小于材料的极限应力。换句话说，就是给构件一定的安全储备，以应付不可预知的不利因素，比如，地震对房屋结构的影响、汽车的突然启动或紧急刹车等。

因此，在强度设计中，把材料的极限应力除以一个大于 1 的系数 n，此系数称为安全因数，而所得的应力值称为材料的许用应力，用 $[\sigma]$ 表示：

$$[\sigma] = \frac{\sigma_u}{n} \tag{6—8}$$

塑性材料：

$$[\sigma] = \frac{\sigma_s}{n_s}$$

脆性材料：

$$[\sigma] = \frac{\sigma_b}{n_b}$$

式中 n_s 和 n_b 分别表示塑性材料和脆性材料的安全因数。

安全因数是表示构件安全储备大小的一个系数，而确定安全因数是一项复杂而重要的工作，取值偏大，则造成材料的浪费；取值过小，又可能造成构件不能正常工作而出现安

118

全事故，所以在选定安全系数时要多方面多因素地考虑问题。

(1) 材料性质：塑性材料或脆性材料；

(2) 载荷情况：静载荷或动载荷；

(3) 对实际构件的简化与计算方法的精确程度；

(4) 构件的工作环境与工程的重要性程度；

(5) 构件设计与实际加工或生产的差异。

还要说明，对于脆性材料，因为其抗拉与抗压能力不同，所以针对脆性材料一般用 $[\sigma_c]$ 表示许用压应力和 $[\sigma_t]$ 表示许用拉应力；对于塑性材料，因为抗拉与抗压能力相同，所以只有 $[\sigma]$。

二、强度条件

为了保证构件安全正常地工作，必须保证构件的最大工作应力不超过材料的许用应力。对于轴向拉伸（压缩）的杆件来说，应该满足的条件是

$$\sigma_{max} = \left(\frac{F_N}{A}\right)_{max} \leqslant [\sigma] \tag{6-9}$$

而对于等直杆，上式则变为

$$\sigma_{max} = \frac{F_{Nmax}}{A} \leqslant [\sigma] \tag{6-10}$$

利用上式，能解决工程中的三类问题。

1. 校核强度

当已知杆件材料所受载荷、截面尺寸和许用应力时，根据上式判断该杆件能否安全地工作，即强度是否满足。

2. 设计截面尺寸

已知杆件所受载荷及所用材料的许用应力，根据强度条件确定杆件的横截面的尺寸。

$$A \geqslant \frac{F_{Nmax}}{[\sigma]} \tag{6-11}$$

3. 确定许用载荷

已知杆件材料的许用应力和它的横截面面积，确定杆件和整个结构所能承受的最大载荷。可通过下式

$$F_{Nmax} \leqslant A[\sigma] \tag{6-12}$$

计算杆件所允许的最大轴力，然后根据杆件的静力平衡条件，确定结构的许用载荷。

例 6—6 如图 6—23 所示为一个三角托架，已知：杆 AC 是圆截面钢杆，许用应力 $[\sigma_1] = 160MPa$；杆 BC 是正方形截面木杆，许用应力 $[\sigma_2] = 10MPa$；所加荷载 $P = 60kN$，试选择钢杆的直径 d 和木杆的截面边长 a。

解： 取铰结点 C 研究：

$$\sum F_x = 0, \quad -F_1 - F_2 \times 0.8 = 0$$
$$\sum F_y = 0, \quad -P - F_2 \times 0.6 = 0$$

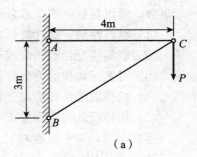

解得

$$F_1 = -80\text{kN}(拉)$$
$$F_2 = -100\text{kN}(压)$$

AC 杆：

$$\sigma_1 = \frac{F_1}{A_1} = \frac{4F_1}{\pi d^2} \leqslant [\sigma_1]$$

$$d \geqslant \sqrt{\frac{4F_1}{\pi [\sigma_1]}} = \sqrt{\frac{4 \times 80 \times 10^3}{3.14 \times 160 \times 10^6}} = 0.0252$$

BC 杆：

$$\sigma_2 = \frac{F_2}{A_2} = \frac{F_1}{a^2} \leqslant [\sigma_2]$$

$$a \geqslant \sqrt{\frac{F_2}{[\sigma_2]}} = \sqrt{\frac{100 \times 10^3}{10 \times 10^6}} = 0.1$$

图 6—23

最后取圆截面杆直径 $d = 26\text{mm}$ ，木杆截面边长 $a = 100\text{mm}$ 。

例 6-7　如图 6—24 所示的结构，所用材料相同，其中杆 *AC* 截面积 $A_1 = 100\text{mm}^2$ ，杆 *BC* 截面积 $A_2 = 50\text{mm}^2$ ，材料 $[\sigma_t] = 100\text{MPa}$ ，$[\sigma_c] = 200\text{MPa}$ ，试求许用载荷 $[P]$ 。

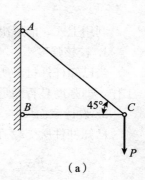

解：取铰结点 *C* 研究：

$$\sum F_x = 0, \quad -F_{N1}\cos 45° - F_{N2} = 0$$
$$\sum F_y = 0, \quad F_{N1}\sin 45° - P = 0$$

解得

$$F_{N1} = \sqrt{2}P(拉)$$
$$F_{N2} = -P(压)$$

AC 杆：

$$\sigma_1 = \frac{F_{N1}}{A_1} \leqslant [\sigma_t]$$

$$F_{N1} \leqslant [\sigma_t] \times A_1 = 100 \times 10^6 \times 100 \times 10^{-6}$$

$$P_1 \leqslant 5\sqrt{2}\text{kN}$$

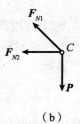

BC 杆

图 6—24

$$\sigma_2 = \frac{F_{N2}}{A_2} \leqslant [\sigma_C]$$

$$F_{N2} \leqslant [\sigma_C] \times A_2 = 200 \times 10^6 \times 50 \times 10^{-6}$$

$$P_2 \leqslant 10\text{kN}$$

最后取许用载荷 $[P] = \min(P_1, P_2) = 5\sqrt{2}\,\text{kN} = 7.07\text{kN}$。

例 6—8 有一墙体截面，如图 6—25 所示为墙体的截面尺寸，墙体所用材料 $[\sigma]_w = 1.2\text{MPa}$，材料重度 $\rho g = 16\text{kN/m}^3$，地基材料 $[\sigma]_E = 0.5\text{MPa}$。试求墙上每米长度上的许用载荷 q 以及下层墙体的厚度（考虑墙体自重）。

解：对于墙、堤和坝等可取单位长度计算，本题采用单位长度取为 1m 。

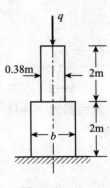

（1）先考虑上层墙体的总压力，利用强度条件，求 q

$$F = q \times 1 + 0.38 \times 1 \times 2 \times 16 \times 10^3$$

如设上层墙体的截面面积为 A_B ，则

$$[F] = [\sigma]_w \times A_B$$

$$q \times 1 + 0.38 \times 1 \times 2 \times 16 \times 10^3 = 1.2 \times 10^6 \times 0.38 \times 1$$

解得 $q = 444\text{kN/m}$。

图 6—25

（2）设下层墙体厚度为 b ，则

$$q \times 1 + 0.38 \times 1 \times 2 \times \rho g + b \times 1 \times 2 \times \rho g = [\sigma]_E \times A_C$$
$$= 0.5 \times 10^6 \times b \times 1$$

解得 $b = 0.974\text{m}$ ，最后取 $b = 0.98\text{m}$ 。

6—1 试画出下列各杆的轴力图。

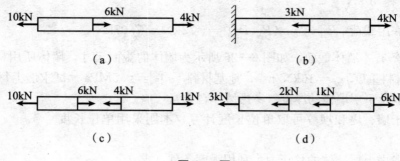

题 6—1 图

6—2 在图示杆中，1—1 截面面积 $A_1 = 300\text{mm}^2$ ，2—2 截面面积 $A_2 = 200\text{mm}^2$ 。试求两截面上各自的应力。

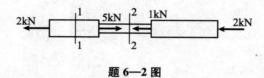

题 6—2 图

6—3 在图示结构中，所有各杆都是钢制的，横截面面积 A 均为 $2 \times 10^3 \text{mm}^2$ ，力 $F = 80\text{kN}$ 。试求各杆横截面上的应力。

6—4 图示为一边长为 $a = 100\text{mm}$ 的正方形截面杆，受拉力为 $F = 10\text{kN}$ 的作用。试求：

（1） $\alpha = 30°$ 的斜截面 $m-m$ 上的应力；

（2）最大正应力 σ_{max} 与最大切应力 τ_{max} 的大小及其作用面的方位角。

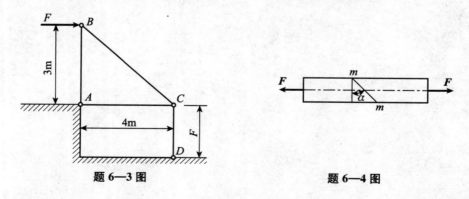

题 6—3 图　　　　　　　　　题 6—4 图

6—5 下列各杆的抗拉刚度 EA 、轴向外力 F 及长度 l 均为已知。试求各杆的轴向伸长。

6—6 图示钢杆的横截面面积为 $A = 400\text{mm}^2$ ，钢杆的弹性模量 $E = 200\text{GPa}$ 。试求各段杆的轴向线应变以及全杆总的轴向伸长。

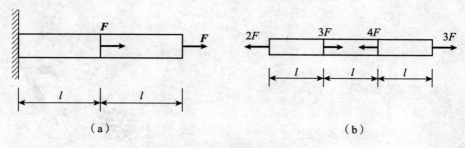

(a)　　　　　　　(b)

题 6—5 图

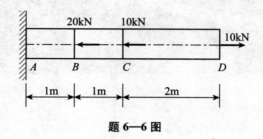

题 6—6 图

6—7 已知钢和混凝土的弹性模量分别为 $E_{ste} = 200\text{GPa}$，$E_{con} = 28\text{GPa}$，一钢杆和混凝土杆分别受到轴向压力作用。试问：

（1）当两杆横截面上应力相等时，混凝土杆上的应变 ε_{con} 为钢杆上的应变 ε_{ste} 的多少倍？

（2）当两杆沿轴向应变相等时，钢杆的应力 σ_{ste} 为混凝土杆上的应力 σ_{con} 的多少倍？

6—8 图示结构中，AB 为圆截面钢杆，其直径 $d = 20\text{mm}$，在竖向荷载 F 作用下，测得 AB 杆的轴向线应变 $\varepsilon = 0.0001$，已知钢材的弹性模量 $E = 200\text{GPa}$。试求荷载 F 的数值。

6—9 图示结构中，BC 由一束直径为 2mm 的钢丝组成，若钢丝的许用应力为 $[\sigma] = 160\text{MPa}$，$q = 30\text{kN/m}$。试求 BC 需由多少根钢丝组成才能保证结构安全？

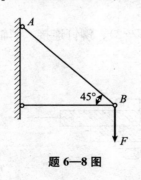

题 6—8 图

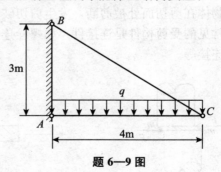

题 6—9 图

第 **7** 章
剪 切 与 扭 转

7.1 剪切与挤压的实用计算

一、剪切概念与常见受剪构件

用刀具剪断一物体时，如图 7—1 所示，物体的受力情况如下：物体受到一对大小相等、方向相反且作用线相距很近的横向外力作用，两力之间的 $m-m$ 截面沿着外力的方向发生相对错动，此变形即为剪切，两力之间发生相对错动的截面称为剪切面，随着外力的增大，最终物体在剪切面处被剪断，发生剪切破坏。

工程中常见的受剪构件是连接件，如螺栓连接（图 7—2）、铆钉连接、销轴连接、键连接、榫齿连接等。

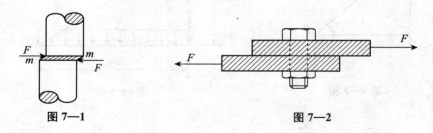

图 7—1   图 7—2

二、剪切的实用计算法

1. 内力与应力

以螺栓连接为例，螺栓受力情况如图 7—3 所示，用剪切面 $m-m$ 将受剪螺栓分成两部分，并以其中一部分为研究对象，如图 7—4 所示，根据平衡 $m-m$ 截面上的内力 F_S 与截面相切，称为剪力，由平衡方程求解

$$F_S - F = 0$$
$$F_S = F$$

与剪力相应的应力分量为切应力 τ，切应力在剪切面上的实际分布情况比较复杂，呈非线性。工程中采用实用计算法，假设切应力在剪切面上是均匀分布的，如图 7—5 所示。若剪切面面积用 A 表示，则

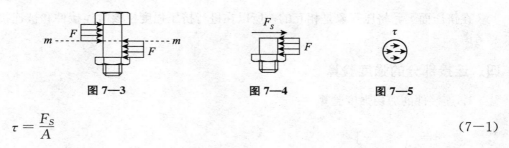

图 7—3   图 7—4   图 7—5

$$\tau = \frac{F_S}{A} \tag{7-1}$$

按上式计算出来的切应力只是剪切面上的平均切应力，也称为名义切应力。切应力的方向与剪力的方向一致，切应力的方向使其作用部分产生顺时针转动趋势为正；反之为负。

2. 剪切强度

当剪切面上的最大切应力达到材料的极限应力时，受剪构件会发生剪切破坏。工程中为了保证构件的连接部分不发生剪切破坏，要求剪切面上的平均切应力不超过材料的许用切应力，从而建立剪切强度条件：

$$\tau = \frac{F_S}{A} \leqslant [\tau] \tag{7-2}$$

三、挤压的实用计算法

在外力的作用下，连接件和被连接件在接触面上发生相互压紧的现象（图 7—6），称为挤压。相互压紧的接触面称为挤压面，挤压面上传递的力称为挤压力 F_b，挤压力分布在整个挤压面上产生挤压应力 σ_{bs}。如果挤压应力较大，就会把挤压面周围压成局部塑性变形，最终导致挤压破坏。在挤压面上挤压应力呈非线性分布，如图 7—7 所示，工程中采用如下实用计算法：把实际挤压面进行正投影，如图 7—8 所示，得到计算挤压面面积 A_{bs}，则挤压应力

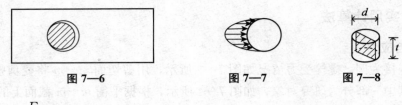

图 7—6　　　　　　　　图 7—7　　　图 7—8

$$\sigma_{bs} = \frac{F_b}{A_{bs}} \tag{7-3}$$

由上式计算得到的挤压应力称为名义挤压应力。工程中为了保证构件的连接部分不发生挤压破坏，要求挤压面上的名义挤压应力不超过材料的许用挤压应力，从而建立挤压强度条件：

$$\sigma_{bs} = \frac{F_b}{A_{bs}} \leqslant [\sigma_{bs}] \tag{7-4}$$

在挤压面上，挤压现象是相互的，所以在进行挤压强度校核时连接件和被连接件都需要考虑。

四、连接部分的强度验算

1. 连接件的剪切强度验算

$$\tau = \frac{F_S}{A} \leqslant [\tau]$$

2. 连接件的挤压强度验算

$$\sigma_{bs} = \frac{F_b}{A_{bs}} \leqslant [\sigma_{bs}]$$

3. 被连接件的抗拉压强度验算

$$\sigma_{max} = \left(\frac{F_N}{A}\right)_{max} \leqslant [\sigma]$$

例 7—1　如图 7—9 所示，某起重机吊具，吊钩与吊板通过销轴连接，起吊重物 F。已知 $F=40\text{kN}$，销轴直径 $D=22\text{mm}$，吊钩厚度 $t=20\text{mm}$，吊板厚度为 t_0，且 $2t_0 > t$，销轴的许用应力 $[\tau]=60\text{MPa}$，$[\sigma_{bs}]=120\text{MPa}$，试校核销轴的强度。

解：（1）剪切强度校核

销轴的受力情况如图 7—10 所示，剪切面 $m—m$ 或 $n—n$ 上的剪力 $F_S=\dfrac{F}{2}$（图 7—11），剪切面的面积

$$A = \frac{\pi d^2}{4}$$

$$\tau = \frac{F_S}{A} = \frac{F}{2A} = \frac{40 \times 10^3 \times 4}{2 \times \pi \times 0.022^2} = 52.6\text{MPa} \leqslant [\tau]$$

所以，销轴满足剪切强度要求。

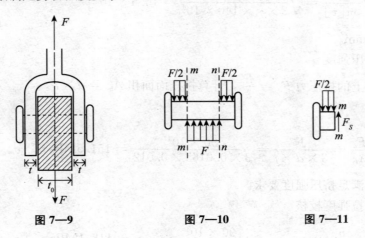

图7—9   图7—10   图7—11

（2）挤压强度校核

吊钩与销轴的挤压面上的挤压力 $F_b = F$，计算挤压面面积 $A_{bs} = D \times t$；

两吊板与销轴的挤压面上的挤压力 $F_b = F$，计算挤压面面积 $A_{bs} = D \times 2t_0$。

因为 $2t_0 > t$，经比较需要校核吊钩与销轴挤压面上的挤压强度为

$$\sigma_{bs} = \frac{F_b}{A_{bs}} = \frac{F}{D \times t} = \frac{40 \times 10^3}{0.022 \times 0.02} = 91\text{MPa} \leqslant [\sigma_{bs}]$$

所以，销轴满足挤压强度要求。

例 7—2　在如图 7—12 所示的铆接接头中，已知 $F = 90\text{kN}$，$t = 12\text{mm}$，$b = 80\text{mm}$，铆钉材料的许用切应力 $[\tau] = 140\text{MPa}$，许用挤压应力 $[\sigma_{bs}] = 300\text{MPa}$，板的许用拉应力 $[\sigma] = 160\text{MPa}$。试设计铆钉的直径 d。

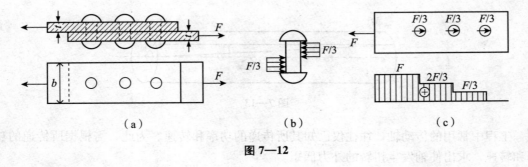

（a）   （b）   （c）

图7—12

解：（1）由剪切强度设计直径 d

铆钉剪切面上的剪力 $F_S = \frac{F}{3}$，剪切面面积 $A = \frac{\pi d^2}{4}$。

由剪切强度 $\tau = \frac{F_S}{A} = \frac{4F}{3\pi d^2} \leqslant [\tau]$，得

$$d \geqslant \sqrt{\frac{4F}{3\pi[\tau]}} = \sqrt{\frac{4 \times 90 \times 10^3}{3 \times \pi \times 140 \times 10^6}} = 16.5 \times 10^{-3} m$$

取 $d = 16.5\text{mm}$。

（2）校核挤压强度

铆钉挤压面上的挤压力 $F_b = \dfrac{F}{3}$，计算挤压面面积 $A_{bs} = d \times t$。

挤压强度

$$\sigma_{bs} = \frac{F_b}{A_{bs}} = \frac{F}{3 \times d \times t} = \frac{90 \times 10^3}{3 \times 0.0165 \times 0.012} = 151.5\text{MPa} \leqslant [\sigma_{bs}]$$

所以，铆钉满足挤压强度要求。

（3）板的抗拉强度校核

$$\sigma = \frac{F}{(b-d) \times t} = \frac{90 \times 10^3}{(0.08 - 0.0165) \times 0.012} = 118.1\text{MPa} \leqslant [\sigma]$$

所以，板满足抗拉强度要求。

7.2 扭转、扭矩和扭矩图

一、扭转变形

杆件的两端在垂直于杆件轴线的平面内分别受到两个大小相等、转动方向相反的力偶作用，此时杆的任意两横截面将绕杆的轴线相对转动，产生相对扭转角 φ，此种变形称为扭转变形，如图 7—13 所示。

常见受扭构件如电钻的钻杆、与汽车方向盘连接的操纵杆、机器中的传动轴等。

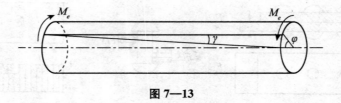

图 7—13

工程中常用的传动轴，往往仅已知其所传递的功率和转速。为此，需根据所传递的功率和转速，求出使轴发生扭转的外力偶矩。

设一传动轴，其转速为 n（r/min），传动轴的功率由主动轮输入，然后通过从动轮分配出去。设通过某一轮所传递的功率为 P（kW）。当轴在稳定转动时，外力偶在 t 分钟内所做的功等于其力偶矩 M_e 与轮在 t 分钟内的转角 α 的乘积。

在 t 分钟内轴做功

$$W = P \times 10^3 \times t \times 60$$

在 t 分钟内外力偶做功

$$W' = M_e \times 2\pi n t$$

由 $W = W'$，得

$$M_{e(\text{N·m})} = 9550 \times \frac{P_{(\text{kW})}}{n_{(\text{r/min})}}$$

二、扭矩和扭矩图

1. 扭矩

如图 7—14 所示为一受扭等直圆杆，现在讨论 $m-m$ 截面上的内力。仍然采用截面法，用一假想的平面沿着 $m-m$ 截面把杆件截开，保留左部分为研究对象，对其进行受力分析，如图所示。根据研究对象的平衡，在截开的截面上应该存在一个内力偶，该内力偶的力偶矩称为扭矩，用符号 T 来表示。最后平衡求解：

$$\sum M_x = 0, \quad T - M_e = 0$$

解得

$$M_e = T$$

扭矩 T 正负号的规定符合右手法则，即右手四指环绕的方向沿扭矩 T 的转向，大拇指的指向沿着该截面的外法线方向取为正号；反之为负号。

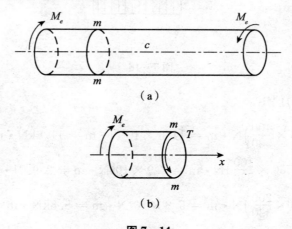

（a）

（b）

图 7—14

2. 扭矩图

当杆件上有多项外力偶作用时，内力沿着杆的轴线将发生变化，为了更清楚地描述内力沿杆轴的变化情况，进而为以后的强度、刚度分析打下基础，需要作出内力图和扭矩图。

扭矩图的作法可以仿照轴力图，不再赘述。

例 7—3 如图 7—15（a）所示为一传动轴，其转速为 330r/min，主动轮输入的功率

129

$P_1 = 400\text{kW}$。若不计轴承摩擦所耗的功率，三个从动轮输出的功率分别为 $P_2 = 100\text{kW}$，$P_3 = 100\text{kW}$，$P_4 = 200\text{kW}$。试作轴的扭矩图。

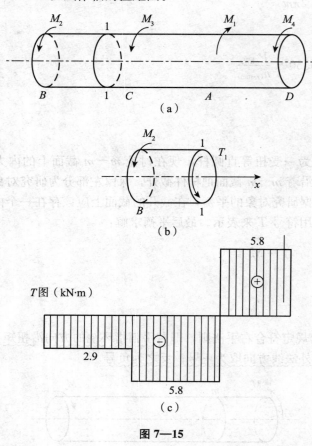

图 7—15

解：(1) 计算外力偶矩

$$M_1 = \left(9550 \times \frac{400}{330}\right)\text{N} \cdot \text{m} = 11.6 \times 10^3 \text{N} \cdot \text{m} = 11.6\text{kN} \cdot \text{m}$$

$$M_2 = M_3 \left(9550 \times \frac{100}{330}\right)\text{N} \cdot \text{m} = 2.9 \times 10^3 \text{N} \cdot \text{m} = 2.9\text{kN} \cdot \text{m}$$

$$M_4 = \left(9550 \times \frac{200}{330}\right)\text{N} \cdot \text{m} = 5.8 \times 10^3 \text{N} \cdot \text{m} = 5.8\text{kN} \cdot \text{m}$$

(2) 计算各段的扭矩

先计算左边 BC 段内任一截面 1—1 上的扭矩。沿 1—1 截面将轴截开，并研究左边一段的平衡，假设 T_1 为正值扭矩，由平衡方程

$$\sum M_x = 0, \quad T_1 + M_2 = 0$$

解得

$$T_1 = -M_2 = -2.9\text{kN} \cdot \text{m}$$

130

同理可得，*CA* 段的扭矩 $T_2 = -5.8\text{kN}\cdot\text{m}$，*AD* 段的扭矩 $T_3 = 5.8\text{kN}\cdot\text{m}$。

（3）作扭矩图

画一条与杆轴线平行的直线代表杆横截面的位置，称为基线，正的扭矩画在基线上方，负的扭矩画在基线下方，标明相应的扭矩值及正负号（图 7—15（c））。

从扭矩图可见，最大扭矩 $T_{\max}$ 发生在 *CA*、*AD* 段内，其值为 $5.8\text{kN}\cdot\text{m}$。

7.3 等直圆杆扭转时的应力和变形 强度条件与刚度条件

杆件发生扭转时所产生的变形、横截面上的应力分布等与横截面的几何形状有关系，在材料力学中我们只讨论圆杆受扭。

一、薄壁等直圆杆的扭转

设有一薄壁圆杆，如图 7—16（a）所示，壁厚 t 远小于平均半径 R。

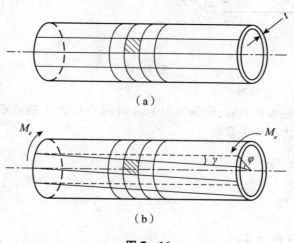

（a）

（b）

图 7—16

1. 扭转试验及应力分析

首先在圆杆的外表面刻上一系列等间距的圆周线和纵向线，然后在圆杆的两端施加扭转力偶，使其发生扭转变形，我们会观察到如下实验现象，如图 7—16（b）所示：

（1）所有纵向线都倾斜了角度 γ，在小变形时仍保持为直线；

（2）所有圆周线仍在原来的平面内保持为圆形，只是绕杆轴发生不同程度的相对转动。

根据实验现象（2）我们可以推得：在发生扭转变形后圆周线所在的横截面仍然保持为平面——平面假设。在圆杆表面任取一圆周线和纵向线围成的矩形方格，方格的上下两条棱边均倾斜了角度 γ，从而使左右棱边产生了相对错动，错动量为 δ。沿圆杆径向取出方格所对应的单元体，由实验现象可知圆杆沿轴线和周线的长度都没有变化，这表明单元体的左右侧面（横截面）和前后侧面（纵截面）上都没有正应力，左右侧面（横截面）上便只有切应力 τ，如图 7—17（a）所示，切应力的方向沿着左右棱边相对错动的方向，即沿圆周线的切线方向，与半径垂直。单元体相邻棱边间夹角的改变量 γ 即为切应变，如图 7—17（b）所示。该切应变和横截面上沿圆周切线方向的切应力是相对应的。由于相邻圆周线间每个格子的直角该变量相等，并根据材料连续均匀性假设可以推知，沿圆周各点处切应力的方向与圆周相切，且数值相等。至于切应力沿壁厚方向的变化规律，由于壁厚 t 远小于平均半径 R，故可近似认为沿壁厚方向各点处切应力的数值无变化。

根据上述分析，可得薄壁圆杆扭转时，横截面上只有切应力 τ，且各点处切应力大小相等，方向与半径垂直。

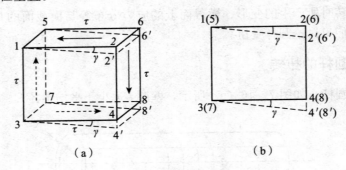

图 7—17

2. 切应力计算公式的推导

在横截面上取一微面积 dA，则微内力 τdA 对圆心 O 产生微力矩 $\tau dA \cdot R$，由横截面上应力与内力间的静力平衡关系有

$$\int_A \tau dA \cdot R = T$$

其中，$dA = Rd\alpha \cdot t$，则

$$\int_A \tau R d\alpha \cdot t \cdot R = T$$

即

$$\tau R^2 t \int_0^{2\pi} d\alpha = T$$

得

$$\tau = \frac{T}{2\pi R^2 t} \tag{7—5}$$

3. 切应力互等定理

从受扭薄壁圆杆上沿壁厚方向取一单元体，沿三个坐标轴方向的棱边长度分别为 dx、dy 和 dz，单元体各侧面上的应力如图 7—18 所示，仅在上下、左右侧面上存在切应力而无正应力，称该单元体处于纯剪切应力状态。

由单元体处于平衡状态可得

132

(1) $\sum F_x = 0, \tau'_y dx dz - \tau''_y dx dz = 0$

即 $\tau'_y = \tau''_y$。 (7—6)

此式表明，上、下两平行面上的切应力大小相等且方向相反。

(2) $\sum F_y = 0, \tau''_x dy dz - \tau'_x dy dz = 0$

即 $\tau'_x = \tau''_x$。 (7—7)

此式表明，左、右两平行面上的切应力大小相等且方向相反。

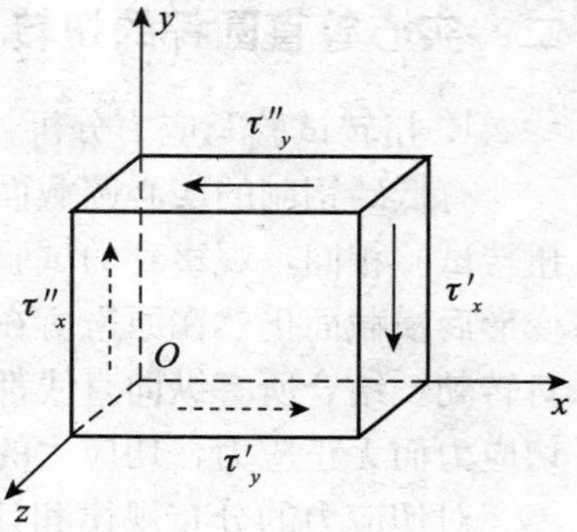

(3) $\sum M_z = 0, \tau'_x dy dz dx - \tau''_y dy dz dx = 0$

即 $\tau'_x = \tau''_y$。 (7—8)

此式表明，上、右两垂直面上的切应力大小相等，方向都背离该两面的交线。

综上所述，对于一个单元体，在相互垂直的两个面上，沿垂直于两面交线作用的切应力必定成对出现，且大小相等，方向或者都指向该两面的交线或者都背离该两面的交线。此性质称为<u>切应力互等定理</u>或<u>切应力双生定理</u>。该定理具有普遍性，不仅适用于纯剪切应力状态的单元体，对于正应力和切应力同时作用的单元体也成立。

4. 剪切胡克定律

单元体在纯剪切应力状态下将发生剪切变形，即单元体的相对两侧面将发生相对错动，从而使原来相互垂直的两个棱边的夹角改变了 γ，即切应变。由图 7—17 可看出，单元体的切应变实际上就是纵向直线的倾斜角度 γ。

利用低碳钢薄壁圆杆的扭转，可以实现纯剪切试验。试验过程中，从仪表上可以读出加载的扭矩值 M_e，根据公式可以计算出相应的切应力 τ，同时可以测出相应的切应变 γ，从而获得切应力 τ 和切应变 γ 之间的关系。实验结果表明，当切应力不超过材料的剪切比例极限时，切应力 τ 和切应变 γ 成正比，即

$$\tau = G\gamma \qquad (7-9)$$

这就是<u>剪切胡克定律</u>。式中 G 为一弹性比例常数，称为材料的<u>切变模量</u>，单位为 Pa。一般钢材的 G 值为 80GPa。

到目前为止，我们已经介绍了三个表征材料属性的弹性常量，即弹性模量 E、泊松比 μ 和切变模量 G。对于各向同性材料，可以证明在线弹性范围内三个弹性常数之间存在下列关系：

$$G = \frac{E}{2(1+\mu)} \qquad (7-10)$$

可见，三个弹性常量中，只要知道其中的任意两个，就可求出第三个。

图 7—18

二、实心等直圆杆的扭转

1. 扭转试验及应力分析

有低碳钢制的实心圆截面杆，其横截面直径为 d，做扭转试验。试验过程与薄壁圆杆扭转试验相同，观察到的试验现象与薄壁圆杆亦相同，因此可以做平面假设，在发生扭转变形后横截面仍然在原来所在的平面内保持为圆形，只是像刚性原片一样绕杆轴发生了相对转动。结合所有纵向直线都倾斜了相同的角度 γ 的实验现象，可以推知在横截面上只有切应力而无正应力，切应力的方向均与半径垂直。

对切应力的分布规律和计算公式的分析属于超静定问题，需要综合研究变形几何关系、物理关系和静力平衡关系三个方面。

（1）变形几何关系

我们把两条纵向直线（倾斜后）和两条圆周线所围成的阴影部分面积与杆轴所确定的楔形块取出并放大，如图 7—19 所示。如图 7—19（b）所示，取一条距离杆轴为 ρ 的纵向直线，其倾斜角度为 γ_ρ。

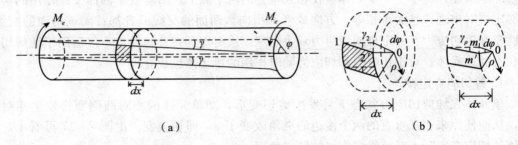

（a）　　　　　　　　　　　　（b）

图 7—19

则弧线

$$mm' = \gamma_\rho \cdot \mathrm{d}x$$

同时

$$mm' = \rho \cdot \mathrm{d}\varphi$$

则

$$\gamma_\rho = \rho \cdot \frac{\mathrm{d}\varphi}{\mathrm{d}x}$$

令 $\theta = \dfrac{\mathrm{d}\varphi}{\mathrm{d}x}$，则

$$\gamma_\rho = \rho \cdot \theta \tag{7—11}$$

其中 θ 为相对扭转角沿杆长的变化率，对扭矩为常数的杆段 θ 是常数，因此纵向直线的倾斜角度与到杆轴的距离成正比。如果观察横截面 γ_ρ 就是横截面上到杆轴距离为 ρ 的点的切应变，即横截面上某点的切应变 γ_ρ 与该点到圆心的距离 ρ 呈线性关系。

134

（2）物理关系

根据前面所述的实验研究，对于纯剪切，在线弹性范围内切应力 τ 和切应变 γ 之间满足剪切胡克定律

$$\tau = G\gamma \tag{7-12}$$

将式（7—11）代入式（7—12）得

$$\tau = G\theta\rho \tag{7-13}$$

因为 $G\theta$ 是常数，所以横截面上切应力的大小与点到圆心的距离 ρ 成正比。横截面上切应力的分布规律如图 7—20 所示。

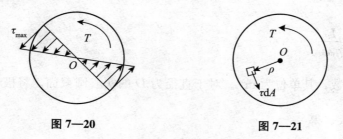

图 7—20   图 7—21

（3）静力平衡关系

如图 7—21 所示，在横截面上距离圆心为 ρ 的地方取一微面积 dA，则 τdA 为作用在微面积 dA 上的微内力，其方向与半径垂直，$\tau dA \cdot \rho$ 为该微内力对圆心 O 的微力矩，根据横截面上内力与应力之间的静力关系，在横截面上扭矩 T 以切应力 τ 的形式分布在整个截面上，它们满足

$$\int \tau dA \cdot \rho = T \tag{7-14}$$

将式（7—13）代入式（7—14），得

$$\int_A G\theta\rho^2 dA = T$$

于是

$$G\theta \int_A \rho^2 dA = T$$

令 $I_P = \int_A \rho^2 dA$，则

$$G\theta = \frac{T}{I_P} \tag{7-15}$$

其中 I_P 称为圆截面对其圆心的极惯性矩，也称为截面二次矩，单位为 m^4。它是截面的一种几何性质，其值与截面的大小和形状有关。对直径为 D 的圆截面

$$I_P = \frac{\pi D^4}{32}$$

将式（7—15）代入（7—13），得

$$\tau = \frac{T}{I_P}\rho \tag{7—16}$$

此式即为受扭圆杆横截面上任一点切应力的计算公式。由此可知横截面上切应力按直线规律分布，方向与半径垂直，指向与该截面上扭矩的转动方向一致。最大切应力 τ_{max} 发生在截面的边缘上，其值为

$$\tau_{max} = \frac{T}{I_P}\rho_{max} \tag{7—17}$$

记

$$W_P = \frac{I_P}{\rho_{max}} \tag{7—18}$$

称为扭转截面系数，其单位为 m^3 。对于直径为 D 的实心圆截面，将极惯性矩 $I_P = \frac{\pi D^4}{32}$ 和 $\rho_{max} = \frac{D}{2}$ 代入，得

$$W_P = \frac{\pi D^3}{16} \tag{7—19}$$

则式（7—17）可写成

$$\tau_{max} = \frac{T}{W_P} \tag{7—20}$$

对于整个受扭圆杆有

$$\tau_{max} = \frac{T_{max}}{W_P} \tag{7—21}$$

求得最大切应力后，即可建立强度条件：

$$\tau_{max} = \frac{T_{max}}{W_P} \leqslant [\tau] \tag{7—22}$$

式中 $[\tau]$ 为扭转许用切应力，其值可查有关资料得到。

上面导出的切应力计算公式和强度条件，对内径为 d、外径为 D 的空心圆截面仍然适用，只是表征截面几何性质的极惯性矩 I_P 和扭转截面系数 W_P 按下式计算，横截面上切应力的分布规律如图 7—22 所示。

$$I_P = \frac{\pi}{32}(D^4 - d^4)$$

$$W_P = \frac{I_P}{\rho_{max}} = \frac{\frac{\pi}{32}(D^4 - d^4)}{\frac{D}{2}} = \frac{\pi D^3}{16}\left(1 - \frac{d^4}{D^4}\right)$$

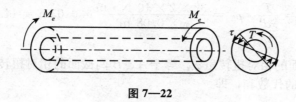

图 7—22

2. 实心和空心圆杆的扭转变形和刚度条件

工程中常用相对扭转角来度量受扭杆件的变形。

由 $\theta = \dfrac{\mathrm{d}\varphi}{\mathrm{d}x}$，得

$$\mathrm{d}\varphi = \theta \mathrm{d}x \qquad\qquad (7-23)$$

又由式（7—15）

$$G\theta = \frac{T}{I_P}$$

得 $\theta = \dfrac{T}{GI_P}$。 $\qquad\qquad (7-24)$

将式（7—24）代入（7—23），得

$$\mathrm{d}\varphi = \frac{T}{GI_P}\mathrm{d}x \qquad\qquad (7-25)$$

式中 GI_P 是常数，设在杆长 l 范围内扭矩 T 是常数，则将上式两端进行积分，得

$$\int \mathrm{d}\varphi = \frac{T}{GI_P}\int_l \mathrm{d}x$$

即

$$\varphi = \frac{Tl}{GI_P} \qquad\qquad (7-26)$$

式中 GI_P 称为杆的**抗扭刚度**。

在机械设计中，为了不使受扭的轴发生过大的变形而影响工件的加工精度，除了要保证满足强度条件外，还需满足刚度条件：

$$\theta_{\max} = \frac{T_{\max}}{GI_P} \leqslant [\theta] \qquad\qquad (7-27)$$

式中 $[\theta]$ 是单位长度许用扭转角。

例 7—4　如图 7—23 所示受扭圆杆的直径 $d=80\text{mm}$，材料的切变模量 $G=80\text{GPa}$。试求：（1）1—1 截面上 K 点的切应力。（2）A、C 两截面的相对扭转角。

解：（1）绘出该圆杆的扭矩图，如图 7—23（b）所示。

（2）1—1 截面上的扭矩为 $-2\text{kN} \cdot \text{m}$，$K$ 点的切应力为

$$\tau_K = \frac{T}{I_P}\rho_K = \frac{T}{\frac{\pi d^4}{32}} \cdot \rho_K = \frac{32 \times 2 \times 10^3 \text{N} \cdot \text{m}}{\pi \times 0.08^4 \text{m}^4} \times 0.03\text{m} = 14.9\text{MPa}$$

（3）A、C 两截面的相对扭转角 φ_{AC} 等于 A、B 两截面的相对扭转角 φ_{AB} 与 B、C 两截面的相对扭转角 φ_{BC} 的代数和，即

$$
\begin{aligned}
\varphi_{AC} = \varphi_{AB} + \varphi_{BC} &= \frac{T_{AB}l_{AB}}{GI_P} + \frac{T_{BC}l_{BC}}{GI_P} \\
&= \frac{-2 \times 10^3 \times 0.6\text{N} \cdot \text{m}^2}{80 \times 10^9 \text{Pa} \times 0.08^4 \text{m}^4/32} + \frac{1 \times 10^3 \times 0.4\text{N} \cdot \text{m}^2}{80 \times 10^9 \text{Pa} \times 0.08^4 \text{m}^4/32} \\
&= -0.249 \times 10^{-2}\text{rad}
\end{aligned}
$$

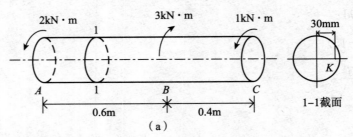

（a）

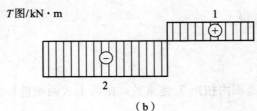

（b）

图 7—23

例 7—5　一受扭圆杆如图 7—24 所示，杆的直径 $d=80\text{mm}$，材料的许用切应力 $[\tau]=40\text{MPa}$，单位长度许用扭转角 $[\theta]=0.8°/\text{m}$。试校核该杆的强度和刚度。

解：（1）绘扭矩图如图 7—24（b）所示，可知最大扭矩 $T_{\max}=4\text{kN} \cdot \text{m}$。

（2）强度校核

$$\sigma_{\max} = \frac{T_{\max}}{W_P} = \frac{T_{\max}}{\frac{\pi d^3}{16}} = \frac{4 \times 10^3 \text{N} \cdot \text{m}}{\frac{\pi \times 0.08^3}{16}} = 39.8\text{MPa} < [\tau]$$

所以杆件满足强度要求。

（3）刚度校核

$$\theta_{\max} = \frac{T_{\max}}{GI_P} \times \frac{180°}{\pi} = \frac{T_{\max}}{G \times \frac{\pi d^4}{32}} \times \frac{180°}{\pi} = \frac{4 \times 10^3 \text{N} \cdot \text{m}}{80 \times 10^9 \times \frac{\pi \times 0.08^4}{32}} \times \frac{180°}{\pi} = 0.71°/\text{m} < [\theta]$$

所以杆件满足刚度要求。

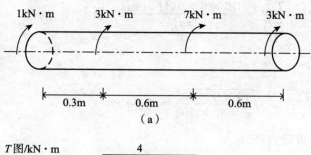

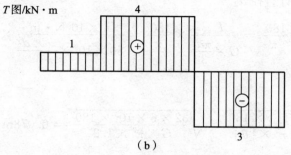

图 7—24

例 7—6   圆杆受力如图 7—25 所示，已知材料的许用应力 $[\tau]= 40\text{MPa}$ ，切变模量 $G=80\text{GPa}$ ，单位长度许用扭转角 $[\theta]= 1.2°/\text{m}$ 。试求杆所需的直径 d 。

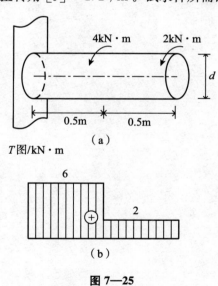

图 7—25

解：（1）首先由强度条件设计轴的直径 d_1 。

由扭矩图可知

$$T_{\max} = 6\text{kN} \cdot \text{m}$$

$$\tau_{\max} = \frac{T_{\max}}{W_P} = \frac{T_{\max}}{\dfrac{\pi d_1^3}{16}} = \frac{16 \times 6 \times 10^3 \, \mathrm{N \cdot m}}{\pi d_1^3} \leqslant [\tau]$$

得

$$d_1 \geqslant \sqrt[3]{\frac{16 T_{\max}}{\pi [\tau]}} = \sqrt[3]{\frac{16 \times 6 \times 10^3}{\pi \times 40 \times 10^6}} = 0.091 \mathrm{m}$$

（2）由刚度条件设计直径 d_2

$$\theta_{\max} = \frac{T_{\max}}{GI_P} \times \frac{180°}{\pi} = \frac{T_{\max}}{G \times \dfrac{\pi d_2^4}{32}} \times \frac{180°}{\pi} = \frac{6 \times 10^3 \, \mathrm{N \cdot m}}{80 \times 10^9 \times \dfrac{\pi \times d_2^4}{32}} \times \frac{180°}{\pi} \leqslant [\theta]$$

得

$$d_2 \geqslant \sqrt[4]{\frac{32 \times T_{\max} \times 180°}{G \times \pi^2 \times [\theta]}} = \sqrt[4]{\frac{32 \times 6 \times 10^3 \times 180°}{G \times \pi^2 \times 1.2°}} = 0.078 \mathrm{m}$$

综上，圆杆直径 $d = \max\{d_1, d_2\} = 0.091 \mathrm{m}$。

习题

7—1　如题 7—1 图所示，（1）试分析钉盖的受剪面和挤压面，并写出受剪面和挤压面的面积；（2）若已知材料的许用切应力 $[\tau]$ 和拉伸的许用应力 $[\sigma]$ 之间关系约为：$[\tau]=0.6[\sigma]$，试求螺钉直径 d 和钉头高度 h 的合理比值。

7—2　连接件如题 7—2 图所示，已知：$F=36$kN，$t=10$mm，销钉直径 $d=15$mm，铆钉的许用切应力 $[\tau]=120$MPa，许用挤压应力 $[\sigma_{bs}]=265$MPa，计算切应力和挤压应力并进行强度校核。

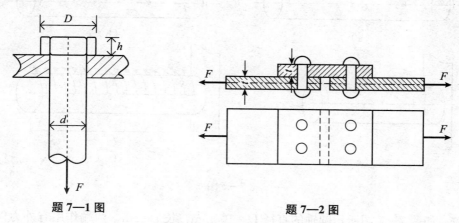

| 题 7—1 图 | 题 7—2 图 |

7—3　如题 7—3 图所示，两块钢板用三只铆钉连接，承受拉力 $F=90$kN，钢板厚度 $t=12$mm，钢板宽度 $b=100$mm。钢板的拉伸许用应力 $[\sigma]=140$MPa，铆钉的许用切应力 $[\tau]=96$MPa，许用挤压应力 $[\sigma_{bs}]=265$MPa，试设计铆钉的直径 d。

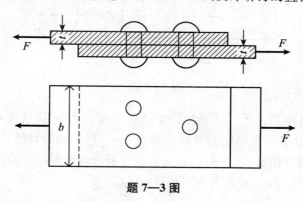

题 7—3 图

7—4　螺栓接头如题 7—4 图所示，已知 $F=120$kN，板厚 $t=10$mm，螺栓直径 $d=20$mm，螺栓材料的许用切应力 $[\tau]=140$MPa，许用挤压应力 $[\sigma_{bs}]=300$MPa。试求所需螺栓的个数 n。

7—5　试作出下列各杆的扭矩图。

7—6　一薄壁圆杆，受力偶矩 $M_e=1.5$kN·m 的作用。已知圆杆外径 $D=84$mm，内径 $d=76$mm，试求横截面上的切应力。

141

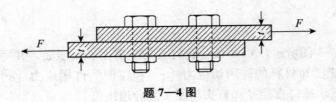

题 7—4 图

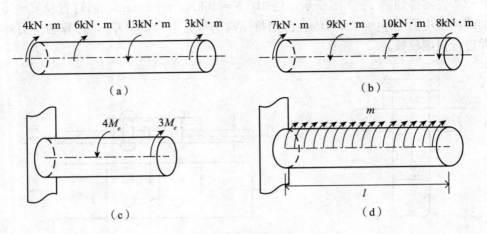

（a）　　　　　　　　　　　（b）

（c）　　　　　　　　　　　（d）

题 7—5 图

7—7　如题 7—7 图所示圆轴的直径 $D=100\text{mm}$，长 $l=1\text{m}$，两端作用有外力偶 $M_e=14\text{kN}\cdot\text{m}$。试求截面上 A、B、C 三点的切应力和最大切应力。

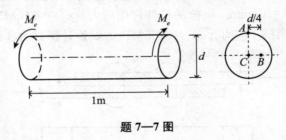

题 7—7 图

7—8　如题 7—8 图所示为一传动轴，主动轮Ⅰ传递力偶矩 $1\text{kN}\cdot\text{m}$，从动轮Ⅱ传递力偶矩 $0.4\text{kN}\cdot\text{m}$，从动轮Ⅲ传递力偶矩 $0.6\text{kN}\cdot\text{m}$。已知轴的直径 $d=40\text{mm}$，各轮间距 $l=500\text{mm}$，材料的切变模量 $G=80\text{GPa}$。（1）试分析合理布置各轮的位置；（2）求出轴在合理位置时的最大切应力 $\tau_{\max}$ 和最大相对扭转角 $\varphi_{\max}$。

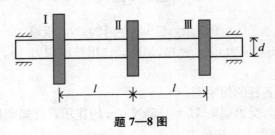

题 7—8 图

7—9 如题 7—9 图所示受扭圆杆，已知直径 $d=80$mm，材料的许用应力 $[\tau]=$ 50MPa。试校核该杆的强度。

7—10 如题 7—10 图所示受扭实心钢轴承，已知材料切变模量 $G=80$GPa，许用切应力 $[\tau]=80$MPa，许用单位长度扭转角 $[\theta]=1°$/m。试设计轴的直径 d。

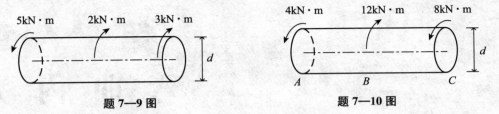

题 7—9 图   题 7—10 图

7—11 某带轮传动轴，已知传动轴的输入功率 $P=14$kW，转速 $n=300$r/min，许用切应力 $[\tau]=40$MPa，$[\theta]=0.01$rad/m，切变模量 $G=80$GPa。试根据强度和刚度条件设计两种截面直径：(1) 实心圆截面的直径 d；(2) 空心圆截面的内径 d 和外径 $D(d/D=3/4)$。并比较两种截面所用材料的多少。

7—12 一实心圆杆受外力偶矩 $M_e=2$kN·m 的作用，已知 $d=80$mm，$E=210$GPa。已测得圆杆表面上相距 $l=0.4$m 的 AB 两截面的相对扭转角 $\varphi_{AB}=0.14°$，试求材料的泊松比。

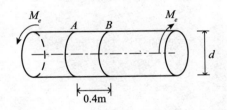

题 7—12 图

7—13 钢制空心圆轴外径 $D=100$mm，内径 $d=50$mm。若要求轴在 2m 长度内最大相对扭转角不超过 $1.5°$，材料的切变模量 $G=80.4$MPa。(1) 求该轴所能承受的最大扭矩；(2) 确定此时横截面上的最大切应力。

第8章
弯曲内力

8.1 概述

一、平面弯曲的概念

在工程实际和日常生活中，经常会遇到许多发生弯曲变形的杆件。例如，桥式起重机

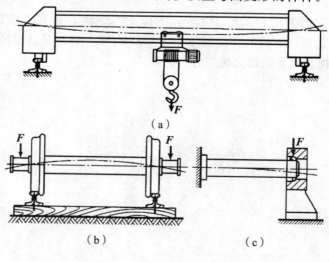

(a)

(b)   (c)

图 8—1

的大梁、火车轮轴以及车床上的割刀等，如图 8—1（a）、（b）、（c）所示，它们均为典型的弯曲杆件。这类杆件的受力特点是：在轴线平面内受到外力偶或垂直于轴线方向的力。变形特点是：杆的轴线弯曲成曲线。这种形式的变形称为弯曲变形。以弯曲变形为主的杆件通常称为梁。

在工程中，常见梁的横截面一般至少有一个对称轴，由横截面的竖直对称轴与轴线所确定的平面称为纵向对称平面。当外力全部作用于梁的纵向对称平面内时，如图 8—2 所示，梁的轴线变形后也将是位于这个对称平面内的平面曲线，这种弯曲称为平面弯曲或对称弯曲。平面弯曲是弯曲问题中最基本、最常见的情况，本章及后面两章主要讨论这种弯曲。

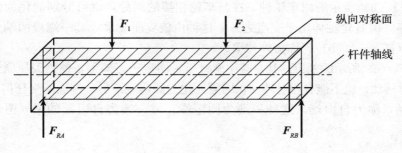

图 8—2

二、梁的计算简图及其分类

在工程中，梁的支承条件和作用在梁上的载荷情况一般都比较复杂，为了便于分析、计算，同时又要保证计算结果足够精确，需要对梁进行以下三个方面的简化，得到梁的计算简图。

1. 构件本身的简化

不论梁的截面形状如何，通常用梁的轴线来代替实际的梁。

2. 载荷的简化

实际杆件上作用的载荷是多种多样的，但归纳起来，可简化成以下三种载荷形式：当外力的作用范围与梁相比很小时，可视为集中作用于一点，即集中力；两集中力大小相等、方向相反且作用线相邻很近时，可视为集中力偶；连续作用在梁的全长或部分长度内的载荷称为分布载荷。分布于单位长度上的载荷值称为分布载荷集度，用 q 表示。当 q 为常量时，称为均布载荷；当 q 沿梁轴线 x 变化，即 $q = q(x)$ 时，称为非均布载荷。

3. 支座类型和支反力

作用在梁上的外力，除载荷外还有支座反力。为了分析支座反力，必须对梁的约束进行简化。梁的支座按它对梁在载荷平面内的约束作用的不同，简化为以下三种典型支座：固定铰支座、活动铰支座和固定端，如图 8—3（a）、（b）、（c）所示。

在图 8—1（a）中的桥式起重机的大梁，通过车轮安置于钢轨上。钢轨不限制车轮平面的轻微偏转，但车轮凸缘与钢轨的接触却可约束轴线方向的位移。所以，可以把两条钢轨中的一条看作固定铰支座，而另一条则视为可动铰支座。这种一端为固定铰支座，另一

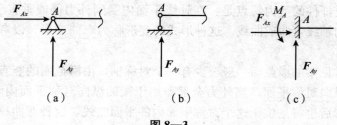

（a）　　　　　　　　（b）　　　　　　　　（c）

图 8—3

端为可动铰支座的梁（图 8—4（a）），称为简支梁。两支座间的距离称为跨度。

如图 8—1（b）所示的列车轮轴，在与车轮相接的两处，也可分别简化为固定铰支座及活动铰支座，但其轮轴伸出于支座之外。这种由铰支座支承，其一端或两端外伸于铰支座之外的梁（图 8—4（b）），称为外伸梁。

如图 8—1（c）所示的割刀，其左端用螺钉压紧固定于刀架上，使割刀压紧部分对刀架既不能有相对移动，也不能有相对转动，因而简化为固定端。另一端面不受任何约束，可自由移动或转动，称为自由端。这种一端为固定端，另一端为自由端的梁（图 8—4（c）），称为悬臂梁。

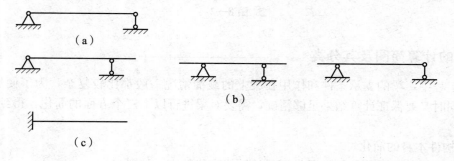

（a）

（b）

（c）

图 8—4

上面我们提到了梁的三种基本形式：简支梁、外伸梁和悬臂梁。这些梁的计算简图确定后，支座反力均可由静力平衡方程完全确定，统称为静定梁。有时出于工程的需要，在静定梁上再增添支座，此时支座反力不能完全由静力平衡方程确定，这种梁称为静不定梁或超静定梁，如图 8—5 所示，将在以后章节中讨论。

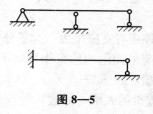

图 8—5

8.2 剪力与弯矩

一、截面法求剪力、弯矩

为了讨论梁的强度和刚度，首先应弄清楚梁横截面上有什么样的内力以及如何计算内力，求内力的根本方法是截面法。现以如图 8—6 所示的简支梁为例，对梁的内力计算具体说明如下。

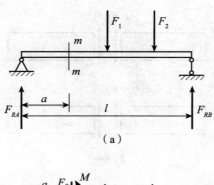

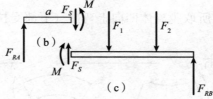

图 8—6

设如图 8—6（a）所示的简支梁两端的支反力分别为 F_{RA} 和 F_{RB}，现求任一横截面 $m-m$ 上的内力。按截面法沿 $m-m$ 截面假想地把梁截开，分为左、右两部分，保留左部分考虑其平衡。作用于左部分上的力，除外力 F_{RA} 外，在截面 $m-m$ 上还有右部分作用于其上的内力。为了使左部分梁处于平衡状态，横截面 $m-m$ 上应存在一个与横截面相平行的力 F_S 及一个作用面与横截面相垂直的力偶，如图 8—6（b）所示。由平衡方程式

$$\sum F_y = 0, \quad F_{RA} - F_S = 0$$

$$\sum M_O = 0, \quad M - F_{RA}a = 0$$

得

$$F_S = F_{RA}$$

$$M = F_{RA}a$$

式中，矩心 O 为截面 $m-m$ 的形心。作用于 $m-m$ 截面上的力 F_S 及力偶 M 分别称为**剪力**与**弯矩**。剪力 F_S 和弯矩 M 是平面弯曲时梁横截面上的两种内力。

当保留右部分时，如图 8—6（c）所示，同样可以求得剪力 F_s 与弯矩 M。剪力 F_s 与弯矩 M 是截面左、右两部分之间的相互作用力。因此，作用于不同保留部分上的剪力 F_s 与弯矩 M 大小相等，但方向（转向）相反。

为了使保留不同部分进行内力计算时所得剪力和弯矩不仅数值相等，而且正负号也相同，把剪力和弯矩的符号规则与梁的变形联系起来，如图 8—7 和图 8—8 所示。从梁中取出一微段，并对剪力、弯矩的符号规定如下：

剪力符号：当剪力 F_s 使所取脱离体绕脱离体内任一点沿顺时针方向转动时规定为正号；反之为负。

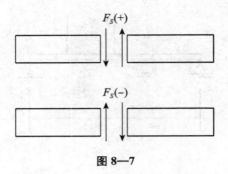

图 8—7

弯矩符号：当弯矩 M 使所取脱离体凹向上弯曲（下部受拉，上部受压）时规定为正号；反之为负。

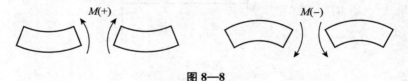

图 8—8

例 8—1 如图 8—9（a）所示为受集中力及均布载荷作用的外伸梁，试求 Ⅰ－Ⅰ、Ⅱ－Ⅱ 截面上的剪力和弯矩。

解： 1. 求支反力

设支座 B、D 处的支反力分别为 F_{RB}、F_{RD}。由平衡方程式

$$\sum M_B = 0, \quad F_1 \times 2 - F_2 \times 2 + F_{RD} \times 1 = 0$$

$$\sum M_D = 0, \quad F_2 \times 2 - F_{RB} \times 4 + F_1 \times 6 = 0$$

得

$$F_{RB} = 25\text{kN}, \quad F_{RD} = 5\text{kN}$$

2. 计算 Ⅰ－Ⅰ 截面的剪力与弯矩

沿截面 Ⅰ－Ⅰ 将梁假想地截开，并选左段为研究对象（图 8—9（b））。由平衡方程式

$$\sum F_y = 0, \quad -F - F_{S1} = 0$$

148

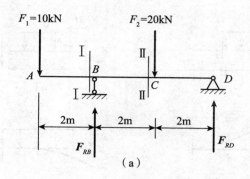

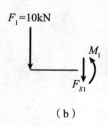

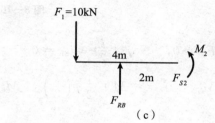

图 8—9

$$\sum M_{C1} = 0, \quad F_1 \times 2 + M_1 = 0$$

分别求得截面 Ⅰ—Ⅰ 的剪力和弯矩为

$$F_{S1} = -F = -10\text{kN}$$

$$M_1 = -F_1 \times 2 = -20\text{kN} \cdot \text{m}$$

F_{S1}、M_1 都为负号，表示 F_{S1}、M_1 的真实方向与图 8—9（b）中所示方向相反。

3. 计算 Ⅱ—Ⅱ 截面的剪力和弯矩

沿截面 Ⅱ—Ⅱ 将梁假想地截开，并选左段为研究对象（图 8—9（c））。由平衡方程式

$$\sum F_y = 0, \quad -F_{S2} - F_1 + F_{RB} = 0$$

$$\sum M_{C2} = 0, \quad M_2 + F_1 \times 4 - F_{RB} \times 2 = 0$$

分别求得截面 Ⅱ—Ⅱ 的剪力和弯矩为

$$F_{S2} = -F_1 + F_{RB} = 15\text{kN}$$

$$M_2 = -F_1 \times 4 + F_{RB} \times 2 = 10\text{kN} \cdot \text{m}$$

F_{S2}、M_2 为正号，表示 F_{S2}、M_2 的真实方向与图 8—9（c）中所示方向相同。

例 8—2 图 8—10（a）为受集中力偶及均布载荷作用的悬臂梁，试求 Ⅰ—Ⅰ 截面上的剪力和弯矩。

解： 沿截面 Ⅰ—Ⅰ 将梁假想地截开，并选左段为研究对象（图 8—10（b））。由平衡方程式

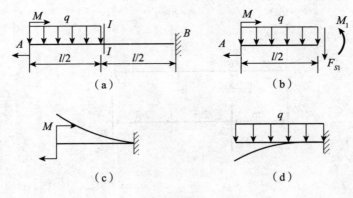

图 8—10

$$\sum F_y = 0, \quad -q \times \frac{l}{2} - F_{S1} = 0$$

$$\sum M_{C1} = 0, \quad -M + \frac{1}{2}q\left(\frac{l}{2}\right)^2 + M_1 = 0$$

解得

$$F_{S1} = -\frac{1}{2}ql$$

$$M_1 = M - \frac{1}{8}ql^2$$

注：用截面法求剪力和弯矩时，不论取梁的哪一段作为研究对象，一般按照剪力和弯矩的正负号规定，首先在截面上设出正的剪力和正的弯矩，再根据平衡方程求解。

二、简便法求剪力、弯矩

剪力：梁的任一截面上的剪力等于该截面一侧（左侧或右侧）所有竖向外力（包括斜向外力的竖向分量）的代数和。

弯矩：梁的任一截面上的弯矩等于该截面一侧（左侧或右侧）所有外力（包括外力偶）对该截面形心求矩的代数和。

例 8—3 试应用简便法求例 8—1 中所示梁 Ⅱ－Ⅱ 截面上的剪力和弯矩。

解：Ⅱ－Ⅱ 截面上的剪力等于左侧所有竖向外力的代数和，即等于 F_1 与 F_{RB} 的代数和（若考虑右侧，则为 F_2 与 F_{RD}）。对截面左侧梁段，向上的外力引起正剪力，向下得外力引起负剪力（右侧反之）。

$$F_{S2} = -F_1 + F_{RB} = 15\text{kN}$$

Ⅱ－Ⅱ 截面上的弯矩等于左侧所有外力对该截面形心求矩的代数和，即等于 $F_1 \times 4$ 与 $F_{RB} \times 2$ 的代数和。每项的正负，根据弯矩的正负规则逐项确定。为了便于确定每项外力引起的 Ⅱ－Ⅱ 截面上弯矩的正负，可将左段看成 Ⅱ－Ⅱ 截面为固定端支座的悬臂梁（图 8—11（a）、（b））。显然从图 8—11（a）可见，F_1 使梁的轴线变形为凸向上、凹向下，即

150

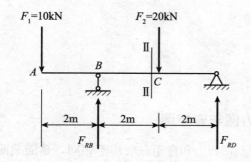

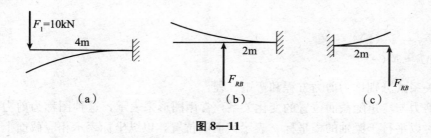

（a）　　　　　　（b）　　　　　　（c）

图 8—11

上部受拉，所以 $F_1 \times 4$ 为负；从图 8—11（b）可见，F_{RB} 使梁的轴线变形为凸向下、凹向上，即下部受拉，所以 $F_{RB} \times 2$ 为正。Ⅱ－Ⅱ 截面上的弯矩为

$$M_2 = -F_1 \times 4 + F_{RB} \times 2 = 10\text{kN} \cdot \text{m}$$

考虑右段，则为 F_2 与 F_{RD} 对 Ⅱ－Ⅱ 截面形心的代数和，即 $F_2 \times 0$ 与 $F_{RD} \times 2$ 的代数和。同理，可将右段看成 Ⅱ－Ⅱ 截面为固定端支座的悬臂梁（图 8—11（c））。显然从图 8—11（c）可见，F_{RD} 使梁的轴线变形为凸向下、凹向上，即下部受拉，所以 $F_{RD} \times 2$ 为正。Ⅱ－Ⅱ 截面上的弯矩为

$$M_2 = -F_2 \times 0 + F_{RD} \times 2 = 10\text{kN} \cdot \text{m}$$

例 8—4　试应用简便法求例 8—2 中所示梁 Ⅰ－Ⅰ 截面上的剪力和弯矩。

解：由图 8—10（b）可知，Ⅰ－Ⅰ 截面上的剪力等于左侧所有竖向外力的代数和（q 方向向下），即等于 $-\dfrac{1}{2}ql$。Ⅰ－Ⅰ 截面上的剪力为

$$F_{S1} = -\frac{1}{2}ql$$

由图 8—10（b）可知，Ⅰ－Ⅰ 截面上的弯矩等于左侧所有外力对 Ⅰ－Ⅰ 截面形心求矩的代数和，即等于 M 与 $\dfrac{1}{2}ql \times \dfrac{l}{4}$ 的代数和。为了便于确定每项外力引起的 Ⅰ－Ⅰ 截面上弯矩的正负，可将左段看成 Ⅰ－Ⅰ 截面为固定端支座的悬臂梁（图 8—10（c）、（d））。显然从图 8—10（c）可见，M 使梁的轴线变形为凸向下、凹向上，即下部受拉，所以 M 为正；从图 8—10（d）可见，均布荷载使梁轴线变形为凸向上、凹向下，即上部受拉，所以

151

$\frac{1}{2}ql \times \frac{l}{4}$ 为负。I － I 截面上的弯矩为

$$M_1 = M - \frac{1}{8}ql^2$$

8.3　剪力方程与弯矩方程　剪力图与弯矩图

以上分析表明，在梁的不同截面上，剪力和弯矩一般均不相同，是随截面位置而变化的。设用坐标 x 表示横截面的位置，则梁各横截面上的剪力和弯矩可以表示为坐标 x 的函数，即

$$F_S = F_S(x)$$
$$M = M(x)$$

上述关系式分别称为剪力方程和弯矩方程。

梁的剪力与弯矩随截面位置的变化关系，常用图形来表示，这种图称为剪力图与弯矩图。绘图时以平行于梁轴的横坐标 x 表示截面的位置，以纵坐标表示相应截面上的剪力或弯矩。并且规定剪力图纵坐标向上为正，向下为负，即右手系；规定弯矩图的纵坐标向下为正，向上为负，即左手系。下面用例题说明列出剪力方程和弯矩方程以及绘制剪力图和弯矩图的方法。

例 8－5　如图 8—12（a）所示为均布荷载 q 作用的简支梁。设 q、l 均为已知，试列出剪力方程式与弯矩方程式，并绘剪力图与弯矩图。

解：1. 求支反力

$$F_{RA} = \frac{1}{2}ql, \quad F_{RB} = \frac{1}{2}ql$$

2. 列剪力与弯矩方程式

梁上的剪力与弯矩可用同一方程式表示。距 A 截面为 x 的剪力与弯矩方程式为

$$F_S(x) = F_{RA} - qx, \quad (0 < x < l) \tag{a}$$
$$M(x) = F_{RA}x - \frac{1}{2}qx^2, \quad (0 \leqslant x \leqslant l) \tag{b}$$

3. 绘 F_S、M 图

由式（a）可见，剪力图为一斜直线，只需确定两端点即可。把正的剪力画在坐标轴上边，把负的剪力画在坐标轴下边，绘得 F_S 图如图 8—12（b）所示。

由式（b）可见，弯矩图为一抛物线，将式（b）对 x 求导数，并令

$$\frac{\mathrm{d}M(x)}{\mathrm{d}x} = \frac{ql}{2} - qx = 0 \tag{c}$$

求得弯矩及极值的截面位置为 $x = \frac{l}{2}$，代入式（b），得弯矩的极大值

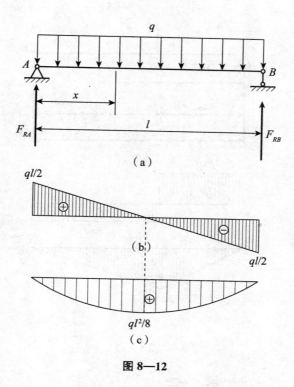

图 8—12

$$M_{\max} = \frac{ql^2}{8}$$

正弯矩画在坐标轴下边，负弯矩画在坐标轴上边，绘得弯矩图如图 8—12（c）所示。

从例 8—5 可以看出，在分布载荷作用的梁段上，F_Q、M 图有如下特点：

（1）载荷集度值不变即均布荷载，F_Q 图为斜直线。

（2）均布荷载，M 图为二次抛物线。

例 8—6　如图 8—13（a）所示为一集中力 F 作用的简支梁。设 F、l 及 a 均为已知，试列出剪力方程式与弯矩方程式，并绘出剪力图与弯矩图。

解：1. 求支反力

由平衡方程式 $\sum M_B = 0$ 及 $\sum M_A = 0$，得

$$F_{RA} = \frac{l-a}{l}F, \quad F_{RB} = \frac{a}{l}F$$

2. 列剪力与弯矩方程式

集中力 F 左、右两段梁上的剪力与弯矩不能用同一方程式表示。将梁分成 AC 及 CB 两段，分别列剪力与弯矩方程式。

AC 段　利用简便法，距 A 点为 x_1 的任意截面的剪力方程和弯矩方程分别为（考虑左）

$$F_S(x_1) = F_{RA} = \frac{l-a}{l}F \quad (0 < x_1 < a) \tag{a}$$

153

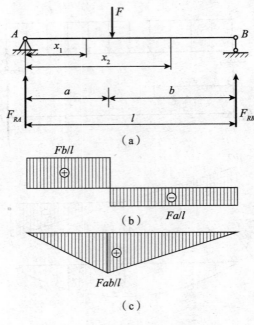

图 8—13

$$M\left(x_1\right)=F_{RA}x_1=\frac{l-a}{l}Fx_1 \qquad (0\leqslant x_1\leqslant a) \qquad\qquad\text{(b)}$$

CB 段　利用简便法，距 A 点为 x_2 的任意截面的剪力方程和弯矩方程分别为（考虑右侧）

$$F_S\left(x_2\right)=-F_{RB}=-\frac{a}{l}F \qquad (a<x_2<l) \qquad\qquad\text{(c)}$$

$$M\left(x_2\right)=F_{RB}\left(l-x_2\right)=\frac{a}{l}F\left(l-x_2\right) \qquad (a\leqslant x_2\leqslant l) \qquad\qquad\text{(d)}$$

3. 绘 F_S、M 图

由式（a）可知，在 AC 段内梁任意横截面上的剪力都为常数 $\frac{l-a}{l}F$，且符号为正，所以在 AC 段（$0<x<a$）内，剪力图是在 x 轴上方且平行于 x 轴的直线图 8—13（b）。同理，可以根据式（c）作 CB 段的剪力图。从剪力图可以看出，当 $a<b$ 时，最大剪力发生在 AC 段的各横截面上，其值为

$$|F_S|=\frac{Fb}{l}=\frac{F(l-a)}{l}$$

由式（b）可知，在 AC 段内弯矩是 x 的一次函数，所以弯矩图是一条斜直线。只要确定线上的两点，就可以确定这条直线。AC 段内的弯矩图如图 8—13（c）所示。同理，可以根据式（d）作 CB 段内的弯矩图。从弯矩图可以看出，最大弯矩发生在集中力 F 作用的 C 截面上，其值为

154

$$|M|_{\max} = \frac{Fa}{l}(l-a)$$

从例 8−6 可以看出，有集中力作用的梁，其 F_S 图和 M 图有以下特点：

(1) 集中力作用点，F_S 图有突变，突变的大小和方向与集中力 F 相一致。

(2) 集中力作用点，M 图有转折。所谓"转折"，即 M 图在此点两侧的斜率发生突变。

例 8−7 简支梁 AB 如图 8—14（a）所示。在梁上 C 处作用着集中力偶 M_e，试绘梁的剪力图和弯矩图，图中 M_e、a、b、l 均已知。

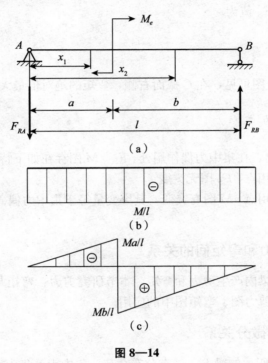

图 8—14

解： 1. 求支反力

由平衡方程式 $\sum M_B = 0$ 及 $\sum M_A = 0$，得

$$F_{RA} = \frac{M}{l}, \quad F_{RB} = \frac{M}{l}$$

2. 列 F_S、M 方程

沿集中力偶作用的 C 截面，把梁分成 AC 和 CB 两段，分别列出 F_S、M 方程式。

AC 段：

$$F_S(x_1) = -F_{RA} = -\frac{M_e}{l} \qquad (0 < x_1 \leqslant a) \tag{a}$$

$$M(x_1) = F_{RA}x_1 = -\frac{M_e}{l}x_1 \qquad (0 \leqslant x_1 < a) \tag{b}$$

155

CB 段：

$$F_S\ (x_2) = -F_{RA} = -\frac{M_e}{l} \qquad (a \leqslant x_2 < l) \tag{c}$$

$$M\ (x_2) = -F_{RA}x_2 + M_e = \frac{M_e}{l}\ (l - x_2) \qquad (a < x_2 \leqslant l) \tag{d}$$

3. 绘 F_S、M 图

由式（a）、式（c）和式（b）、式（d）分别绘出 F_S、M 图，如图 8—14（b）、（c）所示。由 F_S 图可见最大 F_S 值为

$$|F_S|_{\max} = \frac{M_e}{l}$$

当 $a < b$ 时，由 M 图可见，在 C 截面右侧，弯矩的绝对值最大，其值为

$$|M|_{\max} = \frac{M_e}{l}b$$

从例 8—7 可以看出，在集中力偶作用处，F_S、M 图存在如下特点：

(1) 在集中力偶作用点，F_S 图无突变。

(2) 在集中力偶作用点，M 图有突变，其突变量等于集中力偶 M_e 的数值。

8.4 载荷集度、剪力和弯矩间的关系

在外载荷作用下，梁内产生剪力和弯矩。本节研究剪力、弯矩与载荷集度三者间的微积分关系以及其在绘制剪力图、弯矩图中的应用。

一、q、F_S 和 M 间的微分关系

在如图 8—15（a）所示的梁上，受有分布载荷、集中力及集中力偶作用，设在分布载荷作用段内载荷集度 q 为 x 的连续函数，即

$$q = q(x)$$

并规定向上的分布载荷 q 为正。为研究 q、F_S、M 间的相互关系，在 x 截面附近取一微段 $\mathrm{d}x$，如图 8—15（b）所示。微段左侧截面上的剪力和弯矩分别是 $F_S(x)$ 和 $M(x)$。当坐标 x 有一增量 $\mathrm{d}x$ 时，$F_S(x)$ 和 $M(x)$ 的相应增量是 $\mathrm{d}F_S(x)$ 和 $\mathrm{d}M(x)$。所以，微段右侧截面上的剪力和弯矩应分别为 $F_S(x) + \mathrm{d}F_S(x)$ 和 $M\ (x) + \mathrm{d}M\ (x)$。并认为该微段梁上分布载荷 $q(x)$ 是均匀分布的且设该微段内无集中力和集中力偶。由微段的平衡方程 $\sum F_y = 0$ 和 $\sum M_C = 0$，得

$$F_S(x) - [F_S(x) + \mathrm{d}F_S(x)] + q(x)\mathrm{d}x = 0$$

$$-M(x) + [M(x) + \mathrm{d}M(x)] - F_S(x)\mathrm{d}x - q(x)\mathrm{d}x\left(\frac{\mathrm{d}x}{2}\right) = 0$$

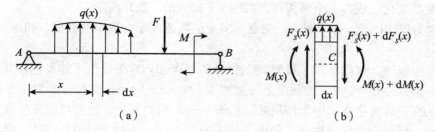

图 8—15

省略第二式中的高阶微量 $q(x)\mathrm{d}x\left(\dfrac{\mathrm{d}x}{2}\right)$，整理后得出

$$\frac{\mathrm{d}F_S(x)}{\mathrm{d}x} = q(x) \tag{a}$$

$$\frac{\mathrm{d}M(x)}{\mathrm{d}x} = F_S(x) \tag{b}$$

将式（b）再对 x 求导，并考虑式（a），得

$$\frac{\mathrm{d}^2 M(x)}{\mathrm{d}x^2} = q(x) \tag{c}$$

式（a）、式（b）和式（c）即为我们要推导的 q、F_S 及 M 之间的微分关系式。这种关系对梁的内力分析以及建立梁的切应力计算公式都有重要意义。

根据上述微分关系，容易得出以下结论：

（1）若在梁的某一段内无载荷作用，即 $q(x)=0$，由式（a）及式（c）可知，在这一段内 $F_S(x)=$ 常数，因而剪力图是平行于 x 轴的直线；$M(x)$ 是 x 的一次函数，因而弯矩图是斜直线，如图 8—13（b）、（c）以及图 8—14（b）、（c）所示。

（2）若在梁的某一段内作用均布载荷，即 $q(x)=$ 常数，则 $\dfrac{\mathrm{d}^2 M(x)}{\mathrm{d}x^2} = \dfrac{\mathrm{d}F_S(x)}{\mathrm{d}x} =$ 常数，故在这一段内 $F_S(x)$ 是 x 的一次函数，因而剪力图是斜直线；$M(x)$ 是 x 的二次函数，弯矩图是抛物线，如图 8—12（b）、（c）所示。

下面讨论弯矩图的凹向：弯矩图的凹向取决于分布荷载的方向。若梁的某一段内，分布载荷 $q(x)$ 向上，即 $q(x)$ 为正，则 $\dfrac{\mathrm{d}F_S(x)}{\mathrm{d}x}>0$，$\dfrac{\mathrm{d}^2 M(x)}{\mathrm{d}x^2}>0$，剪力图是向上的斜直线，由于弯矩图的坐标系为左手系，因此弯矩图是凹向下凸向上的曲线。反之，若 $q(x)$ 向下，则剪力图是向下的斜直线，弯矩图是凹向上凸向下的曲线，如图 8—12（c）所示。

（3）若在梁的某一截面上 $F_S(x)=0$，即 $\dfrac{\mathrm{d}M(x)}{\mathrm{d}x}=0$，弯矩图的斜率为零，则在这一截面上弯矩有极值，例如在图 8—12 中，在跨度中点截面上，$F_S=0$，弯矩为最大值 $M_{\max} = \dfrac{ql^2}{8}$。

（4）在集中力作用处，剪力 F_S 有一突变（突变的数值等于集中力），因而弯矩图的斜

157

率也发生突然变化，成为一个转折点，如图 8—13 (b)、(c) 所示。

在集中力偶作用处，弯矩图有一突变，突变的数值等于力偶矩的数值，如图 8—14 (c) 所示。

(5) 弯矩极值：根据 q、F_S 和 M 间的微分关系可知，弯矩极值可能发生在其一阶导数为零的点，即发生在 $F_S = 0$ 的截面上，如图 8—12 (c) 所示；也有可能发生在其一阶导数不存在的点，即发生在集中力作用处，如图 8—13 (c) 所示；也有可能发生在弯矩方程不连续的点，即集中力偶作用处，如图 8—14 (c) 所示。所以求 $|M|_{max}$ 时，应考虑上述几种可能性，并取所有可能性的最大值。

二、q、F_S 和 M 间的积分关系

在仅有分布载荷 $q(x)$ 作用时，根据 $\dfrac{\mathrm{d}F_S(x)}{\mathrm{d}x} = q(x)$，$\dfrac{\mathrm{d}M(x)}{\mathrm{d}x} = F_S(x)$ 可得到

$$F_S(x_2) - F_S(x_1) = \int_{x_1}^{x_2} q(x)\mathrm{d}x \tag{e}$$

$$M(x_2) - M(x_1) = \int_{x_1}^{x_2} F_S(x)\mathrm{d}x \tag{f}$$

以上两式表明，在 $x = x_2$ 和 $x = x_1$ 两截面上的剪力之差，等于两截面间分布载荷图的面积；两截面上的弯矩之差，等于两截面间剪力图的面积。

利用上述规律，可正确、迅速地绘制与检查剪力图与弯矩图。

现在讨论如何用 q、F_S 及 M 的关系画 F_S 图和 M 图。主要画法是：按梁的支承情况和受力情况将梁分段，利用 q、F_S 及 M 的关系判断各段梁上 F_S、M 图的大致形状，确定 F_S、M 在各梁段的端值，即可画 F_S 图和 M 图。下面举例说明这种画法。

例 8—8 在图 8—16 (a) 中，外伸梁上均布载荷的集中为 $F_1 = 10\text{kN}$，$F_2 = 20\text{kN}$。列出剪力方程和弯矩方程，并绘 F_S、M 图。

解：1. 求支反力

$$F_{RB} = 25\text{kN}, \quad F_{RD} = 5\text{kN}$$

2. 分段

按梁支承和外力情况将其分为 AB、BC、CD 三段。

3. 求端值，并绘 F_S、M 图

(1) 剪力图。AB 段：$q(x) \equiv 0$，$F_S(x) \equiv \text{const}$，$F_S$ 图水平直线段，只需确定该截面任何一点处的剪力即可。

$$F_S = -F_1 = -10\text{kN}$$

BC 段：$q(x) \equiv 0$，$F_S(x) \equiv \text{const}$，$F_S$ 图水平直线段，只需确定该截面任何一点处的剪力即可。

$$F_S = -F_1 + F_{RB} = 15\text{kN}$$

CD 段：$q(x) \equiv 0$，$F_S(x) \equiv \text{const}$，$F_S$ 图水平直线段，只需确定该截面任何一点处的

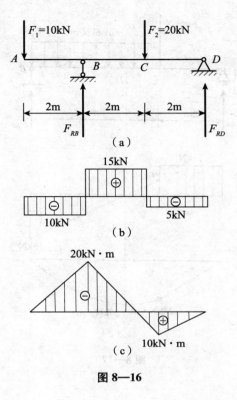

图 8—16

剪力即可。

$$F_S = -F_1 + F_{RB} - F_2 = -5\text{kN}$$

分段画出剪力图，如图 8—16（b）所示。

（2）弯矩图。AB 段：$q(x) \equiv 0$，$F_S(x) \equiv \text{const}$，$F_S$ 图水平直线段，$M(x)$ 是 x 的一次函数，M 图斜直线，只需确定两个端点弯矩即可。

$$M_{A\text{右}} = 0$$
$$M_B = -F_1 \times 2 = -20\text{kN} \cdot \text{m}$$

BC 段：$q(x) \equiv 0$，$F_S(x) \equiv \text{const}$，$F_S$ 图水平直线段，$M(x)$ 是 x 的一次函数，M 图斜直线，只需确定两个端点弯矩即可。

$$M_{C\text{左}} = F_{RD} \times 2 = 10\text{kN} \cdot \text{m}$$

CD 段：$q(x) \equiv 0$，$F_S(x) \equiv \text{const}$，$F_S$ 图水平直线段，$M(x)$ 是 x 的一次函数，M 图斜直线，只需确定两个端点弯矩即可。

$$M_{D\text{左}} = F_{RD} \times 0 = 0\text{kN} \cdot \text{m}$$

分段画出弯矩图，如图 8—16（c）所示。

例 8—9 在图 8—17（a）中，简支梁上均布载荷的集度 $q = 6\text{kN/m}$，集中力 $F = 6\text{kN}$。列出剪力方程和弯矩方程，并绘 F_S、M 图。

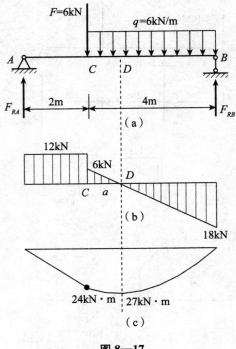

图 8—17

解：1. 求支反力

$$F_{RB} = 12\text{kN}, \quad F_{RD} = 18\text{kN}$$

2. 分段

按梁支承和外力情况将其分为 AC、CB 两段。

3. 求端值，并绘 F_S、M 图

（1）剪力图。AB 段：$q(x) \equiv 0$，$F_S(x) \equiv \text{const}$，$F_S$ 图水平直线段，$M(x)$ 是 x 的一次函数，M 图斜直线。

$$F_S = F_{RA} = 12\text{kN}$$

CB 段：$q(x) \equiv \text{const}$，$F_S(x)$ 是 x 的一次函数，F_S 图斜直线段，只需确定两个端点值即可。

$$F_{C右} = F_{RA} - F = 6\text{kN}, \quad F_{B左} = F_{RA} - F - q \times 4 = -18\text{kN}$$

分段画出剪力图，如图 8—17（b）所示。

（2）弯矩图。AB 段：$q(x) \equiv 0$，$F_S(x) \equiv \text{const}$，$F_S$ 图水平直线段，$M(x)$ 是 x 的一次函数，M 图斜直线，只需确定端点值即可。

$$M_{A右} = 0, \quad M_C = F_{RA} \times 2 = 24\text{kN} \cdot \text{m}$$

CB 段：$q(x) \equiv \text{const}$，$F_S(x)$ 是 x 的一次函数，F_S 图斜直线段，$M(x)$ 是 x 的二次函数，而 q 向下，因此 M 图是凸向下凹向上的二次斜抛物线，只需确定极值和端点值即可。

160

$$M_{B左} = M_C = F_{RA} \times 2 = 24 \text{kN} \cdot \text{m}$$

由 q、F_S 和 M 间的微分关系可知，剪力为 0 的截面为弯矩取得极值截面，即 D 截面，下面确定 D 点位置：

由三角形相似关系可知，$\dfrac{a}{4-a} = \dfrac{6}{18}$，$a = 1\text{m}$。

$$M_D = F_{RA} \times 3 - F \times 1 - \frac{1}{2} \times q \times 1^2 = 27 \text{kN} \cdot \text{m}$$

分段画出弯矩图，如图 8—17（c）所示。

例 8—10 外伸梁及其所受载荷如图 8—18（a）所示，试作梁的剪力图和弯矩图。

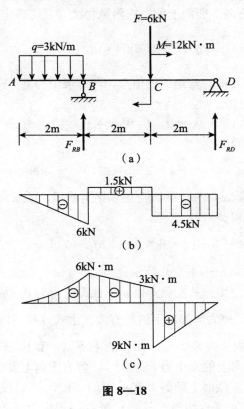

图 8—18

解：1. 求支反力

由平衡方程式 $\sum M_B = 0$ 及 $\sum M_A = 0$，得

$$F_{RB} = 7.5 \text{kN}, \quad F_{RD} = 4.5 \text{kN}$$

2. 分段

按梁支承和外力情况将其分为 AB、BC、CD 三段。

3. 求端值，并绘 F_S、M 图

（1）剪力图。AB 段：$q(x) \equiv \text{const}$，$F_S(x)$ 是 x 的一次函数，F_S 图斜直线段，只需确

161

定两个端点值即可。

$$F_{A右} = 0, \quad F_{SB左} = -q \times 2 = -6kN$$

BC 段：$q(x) \equiv 0$，$F_S(x) \equiv \text{const}$，$F_S$ 图水平直线段。

$$F_S = F_{RB} - q \times 2 = 1.5kN$$

CD 段：$q(x) \equiv 0$，$F_S(x) \equiv \text{const}$，$F_S$ 图水平直线段。

$$F_S = F_{RB} - q \times 2 - F = -4.5kN$$

分段画出剪力图，如图 8—18（b）所示。

（2）弯矩图。AB 段：$q(x) \equiv \text{const}$，$F_S(x)$ 是 x 的一次函数，$M(x)$ 是 x 的二次函数，而 q 向下，因此 M 图是凸向下凹向上的二次斜抛物线，只需确定端点值和弯矩极值即可。

$$M_{A右} = 0 \quad M_B = -\frac{1}{2} \times q \times 2^2 = -6kN \cdot m$$

A 处剪力为 0，端点 A 即为弯矩的极值点，弯矩极值为 0。只需用抛物线连接两端点，且抛物线在 A 处与横轴相切。

BC 段：$q(x) \equiv 0$，$F_S(x) \equiv \text{const}$，$F_S$ 图水平直线段，$M(x)$ 是 x 的一次函数，M 图斜直线。只需确定端点值即可。

$$M_B = -6kN \cdot m \quad M_{C左} = F_{RB} \times 2 - q \times 2 \times 3 = -3kN \cdot m$$

CD 段：$q(x) \equiv 0$，$F_S(x) \equiv \text{const}$，$F_S$ 图水平直线段，$M(x)$ 是 x 的一次函数，M 图斜直线，只需确定端点值即可。

$$M_{C右} = M_{C左} + M = -3 + 12 = 9kN \cdot m \quad M_D = 0$$

分段画出弯矩图，如图 8—18（c）所示。

下面介绍简便法画剪力图：从左侧开始，A 截面剪力为 0，从 A 截面到 B 截面之间的载荷为均布载荷且 $q < 0$，剪力图为向下的斜直线。由式（e）可知：$F_{SB左} = -\int_{x_1}^{x_2} q(x)\mathrm{d}x + F_{SA}$，即负的分布荷载面积 $-3 \times 2 = -6kN$ 加上 F_{SA}，算出 B 左侧截面上的剪力 $F_{SB左}$ 为 $-6kN$；截面 B 处有一向上的集中力 F_{RB}（↑），剪力图向上发生突变，突变的数值等于 F_{RB}（7.5kN），算出 B 右侧截面上的剪力 $F_{SB右}$ 为 1.5kN，BC 段荷载集度为零，BC 段剪力为常数 1.5kN，剪力图水平直线段；截面 C 处有一集中力 F（↓），剪力图向下发生突变，突变的数值等于 F（6kN），故 C 右侧截面上的剪力 $F_{SC右} = F_{SC左} - F = -4.5kN$，同理 CD 段荷载集度为零，CD 段剪力为常数 $-4.5kN$，剪力图水平直线段；在截面 D 处，有一集中力 F_{RD}（↑），剪力图向上发生突变，突变的数值为 F_R（4.5kN），于是剪力图自行封闭，如图 8—18（b）所示。

8.5 叠加法作弯矩图

以上建立梁的内力方程式及作剪力图与弯矩图，是根据梁变形前的尺寸进行的，即按梁的初始尺寸进行。在小变形下，按初始尺寸求梁的内力，与按变形后所得结果几乎没有差异。由于是按初始尺寸进行计算的，弯矩方程、剪力方程都是外力的一次函数，所以，当梁上有多个外力作用时，各外力所引起的内力互不相关，梁的内力随各个外力按线性规律变化。因此，可以分别计算各外力所引起的内力，然后进行叠加，这一方法称为**叠加法**。

例如图 8—19 所示一悬臂梁作用有集中力 F 和均布荷载 q，其固定端支座反力为

$$F_{RA} = F + ql$$

$$M_A = Fl + \frac{1}{2}ql^2$$

由于弯矩是外载的一次函数，因此将集中力 F 作用的图（b）情况与均布荷载 q 作用的图（c）情况的叠加，是与集中力 F 和均布荷载 q 共同作用下的图（a）情况等效的。所以分别画出力 F 单独作用的弯矩图（e）和 q 单独作用时的弯矩图（f），再将二弯矩图进行叠加。叠加时，是将相应纵坐标进行代数叠加，即将直线与二次抛物线叠加，叠加后仍为二次抛物线，弯矩图见图（d）。

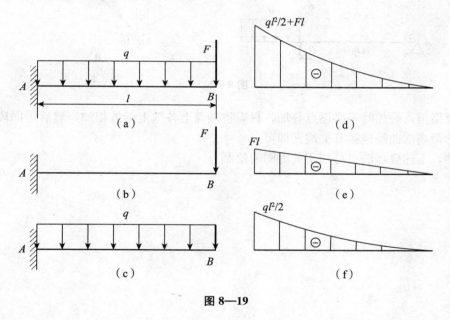

图 8—19

例 8—11 在如图 8—20（a）所示的外伸梁中，已知 q、l 且 $F = ql$，试按叠加法作弯矩图。

解： 将图 8—20（a）中所示受两种载荷作用的外伸梁分解为只受集中力 F 及只受均布载荷 q 作用的两种情况，分别作 M 图，如图 8—20（b）、（c）所示。

将图 8—20（b）、（c）中的 M 图的纵坐标值按对应截面代数相加，得图 8—20（d）所示给定梁的 M 图。叠加时，AD 与 DB 两段均是直线与直线叠加，叠加后仍是直线段，因此只要叠加端点 A、D、C 三个截面的弯矩值，即 $M_A = 0$，$M_D = \frac{1}{4}ql^2 - \frac{1}{16}ql^2 = \frac{3}{16}ql^2$，

$M_B = 0 - \frac{1}{8}ql^2 = -\frac{1}{8}ql^2$。BC 段叠加后仍是原曲线。由图可见，最大弯矩发生在集中力所在的横截面上，其值为

$$M_{max} = \frac{3}{16}ql^2$$

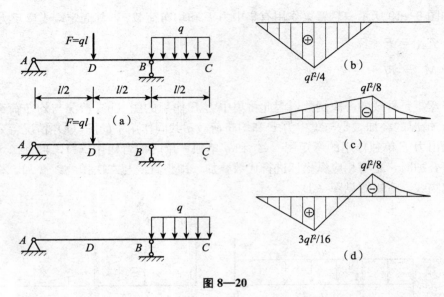

图 8—20

需要指出，叠加时不必逐点叠加，只需将端面上各纵坐标值相加，然后用同段内各弯矩图中的最高次曲线连接有关端面即可。

显然，上述叠加法也可用于剪力图的绘制。

![习题]

8—1 试求图所示各梁中截面 1—1、2—2、3—3 上的剪力和弯矩。设 F、M、a、b、l 均为已知。

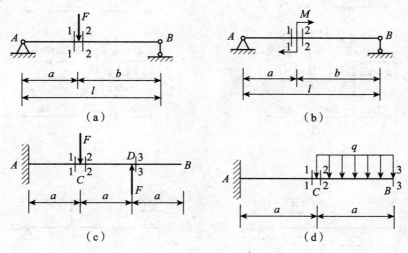

题 8—1 图

8—2 用简便方法求题 8—1 中 1—1、2—2、3—3 截面上的剪力和弯矩。

8—3 试列出下列梁的剪力方程、弯矩方程，并画出剪力图和弯矩图。

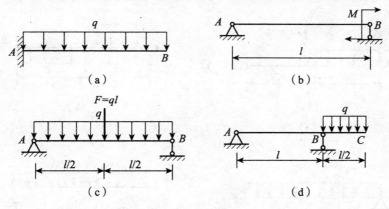

题 8—3 图

8—4 用弯矩、剪力、荷载集度间的微分关系画出下列各梁的剪力图和弯矩图。

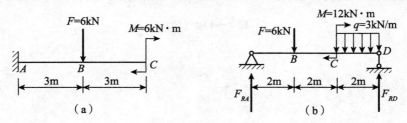

题 8—4 图

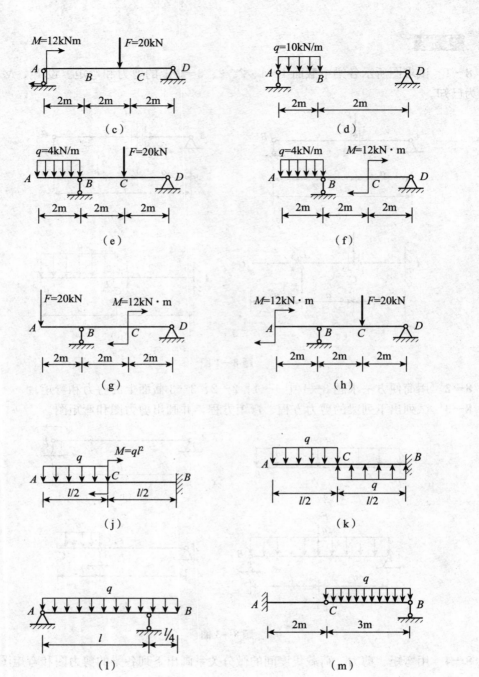

题 8—4 图 (续)

166

8—5 用叠加法画出下列各梁的剪力图和弯矩图。

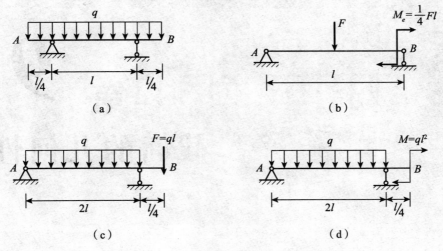

（a）

（b）

（c）

（d）

题 8—5 图

第 9 章
截面的几何性质

9.1 截面的静矩和形心

一、静矩

如图 9—1 所示的任一平面图形，其面积表示为 A，在其内部任取一微面积 $\mathrm{d}A$，坐标为 (y, z)，则称 $y \cdot \mathrm{d}A$ 为该微面积对 z 轴的静矩，称 $z \cdot \mathrm{d}A$ 为该微面积对 y 轴的静矩。那么以下两积分式分别定义为该截面对于 z 轴和 y 轴的静矩：

$$\begin{cases} S_z = \displaystyle\int_A y\,\mathrm{d}A \\ S_y = \displaystyle\int_A z\,\mathrm{d}A \end{cases} \tag{9—1}$$

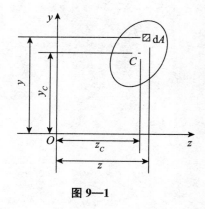

图 9—1

由积分可知静矩可正、可负，也可为零，其单位为 m^3。

二、形心

由理论力学静力学中均质等厚薄板重心的公式可得

$$\begin{cases} y_C = \dfrac{\displaystyle\int_A y\,\mathrm{d}A}{A} = \dfrac{S_z}{A} \\[4mm] z_C = \dfrac{\displaystyle\int_A z\,\mathrm{d}A}{A} = \dfrac{S_y}{A} \end{cases} \tag{9-2}$$

或

$$\begin{cases} S_z = Ay_C \\ S_y = Az_C \end{cases} \tag{9-3}$$

如果 z 轴或 y 轴通过截面形心，则 y_C 或 z_C 等于零。由式（9-3）可知，此时 $S_z=0$ 或 $S_y=0$。即<u>截面对通过其形心的轴的静矩等于零；反之，若截面对某轴的静矩为零，则该轴也一定过截面形心</u>。

三、组合图形的静矩和形心

如果一个平面图形是由若干个简单图形组成的组合图形，则由静矩的定义可知，整个图形对某轴的静矩应该等于各简单图形对同一轴的静矩的代数和。即

$$\begin{cases} S_z = \displaystyle\sum_{i=1}^{n} A_i y_{Ci} \\[3mm] S_y = \displaystyle\sum_{i=1}^{n} A_i z_{Ci} \end{cases} \tag{9-4}$$

式中 A_i、y_{Ci} 和 z_{Ci} 分别表示某一组成部分的面积及其形心坐标，n 为简单图形的个数。

将式（9-4）代入式（9-3），得到组合图形形心坐标的计算公式为

$$\begin{cases} y_C = \dfrac{\displaystyle\sum_{i=1}^{n} A_i y_{Ci}}{\displaystyle\sum_{i=1}^{n} A_i} \\[6mm] z_C = \dfrac{\displaystyle\sum_{i=1}^{n} A_i z_{Ci}}{\displaystyle\sum_{i=1}^{n} A_i} \end{cases} \tag{9-5}$$

例 9-1　如图 9-2 所示为对称 T 形截面：（1）求该截面的形心位置。（2）求阴影部分面积对 z_0 轴的静矩。（3）z_0 轴以上部分面积对 z_0 轴的静矩和阴影部分面积对 z_0 轴的静矩有什么关系？

解：（1）建立直角坐标系 zOy，其中 y 为截面的对称轴。因图形相对于 y 轴对称，其形心一定在该对称轴上，因此 $z_C=0$，只需计算 y_C 值。将截面分成 Ⅰ、Ⅱ 两个矩形，则

$$A_1 = 0.08\text{m} \times 0.50\text{m} = 0.040\text{m}^2, \qquad A_2 = 0.15\text{m} \times 0.30\text{m} = 0.045\text{m}^2$$

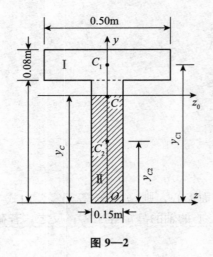

图 9—2

$$y_{C1} = 0.34\text{m}, \qquad y_{C2} = 0.15\text{m}$$

$$y_C = \frac{\sum\limits_{i=1}^{n} A_i y_{Ci}}{\sum\limits_{i=1}^{n} A_i} = \frac{A_1 y_{C1} + A_2 y_{C2}}{A_1 + A_2} = \frac{0.04 \times 0.34 + 0.045 \times 0.15}{0.04 + 0.045} = 0.239\ \text{m}$$

（2）阴影部分对 z_0 轴的静矩：

$$s_{z_0} = A \cdot y'_C = 0.239 \times 0.15 \cdot \frac{0.239}{2} = 0.043\text{m}^3$$

（3）z_0 轴以上部分面积对 z_0 轴的静矩：

$$s'_{z_0} = 0.5 \cdot 0.08 \cdot (0.04 + 0.061) + 0.15 \cdot 0.061 \cdot \frac{0.061}{2} = 0.0043\text{m}^3$$

可见 z_0 轴以上部分面积对 z_0 轴的静矩和阴影部分面积对 z_0 轴的静矩相等。

例 9—2 试计算如图 9—3 所示三角形截面对与其底边重合的 z 轴的静矩。

解： 方法一：如图所示，取平行于 z 轴的狭长条作为面积元素，即 $dA = b\,(y)\,dy$。由相似三角形关系，可知 $b(y) = \dfrac{b}{h}(h-y)dy$。将其代入式（9—1）的第二式，即得

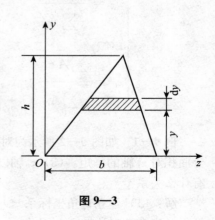

图 9—3

$$S_z = \int_A y\,dA = \int_0^h \frac{b}{h}(h-y)y\,dy$$

$$= b\int_0^h y\,dy - \frac{b}{h}\int_0^h y^2\,dy = \frac{bh^2}{6}$$

170

方法二：$S_z = A \cdot y_C = \dfrac{1}{2}bh \cdot \dfrac{1}{3}h = \dfrac{1}{6}bh^2$。

9.2　截面的惯性矩和惯性积

一、惯性矩和极惯性矩

如图 9—4 所示为任一平面图形，其面积为 A，在图形平面内建立平面直角坐标系 zOy。在图形内部任取一微面积 dA，坐标为 (y, z)，且到坐标原点 O 的距离为 ρ，则称 $y^2 dA$ 和 $z^2 dA$ 为该微面积 dA 对 z 轴和 y 轴的惯性矩，称 $\rho^2 dA$ 为微面积 dA 对坐标原点的极惯性矩。那么以下三个积分分别定义为该截面对 z 轴和 y 轴的惯性矩以及对坐标原点 O 的极惯性矩：

$$\begin{cases} I_z = \displaystyle\int_A y^2 \, dA \\[2mm] I_y = \displaystyle\int_A z^2 \, dA \\[2mm] I_P = \displaystyle\int_A \rho^2 \, dA \end{cases} \qquad (9-6)$$

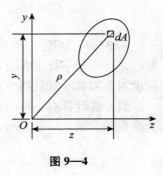

图 9—4

由图 9—4 可见，$\rho^2 = y^2 + z^2$，所以有

$$I_P = \int_A \rho^2 \, dA = \int_A (y^2 + z^2) \, dA = I_z + I_y \quad (9-7)$$

即截面对任一对相互垂直的坐标轴的惯性矩之和等于截面对该二轴交点的极惯性矩。

二、惯性积

如图 9—4 所示，称 $zy dA$ 为该微面积 dA 对 y、z 二轴的惯性积，那么积分

$$I_{yz} = \int_A zy \, dA \qquad (9-8)$$

定义为该截面对于 y、z 二轴的惯性积 I_{yz}。

从上述定义可见，同一截面对于不同坐标轴的惯性矩和惯性积一般是不同的，而极惯性矩是对点（称极点）来说的，同一截面对不同点的极惯性矩值也各不相同。惯性矩和极惯性矩的数值恒为正值，而惯性积则可能为正，可能为负，也可能等于零。惯性矩、极惯性矩和惯性积的常用单位是 m^4。

例 9—3　如图 9—5 所示直径为 d 的圆截面，求：（1）阴影部分面积对 z 轴的惯性矩；（2）整个圆截面对 z 轴的惯性矩；（3）圆截面对圆心 O 的极惯性矩。

解：（1）阴影部分面积对 z 轴的惯性矩：

在距离 z 轴为 y 处取高为 dy 的狭长面积，其面积记为 dA，且

$$dA = 2\sqrt{\left(\frac{d}{2}\right)^2 - y^2}\,dy$$

$$I_z' = \int_A y^2\,dA = \int_0^{\frac{d}{2}} y^2 \cdot 2\sqrt{\left(\frac{d}{2}\right)^2 - y^2}\,dy = \frac{\pi d^4}{128}$$

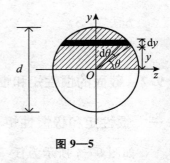

图 9—5

（2）整个截面对 z 轴的惯性矩：

$$I_z = 2I_z' = \frac{\pi d^4}{64}$$

（3）因为圆截面为极对称图形，所以

$$I_y = I_z = \frac{\pi d^4}{64}$$

圆截面对圆心 O 的极惯性矩为

$$I_P = I_y + I_z = 2I_z = \frac{\pi d^4}{32}$$

例 9—4　如图 9—6 所示为一矩形截面，z、y 轴均通过形心，且 z 轴平行于底边，y 轴平行于侧边。试计算该矩形截面对 z 轴和 y 轴的惯性矩。

解：先计算对 z 轴的惯性矩。取平行于 z 轴的阴影面积为微面积，则 $dA = b \cdot dy$

$$I_z = \int_A y^2\,dA = \int_{-\frac{h}{2}}^{\frac{h}{2}} by^2\,dy = \frac{bh^3}{12}$$

同理可求得对 y 轴的惯性矩为

$$I_y = \int_A z^2\,dA = \int_{-\frac{b}{2}}^{\frac{b}{2}} hz^2\,dz = \frac{hb^3}{12}$$

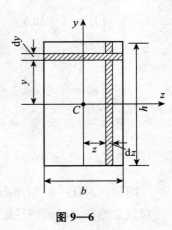

图 9—6

9.3　平行移轴公式　惯性主轴和主惯性矩

一、惯性矩的平行移轴公式

如图 9—7 所示为任一截面，其面积为 A，z、y 为通过截面形心 C 的一对正交轴，z_1、y_1 轴分别与 z、y 平行，截面形心 C 在坐标系 $z_1 O y_1$ 中的坐标为 (b, a)。已知截面对 z、y 轴的惯性矩为 I_z、I_y，下面求截面对 z_1、y_1 轴的惯性矩 I_{z_1}、I_{y_1}。

根据定义，截面对 z_1 轴的惯性矩为

$$I_{z_1} = \int_A y_1^2\,dA$$

由图 9—7 可知，$y_1 = y + a$，将其代入上式

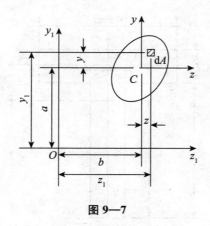

图 9—7

$$I_{z_1} = \int_A y_1^2 \mathrm{d}A = \int_A (y+a)^2 \mathrm{d}A = \int_A y^2 \mathrm{d}A + 2a\int_A y\,\mathrm{d}A + a^2\int_A \mathrm{d}A = I_z + 2aS_z + a^2 A$$

因 z 轴通过截面的形心，故 $S_z = 0$，从而得

$$I_{z_1} = I_z + a^2 A \tag{9—9}$$

同理可得

$$I_{y_1} = I_y + b^2 A \tag{9—10}$$

式（9—9）、式（9—10）称为惯性矩的平行移轴公式。

二、惯性主轴和主惯性矩

由惯性积的定义可知，通过截面上的任何一点均可找到一对相互垂直的坐标轴使得截面对该二轴的惯性积为零，则这一对坐标轴称为该截面的惯性主轴，简称主轴。截面对惯性主轴的惯性矩称为主惯性矩。通过截面形心的主惯性轴称为形心主惯性轴，截面对形心主惯性轴的惯性矩叫作形心主惯性矩。

工程中常遇到组合截面，这些组合截面有的是由几个简单图形组成的，有的是由几个型钢截面组成的。在计算组合截面对某轴的惯性矩时，根据惯性矩的定义，可分别计算各组成部分对该轴的惯性矩，然后再相加。

例 9—5 求例 9—1 中截面的形心主惯性矩，如图 9—8 所示。

解：在例题 9—1 中已求出形心位置为

$$z_C = 0, \quad y_C = 0.239\mathrm{m}$$

下面讨论惯性积。y 轴为截面的对称轴，在 y 轴两侧对称位置取相同的面积 $\mathrm{d}A$，由于处在相同位置的 $zy\mathrm{d}A$ 值大小相等、符号相反，因此该二微面积对 z、y 轴的惯性积之和等于零。将此推广到整个截面，则有

$$I_{zy} = \int_A yz\,\mathrm{d}A = 0$$

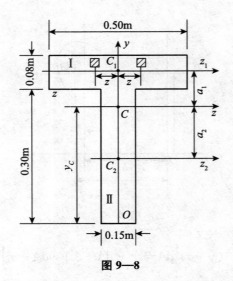

图 9—8

这说明：只要 z、y 轴之一为截面的对称轴，则截面对该二轴的惯性积一定等于零。因此 z、y 轴是 T 形截面的形心主惯性轴。

z 轴到两个矩形形心的距离分别为

$$a_1 = 0.101\text{m}, \quad a_2 = 0.089\text{m}$$

截面对 z 轴的惯性矩为两个矩形对 z 轴的惯性矩之和，即

$$
\begin{aligned}
I_z &= I_z^{\text{I}} + I_z^{\text{II}} = I_{z_1}^{\text{I}} + a_1^2 A_{\text{I}} + I_{z_2}^{\text{II}} + a_2^2 A_{\text{II}} \\
&= \frac{0.5 \times 0.08^3}{12} + 0.5 \times 0.08 \times 0.101^2 + \frac{0.15 \times 0.3^3}{12} + 0.15 \times 0.3 \times 0.089^2 \\
&= 1.123 \times 10^{-3}\,\text{m}^4
\end{aligned}
$$

截面对 y 轴的惯性矩为

$$I_y = I_y^{\text{I}} + I_y^{\text{II}} = \frac{0.08 \times 0.5^3}{12} + \frac{0.3 \times 0.15^3}{12} = 0.918 \times 10^{-3}\,\text{m}^4$$

174

9—1 如图所示，边长为 a 的正方形截面，试分析：是不是正方形截面所有的形心轴都是形心主惯性轴？形心主惯性矩是不是都相等？

9—2 如图所示，（1）求阴影部分面积对形心主惯性轴的静矩；（2）求工字形截面的形心主惯性矩。

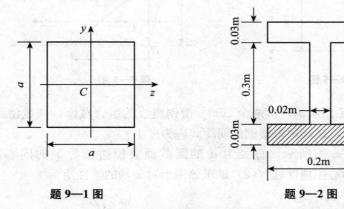

题 9—1 图   题 9—2 图

9—3 如图所示，矩形截面和同底同高的平行四边形截面对其形心轴的惯性矩 I_z 和 I_y 是否相等？

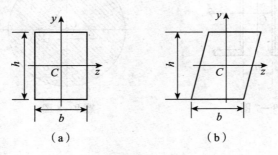

（a）   （b）

题 9—3 图

9—4 确定图中各图形的形心位置，并求各平面图形的形心主惯性矩。

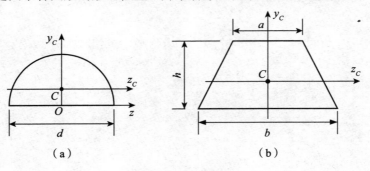

（a）   （b）

题 9—4 图

9—5 试求图中边长为 a 的正方形截面对 z、y 轴的惯性矩和对坐标原点 O 的极惯性矩。

9—6 如题 9—6 图所示，求三角形截面对 z 轴和 z_0 轴的惯性矩。

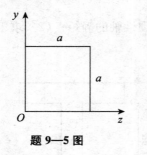

题 9—5 图

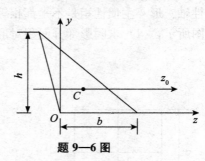

题 9—6 图

9—7 如题 9—7 图所示，由两个 20a 号槽钢组成的组合截面，如欲使此截面对两个对称轴的惯性矩相等，试问两根槽钢的间距 a 应为多少？

9—8 如题 9—8 图所示，直径为 d 的圆截面去掉边长为 a 的同心等边三角形。（1）z、y 轴是不是形心主惯性轴？（2）试求该图形对 z 轴的惯性矩。

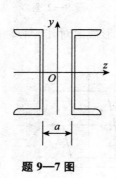

题 9—7 图

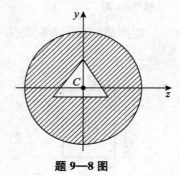

题 9—8 图

第*10*章
弯 曲 应 力

前一章讨论了梁在弯曲时的内力——剪力和弯矩。但是，要解决梁的弯曲强度问题，只了解梁的内力是不够的，还必须研究梁的弯曲应力，应该知道梁在弯曲时，横截面上有什么应力，如何计算各点的应力。

在一般情况下，横截面上有两种内力——剪力和弯矩。由于剪力是横截面上切向内力系的合力，所以它必然与切应力有关；而弯矩是横截面上法向内力系的合力偶矩，所以它必然与正应力有关。由此可见，梁横截面上有剪力 F_S 时，就必然有切应力 τ；有弯矩 M 时，就必然有正应力 σ。为了解决梁的强度问题，本章将分别研究正应力与切应力的计算。

10.1 弯曲正应力

一、纯弯曲梁的正应力

由前节知道，正应力只与横截面上的弯矩有关，而与剪力无关。因此，以横截面上只有弯矩而无剪力作用的弯曲情况来讨论弯曲正应力问题。

在梁的各横截面上只有弯矩而剪力为零的弯曲，称为纯弯曲。如果在梁的各横截面上，同时存在着剪力和弯矩两种内力，这种弯曲称为横力弯曲或剪切弯曲。例如在图 10—1 所示的简支梁中，BC 段为纯弯曲，AB 段和 CD 段为横力弯曲。

分析纯弯曲梁横截面上正应力的方法、步骤与分析圆轴扭转时横截面上切应力一样，需要综合考虑问题的变形方面、物理方面和静力学方面。

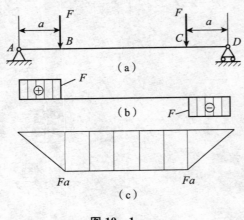

图 10—1

变形方面　为了研究与横截面上正应力相应的纵向线应变，首先观察梁在纯弯曲时的变形现象。为此，取一根具有纵向对称面的等直梁，例如图 10—2（a）所示的矩形截面梁，并在梁的侧面上画出垂直于轴线的横向线 $m-m$、$n-n$ 和平行于轴线的纵向线 $d-d$、$b-b$。然后在梁的两端加一对大小相等、方向相反的力偶 M_e，使梁产生纯弯曲。此时可以观察到如下的变形现象：

纵向线弯曲后变成了弧线 $a'a'$、$b'b'$，靠顶面的 aa 线缩短了，靠底面的 bb 线伸长了。横向线 $m-m$、$n-n$ 在梁变形后仍为直线，但相对转过了一定的角度，且仍与弯曲了的纵向线保持正交，如图 10—2（b）所示。

梁内部的变形情况无法直接观察，但根据梁表面的变形现象对梁内部的变形进行如下假设：

（1）平面假设：梁所有的横截面变形后仍为平面，且仍垂直于变形后的梁的轴线。

（2）单向受力假设：认为梁由许许多多根纵向纤维组成，各纤维之间没有相互挤压，每根纤维均处于拉伸或压缩的单向受力状态。

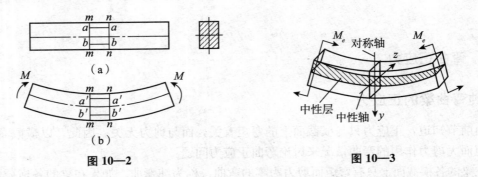

图 10—2　　　　　　　　　　图 10—3

根据平面假设，前面由实验观察到的变形现象已经可以推广到梁的内部。即梁在纯弯曲变形时，横截面保持平面并作相对转动，靠近上面部分的纵向纤维缩短，靠近下面部分的纵向纤维伸长。由于变形的连续性，中间必有一层纵向纤维既不伸长也不缩短，这层纤维称为中性层（图 10—3）。中性层与横截面的交线称为中性轴。由于外力偶作用在梁的纵

178

向对称面内，因此梁的变形也应该对称于此平面，在横截面上就是对称于对称轴。所以中性轴必然垂直于对称轴，但具体在哪个位置上，目前还不能确定。

考察纯弯曲梁某一微段 dx 的变形（图 10—4）。设弯曲变形以后，微段左右两横截面的相对转角为 $d\theta$，则距中性层为 y 处的任一层纵向纤维 bb 变形后的弧长为

$$b'b' = (\rho + y)d\theta$$

式中，ρ 为中性层的曲率半径。该层纤维变形前的长度与中性层处纵向纤维 OO 长度相等，又因为变形前、后中性层内纤维 OO 的长度不变，故有

$$bb = OO = O'O' = \rho d\theta$$

由此得距中性层为 y 处的任一层纵向纤维的线应变

$$\varepsilon = \frac{b'b' - bb}{bb} = \frac{(\rho + y)d\theta - \rho d\theta}{\rho d\theta} = \frac{y}{\rho} \tag{a}$$

上式表明，线应变 ε 随 y 按线性规律变化。

物理方面　根据单向受力假设，且材料在拉伸及压缩时的弹性模量 E 相等，则由胡克定律得

$$\sigma = E\varepsilon = E\frac{y}{\rho} \tag{b}$$

式（b）表明，纯弯曲时的正应力按线性规律变化，横截面上中性轴处 $y = 0$，因而 $\sigma = 0$，中性轴两侧，一侧受拉应力，另一侧受压应力，与中性轴距离相等各点的正应力数值相等（图 10—5）。

静力学方面　虽然已经求得了由式（b）表示的正应力分布规律，但因曲率半径 r 和中性轴的位置尚未确定，所以不能用式（b）计算正应力，还必须由静力学关系来解决。

在图 10—5 中，取中性轴为 z 轴，过 z、y 轴的交点并沿横截面外法线方向的轴为 x 轴，作用于微面积 dA 上的法向微内力为 σdA。在整个横截面上，各微面积上的微内力构成一个空间平行力系。由静力学关系可知，应满足 $\sum F_x = 0$，$\sum M_y = 0$，$\sum M_z = 0$ 三个平衡方程。

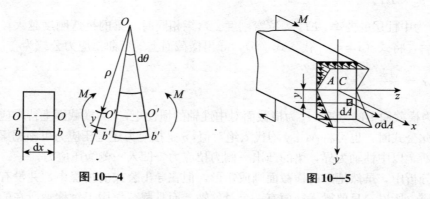

图 10—4　　　　　　　　　图 10—5

由于所讨论的梁横截面上没有轴力，$F_N = 0$，故由 $\sum F_x = 0$，得

179

$$F_N = \int_A \sigma \mathrm{d}A = 0 \tag{c}$$

将式（b）代入式（c），得

$$\int_A \sigma \mathrm{d}A = \int_A E\frac{y}{\rho}\mathrm{d}A = \frac{E}{\rho}\int_A y\mathrm{d}A = \frac{E}{\rho}S_z = 0$$

式中，E/r 恒不为零，故必有静矩 $S_z = \int_A y\mathrm{d}A = 0$，由第 9 章知道，只有当 z 轴通过截面形心时，静矩 S_z 才等于零。由此可得结论：中性轴 z 通过横截面的形心。这样就完全确定了中性轴在横截面上的位置。

由于所讨论的梁横截面上没有内力偶 M_y，因此，由 $\sum M_y = 0$ 得

$$M_y = \int_A z\sigma \mathrm{d}A = 0 \tag{d}$$

将式（b）代入式（d），得

$$\int_A z\sigma \mathrm{d}A = \frac{E}{\rho}\int_A yz\mathrm{d}A = \frac{E}{\rho}I_{yz} = 0$$

上式中，由于 y 轴为对称轴，故 $I_{yz} = 0$，平衡方程 $\sum M_y = 0$ 自然满足。

纯弯曲时各横截面上的弯矩 M 均相等，因此，由 $\sum M_z = 0$ 得

$$M = \int_A y\sigma \mathrm{d}A \tag{e}$$

将式（b）代入式（e），得

$$M = \int_A yE\frac{y}{\rho}\mathrm{d}A = \frac{E}{\rho}\int_A y^2\mathrm{d}A = \frac{E}{\rho}I_z \tag{f}$$

由式（f）得

$$\frac{1}{\rho} = \frac{M}{EI_z} \tag{10-1}$$

式中，$1/\rho$ 为中性层的曲率，EI_z 为抗弯刚度。弯矩相同时，梁的抗弯刚度越大，梁的曲率越小。最后，将式（10-1）代入式（b），导出横截面上的弯曲正应力公式为

$$\sigma = \frac{My}{I_z} \tag{10-2}$$

式中，M 为横截面上的弯矩，I_z 为横截面对中性轴的惯性矩，y 为横截面上待求应力的 y 坐标。应用此公式时，也可将 M、y 均代入绝对值，σ 是拉应力还是压应力可根据梁的变形情况直接判断。以中性轴为界，梁的凸出一侧为拉应力，凹入一侧为压应力。

以上分析中，虽然把梁的横截面画成矩形，但在导出公式的过程中，并没有使用矩形的几何性质。所以，只要梁横截面有一个对称轴，而且载荷作用于对称轴所在的纵向对称面内，式（10-1）和式（10-2）就适用。

由式（10－2）可见，横截面上的最大弯曲正应力发生在距中性轴最远的点上。用 y_{max} 表示最远点至中性轴的距离，则最大弯曲正应力为

$$\sigma_{max} = \frac{My_{max}}{I_z}$$

上式可改写为

$$\sigma_{max} = \frac{M}{W_z} \qquad (10-3)$$

其中

$$W_z = \frac{I_z}{y_{max}} \qquad (10-4)$$

W_z 为抗弯截面系数，是仅与截面形状及尺寸有关的几何量，量纲为 ［长度］^{3}。高度为 h、宽度为 b 的矩形截面梁，其抗弯截面系数为

$$W_z = \frac{bh^3/12}{h/2} = \frac{bh^2}{6}$$

直径为 D 的圆形截面梁的抗弯截面系数为

$$W_z = \frac{\pi D^4/64}{D/2} = \frac{\pi D^3}{32}$$

工程中常用的各种型钢，其抗弯截面系数可从附录的型钢表中查得。当横截面对中性轴不对称时，其最大拉应力及最大压应力将不相等。用式（10－3）计算最大拉应力时，可在式（10－4）中取 y_{max} 等于最大拉应力点至中性轴的距离；计算最大压应力时，在式（10－2）中应取 y_{max} 等于最大压应力点至中性轴的距离。

例 10－1　受纯弯曲的空心圆截面梁如图 10－6（a）所示。已知弯矩 $M = 1\text{kN} \cdot \text{m}$，外径 $D = 50\text{mm}$，内径 $d = 25\text{mm}$。试求横截面上 a、b、c 及 d 四点的应力，并绘过 a、b 两点的直径线及过 c、d 两点弦线上各点的应力分布图。

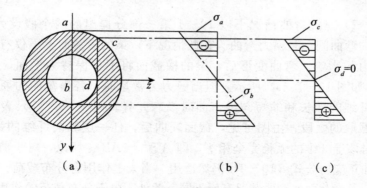

图 10－6

解：（1）求 I_z

$$I_z = \frac{\pi(D^4 - d^4)}{64} = \frac{\pi(50^4 - 25^4)}{64} \times (10^{-3})^4 \text{m}^4 = 2.88 \times 10^{-7} \text{m}^4$$

（2）求 σ

a 点：

$$y_a = \frac{D}{2} = 25\text{mm}$$

$$\sigma_a = \frac{M}{I_z} y_a = \frac{1 \times 10^3}{2.88 \times 10^{-7}} \times 25 \times 10^{-3} \text{Pa} = 86.8\text{MPa （压应力）}$$

b 点：

$$y_b = \frac{d}{2} = 12.5\text{mm}$$

$$\sigma_b = \frac{M}{I_z} y_b = \frac{1 \times 10^3}{2.88 \times 10^{-7}} \times 12.5 \times 10^{-3} \text{Pa} = 43.4\text{MPa （拉应力）}$$

c 点：

$$y_c = \left(\frac{D^2}{4} - \frac{d^2}{4}\right)^{\frac{1}{2}} = \left(\frac{50^2}{4} - \frac{25^2}{4}\right)^{\frac{1}{2}} \text{mm} = 21.7\text{mm}$$

$$\sigma_c = \frac{M}{I_z} y_c = \frac{1 \times 10^3}{2.88 \times 10^{-7}} \times 21.7 \times 10^{-3} \text{Pa} = 75.3\text{MPa （压应力）}$$

d 点：

$$y_d = 0$$

$$\sigma_d = \frac{M}{I_z} y_d = 0$$

给定的弯矩为正值，梁凹向上，故 a 及 c 点是压应力，而 b 点是拉应力。过 a、b 的直径线及过 c、d 的弦线上的应力分布图如图 10—6（b）、（c）所示。

二、横力弯曲梁的正应力

公式（10—2）是纯弯曲情况下以 10—1 第一部分提出的两个假设为基础导出的。工程上最常见的弯曲问题是横力弯曲。在此情况下，梁的横截面上不仅有弯矩，而且有剪力。由于剪力的影响，弯曲变形后，梁的横截面将不再保持为平面，即发生所谓的"翘曲"现象，如图 10—7（a）所示。但当剪力为常量时，各横截面的翘曲情况完全相同，因而纵向纤维的伸长和缩短与纯弯曲时没有差异。图 10—7（b）表示从变形后的横力弯曲梁上截取的微段，由图可见，截面翘曲后，任一层纵向纤维的弧长 $A'B'$ 与横截面保持平面时该层纤维的弧长完全相等，即 $A'B' = AB$。所以，对于剪力为常量的横力弯曲，纯弯曲正应力公式（10—2）仍然适用。当梁上作用有分布载荷，横截面上的剪力连续变化时，各横截面的翘曲情况有所不同。此外，由于分布载荷的作用，使得平行于中性层的各层纤维之间存在挤压应力。但理论分析结果表明，对于横力弯曲梁，当跨度与高度之比 l/h 大于 5 时，纯弯曲正应力计算公式（10—2）仍然是适用的，其结果能够满足工程精度要求。

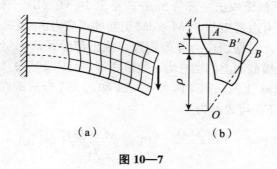

图 10—7

10.2 弯曲切应力

横力弯曲时，梁横截面上的内力除弯矩外还有剪力，因而在横截面上除正应力外还有切应力。本节按梁截面的形状，分几种情况讨论弯曲切应力。

一、矩形截面梁的切应力

在如图 10—8（a）所示矩形截面梁的任意截面上，剪力 F_S 皆与截面的对称轴 y 重合，见图 10—8（b）。现分析横截面内距中性轴为 y 处的某一横线 ss' 上的切应力分布情况。

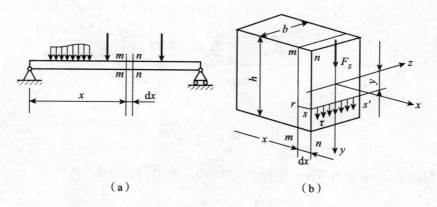

图 10—8

根据切应力互等定理可知，在截面两侧边缘的 s 和 s' 处，切应力的方向一定与截面的侧边相切，即与剪力 F_S 的方向一致。而由对称关系知，横线中点处切应力的方向，也必然与剪力 F_S 的方向相同。因此可认为横线 ss' 上各点处切应力都平行于剪力 F_S。由以上分析，我们对切应力的分布规律做以下两点假设：

（1）横截面上各点切应力的方向均与剪力 F_S 的方向平行。

（2）切应力沿截面宽度均匀分布。

现以横截面 $m-m$ 和 $n-n$ 从如图 10—8（a）所示梁中取出长为 dx 的微段，见图

183

10—9（a）。设作用于微段左、右两侧横截面上的剪力为 F_S，弯矩分别为 M 和 $M+dM$，再用距中性层为 y 的 rs 截面取出一部分 $mnsr$，见图 10—9（b）。该部分的左、右两个侧面 mr 和 ns 上分别作用有由弯矩 M 和 $M+dM$ 引起的正应力 σ_{mr} 及 σ_{ns}。除此之外，两个侧面上还作用有切应力 τ。根据切应力互等定理，截出部分顶面 rs 上也作用有切应力 τ'，其值与距中性层为 y 处横截面上的切应力 τ 数值相等，见图 10—9（b）、（c）。设截出部分 $mnsr$ 的两个侧面 mr 和 ns 上的法向微内力 $\sigma_{mr}\,dA$ 和 $\sigma_{ns}\,dA$ 合成的在 x 轴方向的法向内力分别为 F_{N1} 及 F_{N2}，则 F_{N2} 可表示为

$$F_{N2} = \int_{A1} \sigma_{ns}\,dA = \int_{A1} \frac{M+dM}{I_z} y_1\,dA = \frac{M+dM}{I_z}\int_{A_1} y_1\,dA = \frac{M+dM}{I_z}S_z^* \qquad \text{(a)}$$

同理

$$F_{N1} = \frac{M}{I_z}S_z^* \qquad \text{(b)}$$

式中，A_1 为截出部分 $mnsr$ 侧面 ns 或 mr 的面积，以下简称 S_z^* 为部分面积 A_1 对中性轴的静矩。

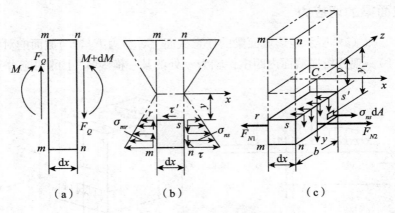

图 10—9

考虑截出部分 $mnsr$ 的平衡，见图 10—9（c）。由 $\sum F_x = 0$，得

$$F_{N2} - F_{N1} - \tau'b\,dx = 0 \qquad \text{(c)}$$

将式（a）及式（b）代入式（c），化简后得

$$\tau' = \frac{dM}{dx}\frac{S_z^*}{I_z b}$$

注意到上式中 $\frac{dM}{dx} = F_S$，并注意到 τ' 与 τ 数值相等，于是矩形截面梁横截面上的切应力计算公式为

$$\tau = \frac{F_S S_z^*}{I_z b} \qquad (10-5)$$

184

式中，F_S 为横截面上的剪力，b 为截面宽度，I_z 为横截面对中性轴的惯性矩，S_z^* 为横截面上部分面积对中性轴的静矩。

对于给定的高为 h、宽为 b 的矩形截面（图 10—10），计算出部分面积对中性轴的静矩如下

$$S_z^* = \int_{A_1} y_1 \, \mathrm{d}A = \int_y^{h/2} b y_1 \, \mathrm{d}y_1 = \frac{b}{2} \left(\frac{h^2}{4} - y^2 \right)$$

将上式代入式（10—5），得

$$\tau = \frac{F_S}{2I_z} \left(\frac{h^2}{4} - y^2 \right) \tag{10—6}$$

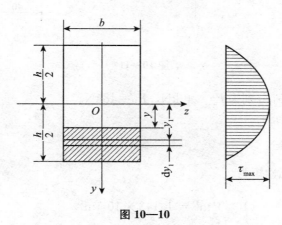

图 10—10

由式（10—6）可见，切应力沿截面高度按抛物线规律变化。当 $y = \pm h/2$ 时，$\tau = 0$，即截面的上、下边缘线上各点的切应力为零。当 $y = 0$ 时，切应力 τ 有极大值，这表明最大切应力发生在中性轴上，其值为

$$\tau_{\max} = \frac{F_S h^2}{8I_z}$$

将 $I_z = bh^3/12$ 代入上式，得

$$\tau_{\max} = \frac{3}{2} \frac{F_S}{bh} \tag{10—7}$$

可见，矩形截面梁横截面上的最大切应力为平均切应力 F_S/bh 的 1.5 倍。

根据剪切胡克定律，由式（10—6）可知切应变为

$$\gamma = \frac{\tau}{G} = \frac{F_S}{2GI_z} \left(\frac{h^2}{4} - y^2 \right) \tag{10—8}$$

式（10—8）表明，横截面上的切应变沿截面高度按抛物线规律变化。沿截面高度各点具有按非线性规律变化的切应变，这就说明横截面将发生扭曲。由式（10—8）可见，当剪力 F_S 为常量时，横力弯曲梁各横截面上对应点的切应变相等，因而各横截面扭曲情

况相同。

例 10—2 矩形截面梁的横截面尺寸如图 10—11（b）所示。集中力 $F=88\text{kN}$，试求 1—1 截面上的最大切应力以及 a、b 两点的切应力。

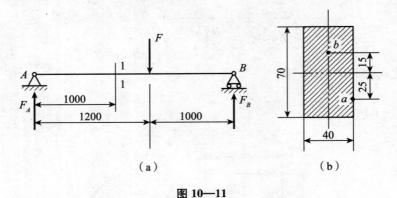

（a） （b）

图 10—11

解： 支反力 F_A、F_B 分别为 $F_A=40\text{kN}$，$F_B=48\text{kN}$。

1—1 截面上的剪力为

$$F_{S1}=F_A=40\text{kN}$$

截面对中性轴的惯性矩为

$$I_z=\frac{40\times 70^3}{12}\times(10^{-3})^4\text{m}^4=1.143\times 10^{-6}\text{m}^4$$

截面上的最大切应力为

$$\tau_{\max}=\frac{3}{2}\frac{F_{S1}}{A}=\frac{3\times 40\times 10^3}{2\times 40\times 70\times 10^{-6}}\text{Pa}=21.4\text{MPa}$$

a 点的切应力：

$$S_z^*=A_a y_a=40\times(\frac{70}{2}-25)\times 10^{-6}\times[25+\frac{1}{2}\times(\frac{70}{2}-25)]\times 10^{-3}\text{m}^3$$

$$=1.2\times 10^{-5}\text{m}^3$$

$$\tau_a=\frac{F_{Q1}S_z^*}{I_z b}=\frac{40\times 10^3\times 1.2\times 10^{-5}}{1.143\times 10^{-6}\times 40\times 10^{-3}}\text{Pa}=10.5\text{MPa}$$

b 点的切应力：

$$S_z^*=A_b y_b=40\times(\frac{70}{2}-15)\times 10^{-6}\times[15+\frac{1}{2}\times(\frac{70}{2}-15)]\times 10^{-3}\text{m}^3=2\times 10^{-5}\text{m}^3$$

$$\tau_b=\frac{F_{Q1}S_z^*}{I_z b}=\frac{40\times 10^3\times 2\times 10^{-5}}{1.143\times 10^{-6}\times 40\times 10^{-3}}\text{Pa}=17.5\text{MPa}$$

186

二、工字形截面梁的切应力

工字形截面由上、下翼缘及腹板构成，见图 10—12 （a），现分别研究腹板及翼缘上的切应力。

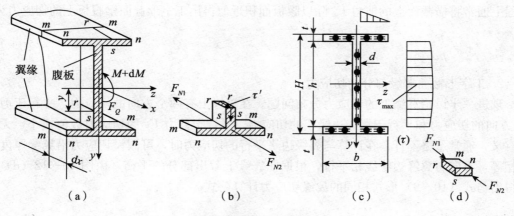

图 10—12

1. 工字形截面腹板部分的切应力

腹板是狭长矩形，因此关于矩形截面梁切应力分布的两个假设完全适用。在工字形截面梁上，用截面 $m-m$ 和 $n-n$ 截取 dx 长的微段，并在腹板上用距中性层为 y 的 rs 平面在微段上截取出一部分 $mnsr$，见图 10—12 （b）、（c），考虑 $mnsr$ 部分的平衡，可得腹板的切应力计算公式

$$\tau = \frac{F_S S_z^*}{I_z d} \tag{10-9}$$

式（10—9）与式（10—5）形式完全相同，式中 d 为腹板厚度。

计算出部分面积 A_l 对中性轴的静矩

$$S_z^* = \frac{1}{2}\left(\frac{H}{2}+\frac{h}{2}\right)b\left(\frac{H}{2}-\frac{h}{2}\right) + \frac{1}{2}\left(\frac{h}{2}+y\right)d\left(\frac{h}{2}-y\right)$$

代入式（10—9）整理，得

$$\tau = \frac{F_S}{8I_z d}\left[b(H^2-h^2) + 4d\left(\frac{h^2}{4}-y^2\right)\right] \tag{10-10}$$

由式（10—10）可见，工字形截面梁腹板上的切应力 τ 按抛物线规律分布，见图 10—12 （c）。以 $y=0$ 及 $y=\pm h/2$ 分别代入式（10—10），得中性层处的最大切应力及腹板与翼缘交界处的最小切应力分别为

$$\tau_{\max} = \frac{F_S}{8I_z d}\left[bH^2 - (b-d)h^2\right]$$

$$\tau_{\min} = \frac{F_S}{8I_z d}(bH^2 - bh^2)$$

187

由于工字形截面的翼缘宽度 b 远大于腹板厚度 d，即 $b \gg d$，所以由以上两式可以看出，τ_{max} 与 τ_{min} 实际上相差不大。因而，可以认为腹板上切应力大致是均匀分布的。若以图 10—12（c）中应力分布图的面积乘以腹板厚度 d，可得腹板上的剪力 F_{S1}。计算结果表明，F_{S1} 等于（0.95～0.97）F_S。可见，横截面上的剪力 F_S 绝大部分由腹板承受。因此，工程上通常将横截面上的剪力 F_S 除以腹板面积近似得出工字形截面梁腹板上的切应力为

$$\tau = \frac{F_S}{hd} \tag{10—11}$$

2. 工字形截面翼缘部分的切应力

现进一步讨论翼缘上的切应力分布问题。在翼缘上有两个方向的切应力：平行于剪力 F_S 方向的切应力和平行于翼缘边缘线的切应力。平行于剪力 F_S 的切应力数值极小，无实际意义，通常忽略不计。在计算与翼缘边缘平行的切应力时，可假设切应力沿翼缘厚度大小相等，方向与翼缘边缘线相平行，根据在翼缘上截出部分的平衡，由图 10—12（d）可以得出与式（10—9）形式相同的翼缘切应力计算公式

$$\tau = \frac{F_S S_z^*}{I_z t} \tag{10—12}$$

式中 t 为翼缘厚度，如图 10—12（c）中绘有翼缘上的切应力分布图。工字形截面梁翼缘上的最大切应力一般均小于腹板上的最大切应力。

从图 10—12（c）可以看出，当剪力 F_S 的方向向下时，横截面上切应力的方向，由上边缘的外侧向里，通过腹板，最后指向下边缘的外侧，好像水流一样，故称为"切应力流"。所以在根据剪力 F_S 的方向确定了腹板的切应力方向后，就可由"切应力流"确定翼缘上切应力的方向。对于其他的 L 形、T 形和 Z 形等薄壁截面，也可利用"切应力流"来确定截面上切应力的方向。

三、圆形截面梁的切应力

在圆形截面梁的横截面上，除中性轴处切应力与剪力平行外，其他点的切应力并不平行于剪力。考虑距中性轴为 y 处、长为 b 的弦线 AB 上各点的切应力（图 10—13（a））。根据切应力互等定理，弦线两个端点处的切应力必与圆周相切，且切应力作用线交于 y 轴的某点 p。弦线中点处的切应力作用线由对称性可知也通过 p 点。因而可以假设 AB 线上各点切应力作用线都通过同一点 p，并假设各点沿 y 方向的切应力分量 τ_y 相等，则可沿用前述方法计算圆截面梁的切应力分量 τ_y，求得 τ_y 后，根据已设定的总切应力方向即可求得总切应力 τ。

圆形截面梁切应力分量 τ_y 的计算公式与矩形截面梁切应力计算公式形式相同。

$$\tau_y = \frac{F_S S_z^*}{I_z b} \tag{10—13}$$

式中 b 为弦线长度，$b = 2\sqrt{R^2 - y^2}$；S_z^* 仍表示部分面积 A_1 对中性轴的静矩，见图 10—13（b）。

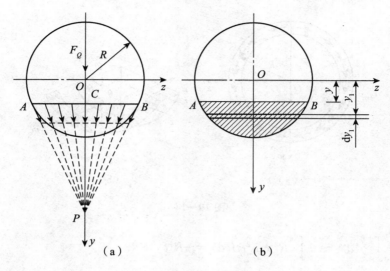

图 10—13

圆形截面梁的最大切应力发生在中性轴上,且中性轴上各点的切应力分量 τ_y 与总切应力 τ 大小相等、方向相同,其值为

$$\tau_{\max} = \frac{4}{3} \frac{F_S}{\pi R^2} \tag{10—14}$$

由式(10—14)可见,圆截面的最大切应力 $\tau_{\max}$ 为平均切应力 $\dfrac{F_S}{\pi R^2}$ 的 4/3 倍。

四、环形截面梁的切应力

如图 10—14 所示为一环形截面梁,已知壁厚 t 远小于平均半径 R,现讨论其横截面上的切应力。环形截面内、外圆周线上各点的切应力与圆周线相切。由于壁厚很小,可以认为沿圆环厚度方向切应力均匀分布并与圆周切线相平行。据此即可用研究矩形截面梁切应力的方法分析环形截面梁的切应力。在环形截面上截取 $\mathrm{d}x$ 长的微段,并用与纵向对称平面夹角 q 相同的两个径向平面在微段中截取出一部分,如图 10—14(b)所示,由于对称性,两个 rs 面上的切应力 τ' 相等。考虑截出部分的平衡图(图 10—14(b)),可得环形截面梁切应力的计算公式

$$\tau_y = \frac{F_S S_z^*}{2t I_z} \tag{10—15}$$

式中,t 为环形截面的厚度。

环形截面的最大切应力发生在中性轴处。计算出半圆环对中性轴的静矩为

$$S_z^* = \int_{A_1} y \, \mathrm{d}A \approx 2 \int_0^{\pi/2} R \cos\theta \, t R \, \mathrm{d}\theta = 2R^2 t$$

以及环形截面对中性轴的惯性矩为

189

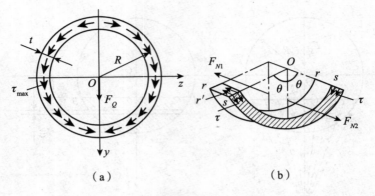

（a）　　　　　　　　　　　　　　（b）

图 10—14

$$I_z = \int_A y^2 \, \mathrm{d}A \approx 2 \int_0^{2\pi} R^2 \cos^2\theta t R \, \mathrm{d}\theta = \pi R^3 t$$

将上式代入式（10—15）得环形截面最大切应力为

$$\tau_{\max} = \frac{F_S(2R^2 t)}{2t\pi R^3 t} = \frac{F_S}{\pi R t} \tag{10—16}$$

注意：上式等号右端分母 $\pi R t$ 为环形横截面面积的一半，可见环形截面梁的最大切应力为平均切应力的两倍。

10.3　弯曲强度计算

梁在受横力弯曲时，横截面上既存在正应力又存在切应力，下面分别讨论这两种应力的强度条件。

一、弯曲正应力强度条件

横截面上最大的正应力位于横截面边缘线上，一般说来，该处切应力为零。有些情况下，该处即使有切应力，其数值也较小，可以忽略不计。所以，梁弯曲时，最大正应力作用点可视为处于单向应力状态。因此，梁的弯曲正应力强度条件为

$$\sigma_{\max} = \left(\frac{M}{W_z}\right)_{\max} \leqslant [\sigma] \tag{10—17}$$

对等截面梁，最大弯曲正应力发生在最大弯矩所在截面上，这时弯曲正应力强度条件为

$$\sigma_{\max} = \frac{M_{\max}}{W_z} \leqslant [\sigma] \tag{10—18}$$

式（10—17）、式（10—18）中，$[\sigma]$ 为许用弯曲正应力，可近似地用简单拉伸（压缩）时的许用应力来代替，但二者是略有不同的，前者略高于后者，具体数值可从有关设计规范或手册中查得。对于抗拉、抗压性能不同的材料，例如铸铁等脆性材料，则要求最

大拉应力和最大压应力都不超过各自的许用值。其强度条件为

$$\sigma_{tmax} \leqslant [\sigma_t], \quad \sigma_{cmax} \leqslant [\sigma_c] \tag{10—19}$$

例 10—3 如图 10—15 所示，一悬臂梁长 $l=1.5\text{m}$，自由端受集中力 $F=32\text{kN}$ 作用，梁由 No22a 工字钢制成，自重按 $q=0.33\text{kN/m}$ 计算，$[\sigma]=160\text{MPa}$。试校核梁的正应力强度。

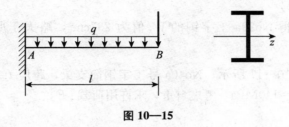

图 10—15

解： 1. 求最大弯矩的绝对值。

$$|M_{max}| = Fl + \frac{ql^2}{2} = 32 \times 1.5 + \frac{1}{2} \times 0.33 \times 1.5^2 = 48.4(\text{kN} \cdot \text{m})$$

2. 查型钢表，No22a 工字钢的抗弯截面系数为

$$W_z = 309\text{cm}^3$$

3. 校核正应力强度

$$\sigma_{max} = \frac{M_{max}}{W_z} = \frac{48.4 \times 10^6}{309 \times 10^3} = 157\text{MPa} < [\sigma] = 160\text{MPa}$$

满足正应力强度条件。

例 10—4 一热轧普通工字钢截面简支梁如图 10—16 所示，已知 $l=6\text{m}$，$F_1=15\text{kN}$，$F_2=21\text{kN}$，钢材的许用应力 $[\sigma]=170\text{MPa}$，试选择工字钢的型号。

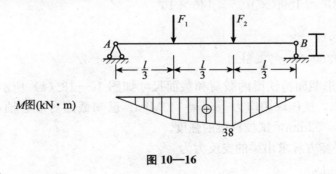

图 10—16

解： 1. 画弯矩图，确定 M_{max}

（1）求支反力

$$R_A = 17\text{kN}（\uparrow）, \quad R_B = 19\text{kN}（\uparrow）$$

（2）绘 M 图，最大弯矩发生在 F_2 作用截面上，其值为

$$M_{\max} = 38\text{kN} \cdot \text{m}$$

2. 计算工字钢梁所需的抗弯截面系数为

$$W_{z1} \geqslant \frac{M_{\max}}{[\sigma]} = \frac{38 \times 10^6}{170}\text{mm}^3 = 223.5 \times 10^3\ \text{mm}^3 = 223.5\text{cm}^3$$

3. 选择工字钢型号

由附录查型钢表得 No20a 工字钢的 W_z 值为 237cm³，略大于所需的 W_{z1}，故采用 No20a 号工字钢。

例 10—5　如图 10—17 所示，No40a 号工字钢简支梁，跨度 $l=8$m，跨中点受集中力 F 作用。已知 $[\sigma]=140$MPa，考虑自重，求许用荷载 $[F]$。

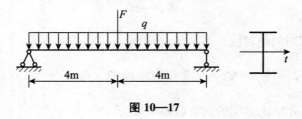

图 10—17

解：1. 由型钢表查有关数据

工字钢每米长自重 $q=67.6\text{kgf/m} \approx 676\text{N}$；

抗弯截面系数 $W_z=1090\text{cm}^3$。

2. 按强度条件求许用荷载 $[F]$

$$M_{\max} = \frac{ql^2}{8} + \frac{Fl}{4} = \frac{1}{8} \times 676 \times 8^2 + \frac{1}{4} \times F \times 8 = (5408 + 2F)\text{N} \cdot \text{m}$$

根据强度条件 $[M_{\max}] \leqslant W_z[\sigma]$，得

$$5408 + 2F \leqslant 1090 \times 10^{-3} \times 140 \times 10^6$$

解得

$$[F] = 73600\text{N} = 73.6\text{kN}$$

例 10—6　T 形截面铸铁梁的载荷和截面尺寸如图 10—18（a）所示，铸铁抗拉许用应力 $[\sigma_t]=30$MPa，抗压许用应力 $[\sigma_c]=140$MPa。已知截面对形心轴 z 的惯性矩 $I_z = 763\text{cm}^4$，且 $|y_1| = 52$mm，试校核梁的强度。

解：由静力平衡方程求出梁的支反力为

$$F_A = 2.5\text{kN}$$

$$F_B = 10.5\text{kN}$$

作弯矩图如图 10—18（b）所示。

最大正弯矩在截面 C 上，$M_C = 2.5$kN·m；最大负弯矩在截面 B 上，$M_B = -4$kN·m。

192

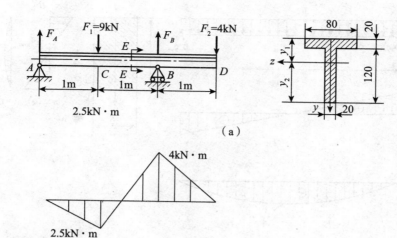

图 10—18

T 形截面对中性轴不对称，同一截面上的最大拉应力和压应力并不相等。

在截面 B 上，弯矩是负的，最大拉应力发生于上边缘各点，且

$$\sigma_t = \frac{M_B y_1}{I_z} = \frac{4 \times 10^3 \times 52 \times 10^{-3}}{763 \times (10^{-2})^4} \text{Pa} = 27.2 \text{MPa}$$

最大压应力发生于下边缘各点，且

$$\sigma_c = \frac{M_B y_2}{I_z} = \frac{4 \times 10^3 \times (120 + 20 - 52) \times 10^{-3}}{763 \times (10^{-2})^4} \text{Pa} = 46.2 \text{MPa}$$

在截面 C 上，虽然弯矩 M_C 的绝对值小于 M_B，但 M_C 是正弯矩，最大拉应力发生于截面的下边缘各点，而这些点到中性轴的距离却比较远，因而就有可能发生比截面 B 还要大的拉应力，其值为

$$\sigma_t = \frac{M_C y_2}{I_z} = \frac{2.5 \times 10^3 \times (120 + 20 - 52) \times 10^{-3}}{763 \times (10^{-2})^4} \text{Pa} = 28.8 \text{MPa}$$

所以，最大拉应力是在截面 C 的下边缘各点处，但从所得结果看出，无论是最大拉应力或最大压应力都未超过许用应力，强度条件是满足的。

由例 10—6 可见，当截面上的中性轴为非对称轴，且材料的抗拉、抗压许用应力数值不等时，最大正弯矩、最大负弯矩所在的两个截面均可能为危险截面，因而均应进行强度校核。

二、弯曲切应力强度条件

一般来说，梁横截面上的最大切应力发生在中性轴处，而该处的正应力为零。因此，最大切应力作用点处于纯剪切应力状态。这时弯曲切应力强度条件为

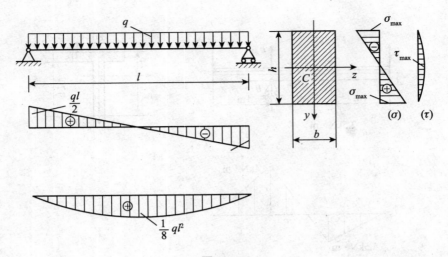

图 10—19

$$\tau_{\max} = \left(\frac{F_S S_z^*}{I_z b}\right)_{\max} \leqslant [\tau] \tag{10-20}$$

对等截面梁，最大切应力发生在最大剪力所在的截面上。弯曲切应力强度条件为

$$\tau_{\max} = \frac{F_{S\max} S_{z\max}^*}{I_z b} \leqslant [\tau] \tag{10-21}$$

许用切应力 $[\tau]$ 通常取纯剪切时的许用切应力。

对于梁来说，要满足抗弯强度要求，必须同时满足弯曲正应力强度条件和弯曲切应力强度条件。也就是说，影响梁的强度的因素有两个：一为弯曲正应力，一为弯曲切应力。对于细长的实心截面梁或非薄壁截面的梁来说，横截面上的正应力往往是主要的，切应力通常只占次要地位。例如图 10—19 所示的受均布载荷作用的矩形截面梁，其最大弯曲正应力为

$$\sigma_{\max} = \frac{M_{\max}}{W_z} = \frac{\dfrac{ql^2}{8}}{\dfrac{bh^2}{6}} = \frac{3ql^2}{4bh^2}$$

而最大弯曲切应力为

$$\tau_{\max} = \frac{3}{2}\frac{F_{S\max}}{A} = \frac{3}{2}\frac{\dfrac{ql}{2}}{bh^2} = \frac{3ql}{4bh}$$

二者比值为

$$\frac{\sigma_{\max}}{\tau_{\max}} = \frac{\dfrac{3ql^2}{4bh^2}}{\dfrac{3ql}{4bh}} = \frac{l}{h}$$

即，该梁横截面上的最大弯曲正应力与最大弯曲切应力之比等于梁的跨度 l 与截面高度 h 之比。当 $l \gg h$ 时，最大弯曲正应力将远大于最大弯曲切应力。因此，一般对于细长的实心截面梁或非薄壁截面梁，只要满足了正应力强度条件，无须再进行切应力强度计算。但是，对于薄壁截面梁或梁的弯矩较小而剪力却很大时，在进行正应力强度计算的同时，还需检查切应力强度条件是否满足。

另外，对某些薄壁截面（如工字形、T 字形等）梁，在其腹板与翼缘连接处，同时存在相当大的正应力和切应力。这样的点也需进行强度校核，将在第 11 章进行讨论。

例 10—7 一外伸工字形钢梁，工字钢的型号为 No22a，梁上荷载如图 10—20（a）所示。已知 $l=6$m，$F=30$kN，$q=6$kN/m，$[\sigma]=170$MPa，$[\tau]=100$MPa，检查此梁是否安全。

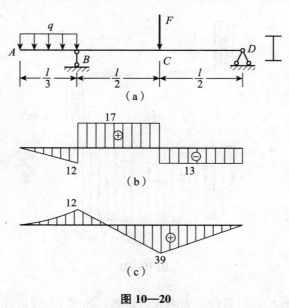

图 10—20

解：1. 绘剪力图、弯矩图

如图 10—20（b）、（c）所示，知

$$M_{max}=39\text{kN} \cdot \text{m},$$

$$F_{Smax}=17\text{kN} \cdot \text{m}$$

2. 由型钢表查得有关数据

$$b=0.75\text{cm}$$

$$\frac{I_z}{S_{max}^*}=18.9\text{cm}$$

$$W_z=309\text{cm}^3$$

3. 校核正应力强度及切应力强度

$$\sigma_{max}=\frac{M_{max}}{W_z}=\frac{39 \times 10^6}{309 \times 10^3}\text{Pa}=126\text{MPa}<[\sigma]=170\text{MPa}$$

$$\tau_{\max} = \frac{F_{S\max}S^*_{\max}}{I_z b} = \frac{17 \times 10^3}{18.9 \times 10 \times 7.5}P_a = 12MPa < [\tau] = 100MPa$$

例 10—8 简支梁 AB 如图 10—21（a）所示。$l = 2m$，$a = 0.2m$。梁上的载荷为 $q = 10kN/m$，$F = 200kN$。材料的许用应力为 $[\sigma] = 160MPa$，$[\tau] = 100MPa$。试选择适用的工字钢型号。

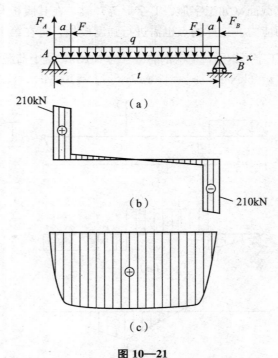

图 10—21

解： 计算梁的支反力，然后作剪力图和弯矩图，如图 10—21（b）、（c）所示。

根据最大弯矩选择工字钢型号，$M_{\max} = 45kN \cdot m$，由弯曲正应力强度条件，有

$$W_z = \frac{M_{\max}}{[\sigma]} = \frac{45 \times 10^3}{160 \times 10^6}m^3 = 281cm^3$$

查型钢表，选用 22a 工字钢，其 $W_z = 309cm^3$。

校核梁的切应力。从表中查出，$\dfrac{I_z}{S^*_z} = 18.9m$，腹板厚度 $d = 0.75cm$。由剪力图 $F_{S\max} = 210kN$，代入切应力强度条件

$$\tau_{\max} = \frac{F_{S\max}S^*_z}{I_z b} = \frac{210 \times 10^3}{18.9 \times 10^{-2} \times 1 \times 10^{-2}}P_a = 97MPa < [\tau]$$

$\tau_{\max}$ 超过 $[\tau]$ 很多，应重新选择更大的截面。现以 25b 工字钢进行试算。由表查出，$\dfrac{I_z}{S^*_z} = 21.27cm$，$d = 1cm$。再次进行切应力强度校核。

$$\tau_{max} = \frac{210 \times 10^3}{21.27 \times 10^{-2} \times 1 \times 10^{-2}} Pa = 98.7 MPa < [\tau]$$

因此，要同时满足正应力和切应力强度条件，应选用型号为 25b 的工字钢。

10.4 提高弯曲强度的措施

前面曾经指出，弯曲正应力是控制抗弯强度的主要因素。因此，讨论提高梁抗弯强度的措施，应以弯曲正应力强度条件为主要依据。由 $\sigma_{max} = \frac{M_{max}}{W_z} \leqslant [\sigma]$ 可以看出，为了提高梁的强度，可以从以下三个方面考虑。

一、合理安排梁的支座和载荷

从正应力强度条件可以看出，在抗弯截面模量 W_z 不变的情况下，M_{max} 越小，梁的承载能力越高。因此，应合理地安排梁的支承及加载方式，以降低最大弯矩值。例如图 10—22 （a)所示简支梁，受均布载荷 q 作用，梁的最大弯矩 $M_{max} = \frac{1}{8}ql^2$，如图 10—22 （b)所示。

如果将梁两端的铰支座各向内移动 $0.2l$，如图 10—22 （c）所示，则最大弯矩变为 $M_{max} = \frac{1}{40}ql^2$，如图 10—22 （d）所示，仅为前者的 1/5。

由此可见，在可能的条件下，适当地调整梁的支座位置，可以降低最大弯矩值，提高梁的承载能力。例如，门式起重机的大梁（图 10—23 （a））、锅炉筒体（图 10—23 （b））等，就是采用上述措施，以达到提高强度、节省材料的目的。

再如，图 10—24 所示的简支梁 AB，在集中力 F 作用下梁的最大弯矩为

$$M_{max} = \frac{1}{4}Fl$$

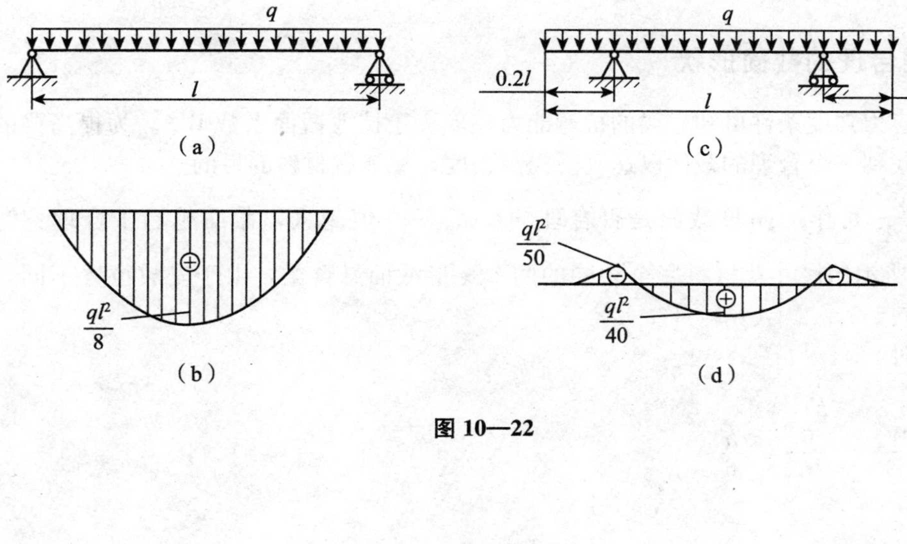

图 10—22

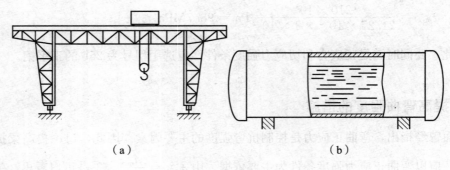

（a） （b）

图 10—23

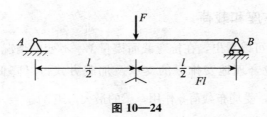

图 10—24

如果在梁的中部安置一长为 $l/2$ 的辅助梁，使集中载荷 F 分散成两个 $F/2$ 的集中载荷作用在 AB 梁上，此时梁 AB 内的最大弯矩为

$$M_{max} = \frac{1}{8}Fl$$

如果将集中载荷 F 靠近支座，距离为 $\frac{l}{6}$，则梁 AB 上的最大弯矩为

$$M_{max} = \frac{5}{36}Fl$$

由上例可见，使集中载荷适当分散和使集中载荷尽可能靠近支座均能达到降低最大弯矩的目的。

二、采用合理的截面形状

由正应力强度条件可知，梁的抗弯能力还取决于抗弯截面系数 W_z。为提高梁的抗弯强度，应找到一个合理的截面以达到既提高强度，又节省材料的目的。

比值 $\frac{W_z}{A}$ 可作为衡量截面是否合理的尺度，$\frac{W_z}{A}$ 值越大，截面越趋于合理。例如图 10—25 中所示的尺寸及材料完全相同的两个矩形截面悬臂梁，由于安放位置不同，抗弯能力也不同。

竖放时

$$\frac{W_z}{A} = \frac{\frac{bh^2}{6}}{bh} = \frac{h}{6}$$

平放时

$$\frac{W_z}{A} = \frac{\dfrac{b^2 h}{6}}{bh} = \frac{b}{6}$$

当 $h > b$ 时，竖放时的 $\dfrac{W_z}{A}$ 大于平放时的 $\dfrac{W_z}{A}$，因此，矩形截面梁竖放比平放更为合理。在房屋建筑中，矩形截面梁几乎都是竖放的，道理就在于此。

表 10—1 列出了几种常用截面的 $\dfrac{W_z}{A}$ 值，由此看出，工字形截面和槽形截面最为合理，而圆形截面是其中最差的一种，从弯曲正应力的分布规律来看，也容易理解这一事实。以图 10—26 所示截面面积及高度均相等的矩形截面及工字形截面为例说明如下：梁横截面上的正应力是按线性规律分布的，离中性轴越远，正应力越大。工字形截面有较多面积分布在距中性轴较远处，作用着较大的应力，而矩形截面有较多面积分布在中性轴附近，作用着较小的应力。因此，当两种截面上的最大应力相同时，工字形截面上的应力所形成的弯矩将大于矩形截面上的弯矩，即在许用应力相同的条件下，工字形截面抗弯能力较大。同理，圆形截面由于大部分面积分布在中性轴附近，其抗弯能力就更差了。

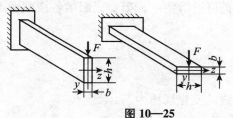

图 10—25　　　　　　　　　　图 10—26

表 10—1　　　　　　　　　　　几种常用截面的 W_z/A 值

截面形状	矩形	圆形	槽形	工字形
W_z/A	$0.167h$	$0.125d$	$(0.27\sim0.31)h$	$(0.27\sim0.31)h$

以上是从抗弯强度的角度讨论问题的。工程实际中选用梁的合理截面，还必须综合考虑刚度、稳定性以及结构、工艺等方面的要求，才能最后确定。

在讨论截面的合理形状时，还应考虑材料的特性。对于抗拉和抗压强度相等的材料，如各种钢材，宜采用对称于中性轴的截面，如圆形、矩形和工字形等。这种横截面上、下边缘最大拉应力和最大压应力数值相同，可同时达到许用应力值。对抗拉和抗压强度不相等的材料，如铸铁，则宜采用非对称于中性轴的截面，如图 10—27 所示。我们知道铸铁之类的脆性材料，抗拉能力低于抗压能力，所以在设计梁的截面时，应使中性轴偏于受拉应力一侧，通过调整截面尺寸，如能使 y_1 和 y_2 之比接近下列关系：

$$\frac{\sigma_{t\max}}{\sigma_{c\max}} = \frac{M_{\max} y_1}{I_z} \Big/ \frac{M_{\max} y_2}{I_z} = \frac{y_1}{y_2} = \frac{[\sigma_t]}{[\sigma_c]}$$

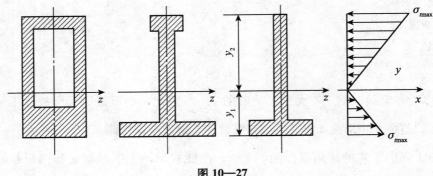

图 10—27

则最大拉应力和最大压应力可同时接近许用应力，式中 $[\sigma_t]$ 和 $[\sigma_c]$ 分别表示拉伸和压缩许用应力。

三、采用等强度梁

横力弯曲时，梁的弯矩是随截面位置而变化的，若按式（10-18）设计成等截面的梁，则除最大弯矩所在截面外，其他各截面上的正应力均未达到许用应力值，材料强度得不到充分发挥。为了减少材料消耗、减轻重量，可把梁制成截面随截面位置变化的变截面梁。若截面变化比较平缓，前述弯曲应力计算公式仍可近似使用。当变截面梁各横截面上的最大弯曲正应力相同，并与许用应力相等时，即

$$\sigma_{max} = \frac{M(x)}{W(x)} = [\sigma]$$

称为等强度梁。等强度梁的抗弯截面模量随截面位置的变化规律为

$$W_z(x) = \frac{M(x)}{[\sigma]} \qquad (10-22)$$

由式（10-22）可见，确定了弯矩随截面位置的变化规律，即可求得等强度梁横截面的变化规律，下面举例说明。

设图 10—28（a）所示受集中力 F 作用的简支梁为矩形截面的等强度梁，若截面高度 $h =$ 常量，则宽度 b 为截面位置 x 的函数，$b = b(x)$，矩形截面的抗弯截面模量为

$$W_z(x) = \frac{b(x)h^2}{6}$$

弯矩方程式为

$$M(x) = \frac{F}{2}x \quad (0 \leqslant x \leqslant \frac{L}{2})$$

将以上两式代入式（10-22），化简后得

$$b(x) = \frac{3F}{h^2[\sigma]}x \qquad (a)$$

200

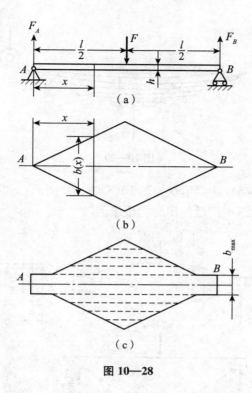

图 10—28

可见，截面宽度 $b(x)$ 为 x 的线性函数。由于约束与载荷均对称于跨度中点，因而截面形状也对跨度中点对称（图 10—28（b））。在左、右两个端点处截面宽度 $b(x)=0$，这显然不能满足抗剪强度要求。为了能够承受切应力，梁两端的截面应不小于某一最小宽度 $b_{\min}$，见图 10—28（c）。由弯曲切应力强度条件

$$\tau_{\max} = \frac{3}{2} \frac{F_{S\max}}{A} = \frac{3}{2} \frac{\dfrac{F}{2}}{b_{\min}h} \leqslant [\tau]$$

得

$$b_{\min} = \frac{3F}{4h[\tau]} \tag{b}$$

若设想把这一等强度梁分成若干狭条，然后叠置起来，并使其略微拱起，这就是汽车以及其他车辆上经常使用的叠板弹簧，如图 10—29 所示。

若上述矩形截面等强度梁的截面宽度 b 为常数，而高度 h 为 x 的函数，即 $h=h(x)$，用完全相同的方法可以求得

$$h(x) = \sqrt{\frac{3Fx}{b[\sigma]}} \tag{c}$$

$$h_{\min} = \frac{3F}{4b[\tau]} \tag{d}$$

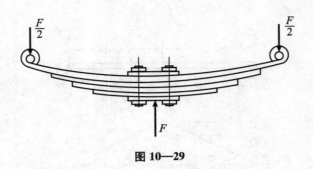

图 10—29

按式（c）和式（d）确定的梁形状如图 10—30（a）所示。如把梁做成图 10—30（b）所示的形式，就是厂房建筑中广泛使用的"鱼腹梁"。

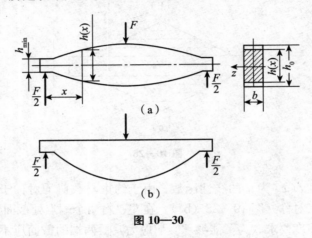

图 10—30

使用公式（10—17），也可求得圆截面等强度梁的截面直径沿轴线的变化规律。但考虑到加工的方便及结构上的要求，常用阶梯形状的变截面梁（阶梯轴）来代替理论上的等强度梁，如图 10—31 所示。

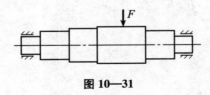

图 10—31

10—1 把直径 $d=1\text{mm}$ 的钢丝绕在直径 $D=2\text{m}$ 的轮缘上，已知材料的弹性模量 $E=200\text{GPa}$，试求钢丝内的最大弯曲正应力。

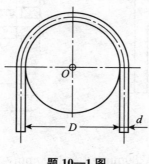

题 10—1 图

10—2 简支梁受均布载荷如图所示。若分别采用截面面积相等的实心和空心圆截面，且 $D_1=40\text{mm}$，$\dfrac{d_2}{D_2}=\dfrac{3}{5}$，试分别计算它们的最大弯曲正应力，并问空心截面比实心截面的最大弯曲正应力减小了百分之几？

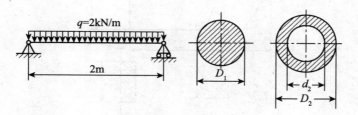

题 10—2 图

10—3 图示圆轴的外伸部分是空心圆截面，试求轴内的最大弯曲正应力。

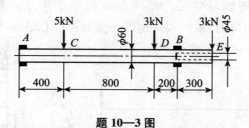

题 10—3 图

10—4 桥式起重机大梁 AB 的跨长 $l=16\text{m}$，原设计最大起重量为 100kN。若在大梁上距 B 端为 x 的 C 点悬挂一根钢索，绕过装在重物上的滑轮，将另一端再挂在吊车的吊钩上。使吊车驶到 C 的对称位置 D。这样就可吊运 150kN 的重物。试问 x 的最大值等于多少？设只考虑大梁的正应力强度。

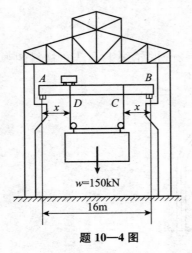

题 10—4 图

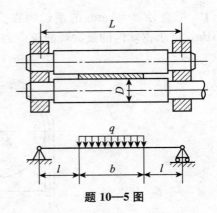

题 10—5 图

10—5 图示轧辊轴直径 $D=280$mm，$L=1000$mm，$l=450$mm，$b=100$mm，轧辊材料的弯曲许用应力 $[\sigma]=100$MPa。试求轧辊能承受的最大轧制力 F（$F=qb$）。

10—6 割刀在切割工件时，受到 $F=1$kN 的切削力作用。割刀尺寸如图所示。试求割刀内的最大弯曲正应力。

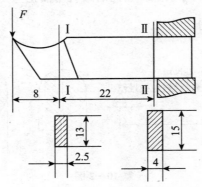

题 10—6 图

10—7 ⊥ 形截面铸铁悬臂梁，尺寸及载荷如图所示。若材料的拉伸许用应力 $[\sigma_t]=40$MPa，压缩许用应力 $[\sigma_c]=160$MPa，截面对形心轴 z_C 的惯性矩 $I_{zC}=10180$cm^4，$h_1=9.64$cm，试计算该梁的许可载荷 F。

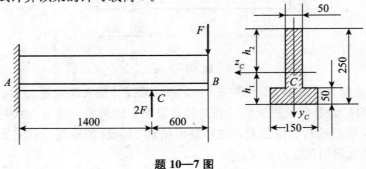

题 10—7 图

204

10—8 梁 AB 的截面为 10 号工字钢，B 点由圆钢杆 BC 支承，已知圆杆的直径 $d=20$mm，梁及杆的 $[\sigma]=160$MPa，试求许用均布载荷 $[q]$。

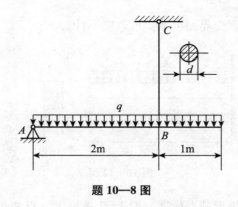

题 10—8 图

10—9 某吊车用 28b 工字钢制成，其上、下各焊有 75mm×6mm×5200mm 的钢板，如图所示。已知 $[\sigma]=100$MPa，试求吊车的许用载荷 F。

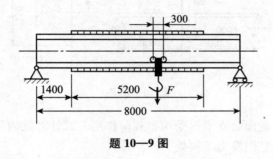

题 10—9 图

10—10 设梁的横截面为矩形，高 300mm，宽 50mm，截面上正弯矩的数值为 240kN·m。材料的抗拉弹性模量 E_t 为抗压弹性模量 E_c 的 1.5 倍。若应力未超过材料的比例极限，试求最大拉应力与最大压应力。

10—11 铸铁梁的载荷及横截面尺寸如图所示。许用拉应力 $[\sigma_t]=40$MPa，许用压应力 $[\sigma_c]=160$MPa。试按正应力强度条件校核梁的强度。若载荷不变，但将 T 形横截面倒置，即成为 ⊥ 形，是否合理？何故？

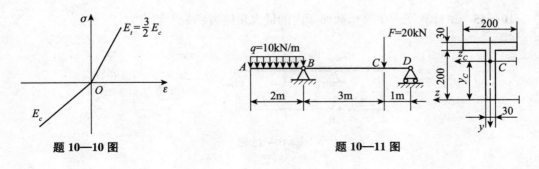

题 10—10 图　　　　　　题 10—11 图

10－12 图示为用两根尺寸、材料均相同的矩形截面直杆组成的悬臂梁，试求下列两种情况下梁所能承受的均布载荷集度的比值：

（1）两杆固结成整体。

（2）两杆叠置在一起，交界面上摩擦可忽略不计。

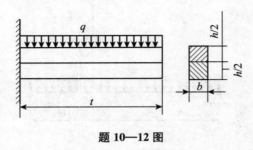

题 10－12 图

10－13 试计算图示矩形截面简支梁的 1－1 截面上 a 点和 b 点的正应力和切应力。

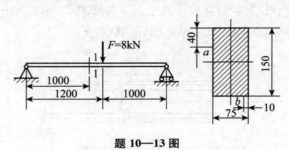

题 10－13 图

10－14 图示圆形截面简支梁，受均布载荷作用。试计算梁内的最大弯曲正应力和最大弯曲切应力，并指出它们发生于何处。

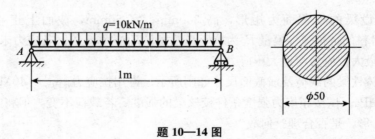

题 10－14 图

10－15 试计算图示工字形截面梁内的最大正应力和最大切应力。

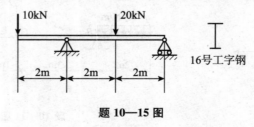

题 10－15 图

206

10—16 起重机下的梁由两根工字钢组成，起重机自重 $W = 50\text{kN}$，起重量 $W_2 = 10\text{kN}$。许用应力 $[\sigma] = 160\text{MPa}$，$[\tau] = 100\text{MPa}$。若暂不考虑梁的自重，试按正应力强度条件选定工字钢型号，然后再按切应力强度条件进行校核。

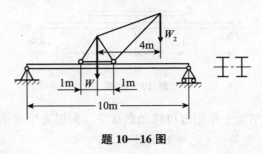

题 10—16 图

10—17 由三根本条胶合而成的悬臂梁截面尺寸如图所示。跨度 $l = 1\text{m}$。若胶合面上的许用切应力 $[\tau] = 0.34\text{MPa}$，木材的许用弯曲正应力 $[\sigma] = 10\text{MPa}$，许用切应力为 $[\tau] = 1\text{MPa}$，试求许可载荷 F。

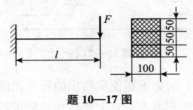

题 10—17 图

10—18 在图（a）中，若以虚线所示的纵向面和横向面从梁中截出一邪分，如图（b）所示。试求在纵向面 $abcd$ 上由 $t\,\mathrm{d}A$ 组成的内力系的合力，并说明它与什么力平衡。

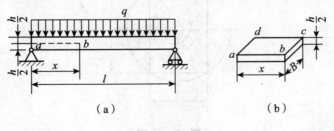

（a） （b）

题 10—18 图

10—19 截面为正方形的梁按图示两种方式放置。试问按哪种方式比较合理?

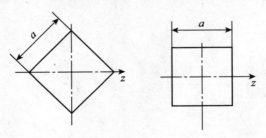

题 10—19 图

10—20 为改善载荷分布，在主梁 AB 上安置辅助梁 CD。设主梁和辅助梁的抗弯截面系数分别为 W_1 和 W_2，材料相同，试求辅助梁的合理长度 a。

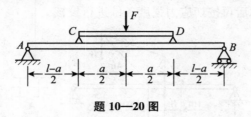

题 10—20 图

10—21 在 18 号工字梁上作用着可移动载荷 F。为提高梁的承载能力，试确定 a 和 b 的合理数值及相应的许可载荷（$[\sigma]=160\text{MPa}$）。

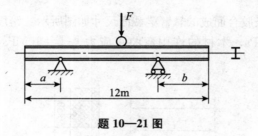

题 10—21 图

10—22 我国制造规范中，对矩形截面梁给出的尺寸比例是 $h:b=3:2$。试用弯曲正应力强度证明：从圆木锯出的矩形截面梁，上述尺寸比例接近最佳比值。

题 10—22 图

第 *11* 章
弯曲变形

在工程实际中，为保证受弯构件的正常工作，除了要求构件有足够的强度外，在某些情况下，还要求其弯曲变形不能过大，即具有足够的刚度。例如，轧钢机在轧制钢板时，轧辊的弯曲变形将造成钢板沿宽度方向的厚度不均匀（图 11—1 (a)）；齿轮轴若弯曲变形过大，将使齿轮啮合状况变差，引起偏磨和噪声（图 11—1 (b)）。

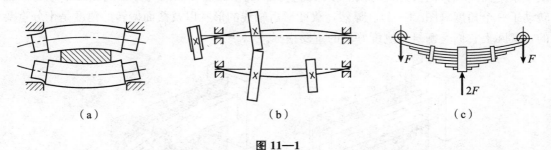

（a）　　　　　　　　　　（b）　　　　　　　　　　（c）

图 11—1

当然，工程中有时要利用较大的弯曲变形来达到一定的要求，例如，汽车轮轴上的叠板弹簧（图 11—1 (c)），就是利用弯曲变形起到缓冲和减振的作用的。

此外，在求解静不定梁时，也需考虑梁的弯曲变形。

11.1　梁弯曲变形的基本概念

一、挠度

在线弹性小变形条件下，梁在横力作用时将产生平面弯曲，则梁轴线由原来的直线变为纵向对称面内的一条平面曲线，很明显，该曲线是连续的光滑的曲线，这条曲线称为梁的挠曲线（图 11—2）。

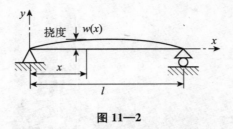

图 11—2

梁轴线上某点在梁变形后沿竖直方向的位移（横向位移）称为该点的挠度，以 w 表示。在小变形情况下，梁轴线上各点在梁变形后沿轴线方向的位移（水平位移）可以证明是横向位移的高阶小量，因而可以忽略不计。

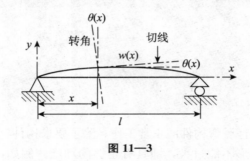

图 11—3

梁平面弯曲时其变形特点是：梁轴线既不伸长也不缩短，其轴线在纵向对称面内弯曲成一条平面曲线，而且处处与梁的横截面垂直，而横截面在纵向对称面内相对于原有位置转动了一个角度（图 11—4）。显然，梁变形后轴线的形状以及截面偏转的角度是十分重要的，实际上它们是衡量梁刚度好坏的重要指标。

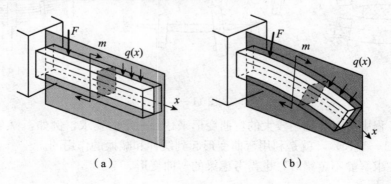

（a）   （b）

图 11—4

梁弯曲时，各截面变形一般是不同的，各点的挠度是截面位置的函数。如果以自变量 x 表示梁横截面的位置，那么表示挠度和截面位置间的函数关系式

$$w = w(x) \tag{11—1}$$

210

称为挠曲线方程或挠度函数。实际上就是轴线上各点的挠度，一般情况下规定：挠度沿 y 轴的正向（向上）为正，沿 y 轴的负向（向下）为负（图 11—5）。

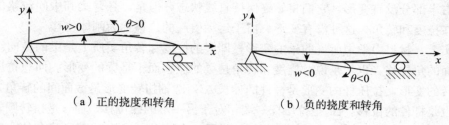

（a）正的挠度和转角　　　　　　　（b）负的挠度和转角

图 11—5

必须注意，梁的坐标系的选取可以是任意的，即坐标原点可以放在梁轴线的任意地方，另外，由于梁的挠度函数往往在梁中是分段函数，因此，梁的坐标系可采用整体坐标也可采用局部坐标。

二、转角

梁变形后其横截面在纵向对称面内相对于原有位置转动的角度称为转角（图 11—3 或图 11—4）。

转角随梁截面位置变化的函数：

$$\theta = \theta(x) \tag{11—2}$$

称为转角方程或转角函数。

由图 11—3 可以看出，转角实质上就是挠曲线的切线与梁变形前的轴线坐标轴 x 的正方向之间的夹角，所以有 $\tan\theta = \dfrac{\mathrm{d}w(x)}{\mathrm{d}x}$。由于梁的变形是小变形，则梁的挠度和转角都很小，所以 θ 和 $\tan\theta$ 是同阶小量，即 $\theta \approx \tan\theta$，于是有

$$\theta(x) = \frac{\mathrm{d}w(x)}{\mathrm{d}x} \tag{11—3}$$

即转角函数等于挠度函数对 x 的一阶导数。一般情况下规定：转角逆时针转动时为正，而顺时针转动时为负（图 11—5）。

需要注意，转角函数和挠度函数必须在相同的坐标系下描述，由式（11—3）可知，如果挠度函数在梁中是分段函数，则转角函数亦是分段数目相同的分段函数。

三、梁的变形与位移

材料力学中梁的变形通常指的就是梁的挠度和转角。但实际上梁的挠度和转角并不完全反映梁的变形，它们和梁的变形之间有联系也有本质的差别。

如图 11—6（a）所示的悬臂梁和图 11—6（b）所示的中间铰梁，在图示载荷作用下，悬臂梁和中间铰梁的右半部分中无任何内力，在第 2 章曾强调过：杆件的内力和杆件的变形是一一对应的，即有什么样的内力就有与之相应的变形，有轴力则杆件将产生拉伸或压

211

缩变形，有扭矩则杆件将产生扭转变形，有剪力则杆件将产生剪切变形，有弯矩则杆件将产生弯曲变形。若无某种内力，则杆件也没有与之相应的变形。因此，图示悬臂梁和中间铰梁的右半部分没有变形，它们将始终保持直线状态，但是，悬臂梁和中间铰梁的右半部分却存在挠度和转角，这种没有变形、由于运动引起的位移称为刚体位移。

事实上，材料力学中所说的梁的变形，即梁的挠度和转角实质上是梁的横向线位移以及梁截面的角位移，也就是说，挠度和转角是梁的位移而不是梁的变形。回想拉压杆以及圆轴扭转的变形，拉压杆的变形是杆件的伸长 Δl，圆轴扭转变形是截面间的转角 φ，它们实质上也是杆件的位移，Δl 是拉压杆一端相对于另一端的线位移，而 φ 是扭转圆轴一端相对于另一端的角位移，但拉压杆以及圆轴扭转的这种位移总是和其变形共存的，即只要有位移则杆件一定产生了变形，反之只要有变形就一定存在这种位移（至少某段杆件存在这种位移）。但梁的变形与梁的挠度和转角之间就不一定是共存的，这一结论可以从上面对如图 11—6（a）所示的悬臂梁和图 11—6（b）所示的中间铰梁的分析中得到。

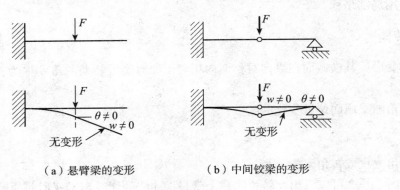

（a）悬臂梁的变形　　　　　（b）中间铰梁的变形

图 11—6

实际上，图示悬臂梁和中间铰梁右半部分的挠度和转角是由于梁左半部分的变形引起的，因此可得如下结论：①梁（或梁段）如果存在变形，则梁（或梁段）必然存在挠度和转角。②梁（或梁段）如果存在挠度和转角，则梁（或梁段）不一定存在变形。所以，梁的变形与梁的挠度及转角有联系也存在质的差别。

11.2　梁的挠曲线近似微分方程

在上一章曾得到梁变形后轴线的曲率方程为 $\dfrac{1}{\rho(x)} = \dfrac{M(x)}{EI_z}$，高等数学中，曲线 $w = w(x)$ 的曲率公式为

$$\frac{1}{\rho(x)} = \pm \frac{w''(x)}{[1 + w'(x)^2]^{\frac{3}{2}}}$$

由于梁的变形是小变形，即挠曲线 $w = w(x)$ 仅仅处于微弯状态，则其转角 $\theta(x) = w'(x) \ll 1$，所以，挠曲线的曲率公式可近似为 $\dfrac{1}{\rho(x)} = \pm w''(x)$。

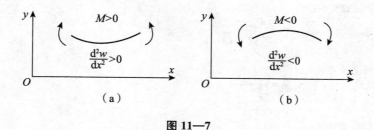

图 11—7

根据弯矩的符号规定和挠曲线二阶导数与曲率中心方位的关系，在图 11—7 所取坐标系下，弯矩 M 的正负号始终与 $\dfrac{\mathrm{d}^2 w}{\mathrm{d}x^2}$ 的正负号一致，因此

$$\frac{\mathrm{d}^2 w}{\mathrm{d}x^2} = \frac{M(x)}{EI} \tag{11—4}$$

上式称为挠曲线的近似微分方程。其中，$I = I_z$ 是梁截面对中性轴的惯性矩。根据式（11—4），只要知道了梁中的弯矩函数，直接进行积分即可得到梁的转角函数 $\theta(x) = w'(x)$ 以及挠度函数 $w(x)$，从而可求出梁在任意位置处的挠度以及截面的转角。

11.3 积分法计算梁的变形

根据梁的挠曲线近似微分方程式（11—4），可直接进行积分求梁的变形，即求梁的转角函数 $\theta(x)$ 和挠度函数 $w(x)$。下面分两种情况讨论。

一、函数 M（x）/EI 在梁中为单一函数

此时被积函数 $M(x)/EI$ 在梁中不分段（图 11—8）。则可将挠曲线近似微分方程式（11—4）两边同时积分一次得到转角函数 $\theta(x)$，然后再积分一次得到挠度函数 $w(x)$，注意每次积分均出现一待定常数。所以有：

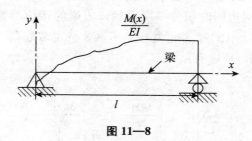

图 11—8

$$\begin{cases} \theta(x) = \displaystyle\int \frac{M(x)}{EI} \mathrm{d}x + C \\ w(x) = \displaystyle\int \left[\int \frac{M(x)}{EI} \mathrm{d}x \right] \mathrm{d}x + Cx + D \end{cases} \tag{11—5}$$

一般情况下，梁的支承条件有两个，正好可以确定积分常数 C 和 D。

固定铰支承：

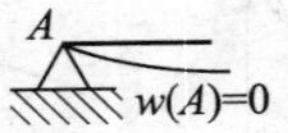

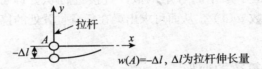

$w(A)=0$

可动铰支承：

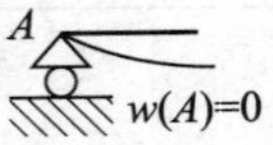

$w(A)=0$

固定端支承：

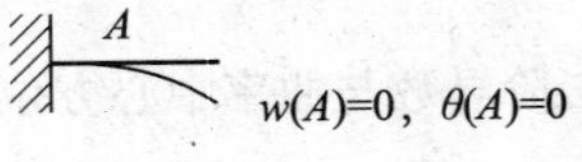

$w(A)=0,\ \theta(A)=0$

弹簧支承：

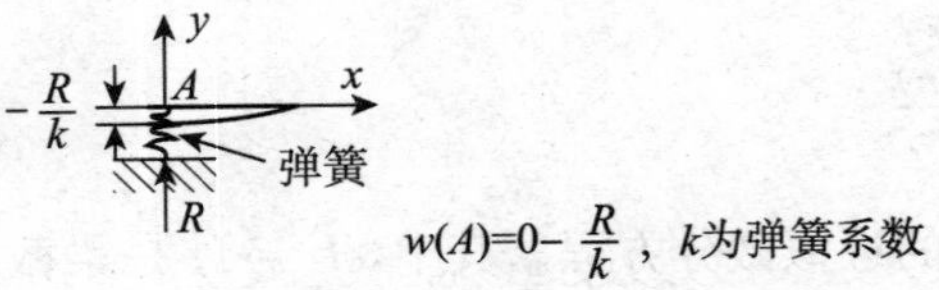

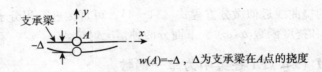

$w(A)=0-\dfrac{R}{k}$，k 为弹簧系数

拉杆支承：

$w(A)=-\Delta l$，Δl 为拉杆伸长量

梁支承：

$w(A)=-\Delta$，Δ 为支承梁在 A 点的挠度

图 11—9

二、函数 $M(x)/EI$ 在梁中为分段函数

此时被积函数 $M(x)/EI$ 在梁中分若干段（图 11—10）。则在每个梁段中将挠曲线近似微分方程式（11—4）两边同时积分一次得到该段梁的转角函数 $\theta_i(x)$，然后再积分一次得到该段梁的挠度函数 $w_i(x)$，注意每段梁有两个待定常数 C_i 和 D_i，一般情况下各段梁的积分常数是不相同的。所以有：

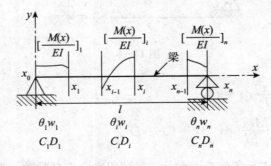

图 11—10

214

$$\begin{cases} \theta_i(x) = \int \left[\dfrac{M(x)}{EI}\right]_i \mathrm{d}x + C_i \\ w(x) = \int \left\{\int \left[\dfrac{M(x)}{EI}\right]_i \mathrm{d}x\right\} \mathrm{d}x + C_i x + D_i \end{cases} \quad (x_{i-1} \leqslant x \leqslant x_i) \qquad (11-6)$$

可见，梁的转角函数 $\theta(x)$ 和挠度函数 $w(x)$ 在梁中也是分段函数。

假设梁分为 n 段（图 11—10），$x_0, x_1, \cdots, x_{i-1}, x_i, \cdots, x_n$ 称为梁的分段点，则共有 $2n$ 个积分常数 C_i 和 $D_i (i=1,2,\cdots,n)$，梁的支承条件有两个，另外，梁变形后轴线是光滑连续的，这就要求梁的转角函数以及挠度函数在梁中是连续的函数。这个条件称为梁的连续性条件。即挠曲线是一条连续且光滑的曲线，不可能出现如图 11—11（a）所示不连续和 11—11（b）所示不光滑的情况。

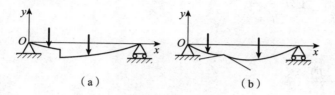

图 11—11

因此，可列出除梁约束点外其他分段点的连续性条件为

$$\begin{cases} \theta_{i-1}(x_i) = \theta_i(x_i) \\ w_{i-1}(x_i) = w_i(x_i) \end{cases} \quad (i=2,\cdots,n) \qquad (11-7)$$

共有 $2n-2$ 个方程，加上梁的两个支承条件，则可确定 $2n$ 个积分常数 C_i 和 D_i（$i=1$，$2, \cdots, n$），从而即可求得各段梁的转角函数 $\theta_i(x)$ 以及挠度函数 $w_i(x)$。

注意：积分法求分段梁的变形时，可以采用局部坐标系进行求解，相应的弯矩函数 $M(x)$、抗弯刚度 EI 以及支承条件和连续性条件都必须在相同的局部坐标系下写出。

一些常见梁的转角函数与挠度函数以及其在特殊点的值见附录Ⅱ。

例 11—1 如图 11—12 所示，悬臂梁下有一刚性的圆柱，当 F 至少为多大时，才可能使梁的根部与圆柱表面产生贴合？当 F 足够大且已知时，试确定梁与圆柱面贴合的长度。

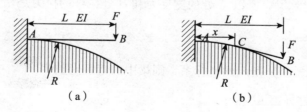

图 11—12

解： 欲使梁的根部与圆柱面贴合，则梁根部的曲率半径应等于圆柱面的半径（图 11—12（a）），所以有

$$\frac{1}{R} = \frac{M_A}{EI} = \frac{FL}{EI}$$

得：

$$F = \frac{EI}{LR}$$

这就是梁根部与圆柱面贴合的最小载荷。

如果 $F > \frac{EI}{LR}$，则梁有一段是与圆柱面贴合的，假设贴合的长度为 x，那么贴合点 C 处的曲率半径也应等于圆柱面的半径（图 11—12 (b)），所以有

$$\frac{1}{R} = \frac{M_C}{EI} = \frac{F(L-x)}{EI}$$

解得

$$x = L - \frac{EI}{FR}$$

例 11—2　梁 AB 以拉杆 BD 支承，载荷及尺寸如图 11—13 (a) 所示。已知梁的抗弯刚度为 EI，拉杆的抗拉刚度为 EA，试求梁中点的挠度以及支座处的转角。

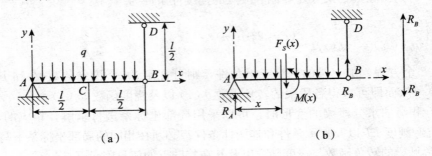

图 11—13

解： (1) 求支反力和弯矩函数

由于梁是载荷对称梁，所以 A 处的支反力和 B 处拉杆的拉力是相等的，为

$$R_A = R_B = \frac{ql}{2}$$

建立如图 11—13 (a) 所示的坐标系，则梁中的弯矩函数为

$$M(x) = \frac{qx(l-x)}{2} \quad (0 \leqslant x \leqslant l)$$

(2) 求转角函数和挠度函数

$$\theta(x) = \int \frac{M(x)}{EI} dx + C = \frac{qx^2}{2EI}\left(\frac{l}{2} - \frac{x}{3}\right) + C$$

$$w(x) = \int \theta(x) dx + D = \frac{qx^3}{12EI}\left(l - \frac{x}{2}\right) + Cx + D$$

216

3）确定积分常数

约束条件为

$$w(0) = 0, \quad w(l) = -\Delta l = -\left(\frac{ql}{2} \cdot \frac{l}{2}\right)/EA = -\frac{ql^2}{4EA}$$

代入挠度函数表达式得

$$D = 0, \quad C = -\left(\frac{ql^3}{24EI} + \frac{ql}{4EA}\right)$$

于是转角函数和挠度函数为

$$\theta(x) = \frac{qx^2}{2EI}\left(\frac{l}{2} - \frac{x}{3}\right) - \frac{ql}{4EI}\left(\frac{l^2}{6} + \frac{I}{A}\right)$$

$$w(x) = \frac{qx^3}{12EI}\left(l - \frac{x}{2}\right) - \frac{qlx}{4EI}\left(\frac{l^2}{6} + \frac{I}{A}\right)$$

（3）求梁中点的挠度以及支座处的转角

梁中点的挠度为

$$w_C = w\left(\frac{l}{2}\right) = \frac{q\,(l/2)^3}{12EI}\left(l - \frac{l}{4}\right) - \frac{ql^2}{8EI}\left(\frac{l^2}{6} + \frac{I}{A}\right) = -\left(\frac{5ql^4}{384EI} + \frac{ql^2}{8EA}\right)（向下）$$

支座处的转角为

$$\theta_A = \theta(0) = -\frac{ql}{4EI}\left(\frac{l^2}{6} + \frac{I}{A}\right) = -\left(\frac{ql^3}{24EI} + \frac{ql}{4EA}\right)（顺时针）$$

例 11—3　如图 11—14 所示阶梯状悬臂梁 AB，在自由端受集中力 F 作用，梁长度及抗弯刚度如图所示，试求自由端的挠度以及梁中点截面的转角。

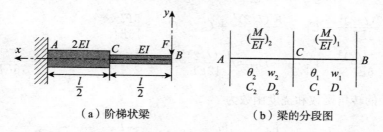

（a）阶梯状梁　　　　　（b）梁的分段图

图 11—14

解：（1）求梁的弯矩函数

建立图 11—14（a）所示的坐标系，由截面法可求得梁中的弯矩函数为

$$M(x) = -Fx \,(0 \leqslant x \leqslant l)$$

由于梁分为两段，则两段梁的被积函数分别为

$$\left(\frac{M}{EI}\right)_1 = -\frac{Fx}{EI}\left(0 \leqslant x \leqslant \frac{l}{2}\right), \quad \left(\frac{M}{EI}\right)_2 = -\frac{Fx}{2EI}\left(\frac{l}{2} \leqslant x \leqslant l\right)$$

（2）求转角函数和挠度函数

转角函数：

$$\theta(x) = \begin{cases} \theta_1(x) = \int \left(\dfrac{M}{EI}\right)_1 \mathrm{d}x + C_1 = -\dfrac{Fx^2}{2EI} + C_1 & (0 \leqslant x \leqslant \dfrac{l}{2}) \\[3mm] \theta_2(x) = \int \left(\dfrac{M}{EI}\right)_2 \mathrm{d}x + C_2 = -\dfrac{Fx^2}{4EI} + C_2 & (\dfrac{l}{2} \leqslant x \leqslant l) \end{cases}$$

挠度函数：

$$w(x) = \begin{cases} w_1(x) = \int \theta_1 \mathrm{d}x + D_1 = -\dfrac{Fx^3}{6EI} + C_1 x + D_1 & (0 \leqslant x \leqslant \dfrac{l}{2}) \\[3mm] w_2(x) = \int \theta_2 \mathrm{d}x + D_2 = -\dfrac{Fx^3}{12EI} + C_2 x + D_2 & (\dfrac{l}{2} \leqslant x \leqslant l) \end{cases}$$

（3）确定积分常数

约束条件：

$$\theta(l) = 0, \quad w(l) = 0$$

根据梁的分段图可见

$$\theta(l) = \theta_2(l) = -\frac{Fl^2}{4EI} + C_2 = 0, \quad C_2 = \frac{Fl^2}{4EI}$$

$$w(l) = w_2(l) = -\frac{Fl^3}{12EI} + C_2 l + D_2 = 0, \quad D_2 = \frac{Fl^3}{12EI} - \frac{Fl^3}{4EI} = -\frac{Fl^3}{6EI}$$

连续性条件：

$$\theta_1\left(\frac{l}{2}\right) = \theta_2\left(\frac{l}{2}\right), \quad w_1\left(\frac{l}{2}\right) = w_2\left(\frac{l}{2}\right)$$

$$-\frac{F(l/2)^2}{2EI} + C_1 = \frac{F(l/2)^2}{4EI} + C_2, \quad C_1 = \frac{5Fl^2}{16EI}$$

$$-\frac{F(l/2)^3}{6EI} + C_1 \frac{l}{2} + D_1 = \frac{F(l/2)^3}{12EI} + C_2 \frac{l}{2} + D_2, \quad D_1 = -\frac{3Fl^3}{16EI}$$

所以，梁的转角函数和挠度函数为

$$\theta(x) = \begin{cases} \theta_1(x) = -\dfrac{Fx^2}{2EI} + \dfrac{5Fl^2}{16EI} & (0 \leqslant x \leqslant \dfrac{l}{2}) \\[3mm] \theta_2(x) = -\dfrac{Fx^2}{4EI} + \dfrac{Fl^2}{4EI} & (\dfrac{l}{2} \leqslant x \leqslant l) \end{cases}$$

$$w(x) = \begin{cases} w_1(x) = -\dfrac{Fx^3}{6EI} + \dfrac{5Fl^2 x}{16EI} - \dfrac{3Fl^3}{16EI} & (0 \leqslant x \leqslant \dfrac{l}{2}) \\[3mm] w_2(x) = -\dfrac{Fx^3}{12EI} + \dfrac{Fl^2 x}{4EI} - \dfrac{Fl^3}{4EI} & (\dfrac{l}{2} \leqslant x \leqslant l) \end{cases}$$

（4）求自由端的挠度以及梁中点截面的转角

由梁的分段图，自由端的挠度为

$$w_B = w_1(0) = -\frac{3Fl^3}{16EI}(\text{向下})$$

梁中点截面的转角为

$$\theta_C = \theta_1\left(\frac{l}{2}\right) = \theta_2\left(\frac{l}{2}\right) = \frac{Fl^2}{8EI}(\text{顺时针})$$

因梁 x 轴正方向是向左的，因此转角为正的时候是顺时针转角。

例 11—4 如图 11—15 所示的悬臂梁，梁截面为矩形截面，试问：（1）当梁的高度增大一倍而其他条件不变时，则梁中最大正应力减小了多少？最大挠度减小了多少？（2）如果只是梁的宽度增大一倍，结果如何？（3）当梁的长度增加一倍而其他条件不变时，结果又如何？

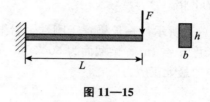

图 11—15

解： 梁的最大弯矩在固定端，而最大挠度在梁的自由端。

原梁的最大正应力为

$$\sigma_{max} = \frac{M_{max}}{W_z} = \frac{6FL}{bh^2}$$

最大挠度由附录 II 可知，有 $w_{max} \propto \dfrac{FL^3}{EI}$ ，即

$$w_{max} = k\frac{FL^3}{EI} = \frac{12kFL^3}{Ebh^3}$$

当梁的高度增大一倍而其他条件不变时，最大正应力为

$$\sigma'_{max} = \frac{6FL}{b(2h)^2} = \frac{1}{4}\sigma_{max}$$

即梁中的最大正应力减小到原来的 1/4，减小了 75% 。

最大挠度为

$$w'_{max} = k\frac{FL^3}{EI} = \frac{12kFL^3}{Eb(2h)^3} = \frac{1}{8}w_{max}$$

即梁的最大挠度减小到原来的 1/8，减小了 87.5% 。

当只是梁的宽度增大一倍时，最大正应力为

$$\sigma''_{max} = \frac{6FL}{(2b)h^2} = \frac{1}{2}\sigma_{max}$$

即梁中的最大正应力减小到原来的 1/2，减小了 50% 。

最大挠度为

$$w''_{\max} = k \frac{FL^3}{EI} = \frac{12kFL^3}{E(2b)h^3} = \frac{1}{2}w_{\max}$$

即梁的最大挠度也减小到原来的一半，减小了50%。

当梁的长度增大一倍而其他条件不变时，$\sigma''_{\max} = \frac{6F(2L)}{bh^2} = 2\sigma_{\max}$

即梁中的最大正应力增大到原来的两倍。

最大挠度为

$$w'''_{\max} = k \frac{FL^3}{EI} = \frac{12kF(2L)^3}{Ebh^3} = 8w_{\max}$$

即梁的最大挠度增大到原来的8倍。

例11—5　如图11—16（a）所示，一长梁置于刚性平台上，梁单位长度的重量 $q = 20\text{kN/m}$，伸出平台的部分长度 $a = 1\text{m}$，梁截面为 50×100 的矩形截面，今在梁端用力 $F = 20\text{kN}$ 将梁提起，求梁中的最大正应力。

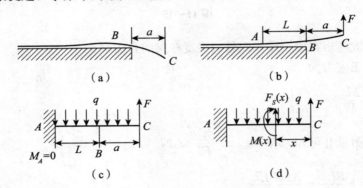

图 11—16

解：如图11—16（b）所示，假设梁与平台的接触点为 A 点，从平台上提起的长度为 L。则梁段 ABC 可简化为图11—16（c）所示的悬臂梁。

根据 $M_A = 0$ 有

$$F(L+a) - \frac{q}{2}(L+a)^2 = 0$$

解得

$$L = \frac{2F}{q} + a = \frac{2 \times 20}{20} - 1 = 1\text{m}$$

梁中的剪力函数和弯矩函数分别为

$$F_S(x) = qx - F, \quad M(x) = \frac{1}{2}qx^2 - Fx$$

220

由 $\dfrac{\mathrm{d}M(x)}{\mathrm{d}x} = F_S(x) = 0$ ，有

$$x = \frac{F}{q} = \frac{20}{20} = 1\mathrm{m}$$

所以，最大弯矩在梁中间截面上，也即在平台边缘的截面上，为：

$$M_{\max} = \left| \frac{1}{2}qx^2 - Fx \right|_{x=1} = \left| \frac{1}{2} \times 20 \times 1 - 20 \times 1 \right| = 10\mathrm{kN} \cdot \mathrm{m}$$

所以梁中的最大正应力为

$$\sigma_{\max} = \frac{M_{\max}}{W_z} = \frac{6M_{\max}}{bh^2} = \frac{6 \times 10 \times 10^6}{50 \times 100^2} = 120\mathrm{MPa}$$

11.4 叠加法计算梁的变形

用积分法计算梁的变形是相当烦琐的，特别是在梁分段很多的情况下，需要用截面法写出各段梁的弯矩函数，还需要确定出各段梁的积分常数，这一过程十分复杂和烦琐。因此，有必要寻求更简单的方法计算梁的变形，在工程中，很多时候并不需要求出整个梁的转角函数和挠度函数，而是只需要求出某些特殊点处的转角和挠度，也即往往只需要求出梁中最大的转角和挠度，也就可以进行梁的刚度计算了。所以，下面介绍的叠加法就是一种计算梁某些特殊点处的转角和挠度的简便方法。

叠加原理：在线弹性小变形条件下，任何因素引起的结构中的内力、应力和应变以及变形和位移等都是可以叠加的。这一原理称为线弹性体的叠加原理。

如图 11—17 所示的杆件结构系统，在任何因素影响下，只要满足线弹性小变形条件，则结构中的内力 F_N、F_S、T、M，应力 σ, τ 以及变形 Δl、φ、θ、w 等就等于每种因素在结构中引起的内力 $F_N^{(i)}$、$F_S^{(i)}$、$T^{(i)}$、$M^{(i)}$，应力 $\sigma^{(i)}$、$\tau^{(i)}$ 以及变形 $\Delta l^{(i)}$、$\varphi^{(i)}$、$\theta^{(i)}$、$w^{(i)}$ 的叠加。即：

$$\begin{cases} (F_N, F_S, T, M) = \left(\sum_i F_N^{(i)}, \sum_i F_S^{(i)}, \sum_i T^{(i)}, \sum_i M^{(i)} \right) \\ (\sigma, \tau) = \left(\sum_i \sigma^{(i)}, \sum_i \tau^{(i)} \right) \\ (\Delta l, \varphi, \theta, w) = \left(\sum_i \Delta l^{(i)}, \sum_i \varphi^{(i)}, \sum_i \theta^{(i)}, \sum_i w^{(i)} \right) \end{cases} \qquad (11-8)$$

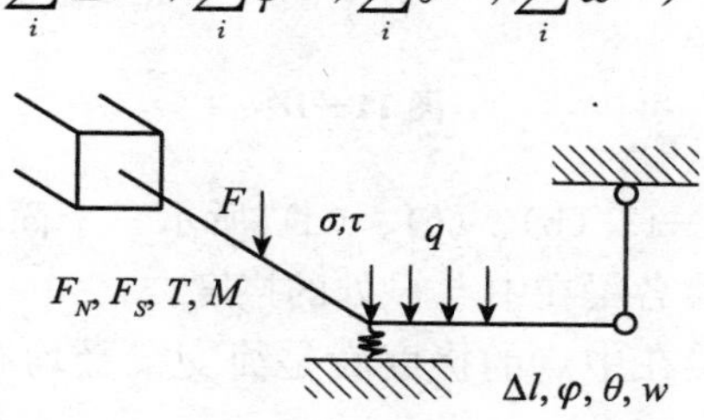

图 11—17

材料力学的研究对象是杆件或杆件结构系统，所以材料力学中主要考虑的问题是杆件的内力、应力以及变形等的叠加问题，而所考虑的影响因素主要是机械载荷以及结构支承等因素，也涉及少量的温度应力问题。本教材对叠加原理不予证明，读者可参阅相关教材和专著。

基于叠加原理，叠加法计算梁变形的原理是：在线弹性小变形条件下，任何因素引起的梁的变形（也即转角和挠度）都是可以叠加的。即：

$$(\theta, w) = (\sum_i \theta^{(i)}, \sum_i w^{(i)}) \tag{11-9}$$

叠加法是计算结构特殊点处转角和挠度的简便方法，其先决条件是必须预先知道一些简单梁的结果。附录Ⅱ给出的就是一些常见和简单梁的转角和挠度计算公式。

叠加法的主要操作手段或技巧是：将实际情况下的梁分解或简化为若干简单梁的叠加。

一、常见情况叠加法的应用

下面就一些常见的引起梁变形的因素以实例的形式应用叠加法计算梁在一些特殊点处的转角或挠度。

1. 多个载荷作用在梁上的情况

此种情况下只需将每个载荷引起的梁的变形进行叠加即可。

例 11—6 求图 11—18（a）所示梁中点 C 的挠度 w_C，梁的抗弯刚度为 EI。

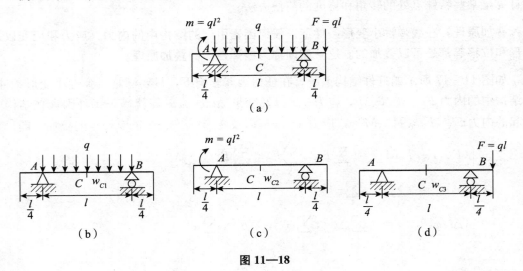

图 11—18

解：原梁可分解为图 11—18（b）、（c）、（d）所示三个简单梁的叠加，每根梁只有单一的载荷作用。下面分别计算各梁在中点 C 处的挠度。

如图 11—18（b）所示梁在中点的挠度就是简支梁受均布载荷的情况，由附录Ⅱ可查得

$$w_{C1} = -\frac{5ql^4}{384EI} \text{（向下）}$$

如图 11—18（c）所示的梁，无论集中力偶作用在外伸段的什么地方，其在梁中点产生的挠度都是相同的。所以如图 11—18（c）所示梁在中点的挠度就是简支梁在支座处受集中力偶作用的情况，由附录 II 可查得

$$w_{C2} = -\frac{ml^2}{16EI} = -\frac{ql^4}{16EI} \text{（向下）}$$

如图 11—18（d）所示的梁，计算梁中点的挠度时，可将外伸端的集中力等效移动到支座处，而作用在支座处的集中力不会引起梁的变形，所以图 11—18（d）所示梁在中点的挠度就是简支梁在支座处受集中力偶作用的情况，由附录 II 可查得

$$w_{C3} = \frac{m'l^2}{16EI} = \frac{ql^4}{64EI} \text{（向上）}$$

由叠加法，原梁在中点的挠度为

$$w_C = w_{C1} + w_{C2} + w_{C3} = -\frac{5ql^4}{384EI} - \frac{ql^4}{16EI} + \frac{ql^4}{64EI} = -\frac{23ql^4}{384EI} \text{（向下）}$$

例 11—7 如图 11—19（a）所示简支梁受均布载荷 q 作用，梁与其下面的刚性平台间的间隙为 δ，梁的抗弯刚度为 EI，求梁与刚性平台的接触长度以及梁支座处的支反力。

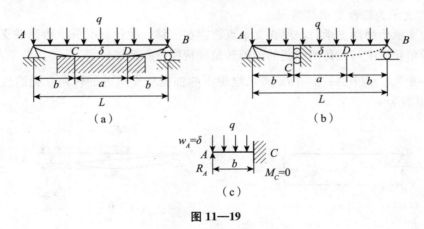

图 11—19

解： 由附录 II，简支梁受均布载荷作用时，梁中点的挠度最大且为 $w_0 = \frac{5ql^4}{384EI}$。

所以，当 $\delta \geqslant \frac{5ql^4}{384EI}$ 也即载荷 $q \leqslant \frac{384EI\delta}{5l^4}$ 时，梁最多只有中点与刚性平台接触，此时梁与刚性平台的接触长度为零，而支座处的支反力为 $R_A = R_B = ql/2$。

当 $\delta < \frac{5ql^4}{384EI}$ 也即 $q > \frac{384EI\delta}{5l^4}$ 时，梁将有一段与刚性平台接触，假设接触点为 C、D 点，接触长度为 a，根据对称性知，C、D 对称，其到左右支座的距离均为 b。

根据前述接触问题的分析，考虑 AC 段梁，其相当于一悬臂梁受均布载荷和自由端受

223

集中力作用的情况，如图 11—19（b）、（c）所示，且有条件

$$M_C = 0 \ , \ w_A = \delta（向上）$$

因 $M_C = \dfrac{qb^2}{2} - R_A b = 0$，得 $R_A = \dfrac{qb}{2}$。

由附录Ⅱ，悬臂梁受均布载荷和自由端集中力作用时，自由端的挠度可由叠加法得

$$w_A = \frac{R_A b^3}{3EI} - \frac{qb^4}{8EI} = \delta$$

所以有

$$w_A = \frac{qb^4}{6EI} - \frac{qb^4}{8EI} = \delta, \quad b = \sqrt[4]{\frac{24EI\delta}{q}}$$

于是，梁与刚性平台的接触长度为

$$a = L - 2b = L - 2\sqrt[4]{\frac{24EI\delta}{q}}$$

梁支座处的支反力为

$$R_A = R_B = \frac{qb}{2} = \frac{1}{2}\sqrt[4]{24EI\delta q^3} = \sqrt[4]{\frac{3EI\delta q^3}{2}}$$

2. 梁的支承为弹性支承的情况

当梁的支承为弹性支承时，梁在支承点将存在位移。此种情况下应将弹性支座移动引起的梁的转角和挠度与载荷所引起的梁的转角和挠度进行叠加。

例 11—8 求如图 11—20（a）所示梁中点的挠度和支座处的转角，梁的抗弯刚度为 EI，弹簧系数为 k。

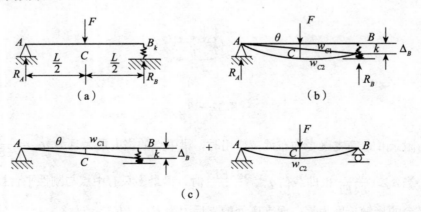

图 11—20

解： 梁的变形可认为是分两步完成的（图 11—20（b）），第一步是支座 B 产生一个竖向位移 Δ_B，从而引起了梁中点的挠度为 w_{C1}（向下），同时还引起了梁所有截面转动一个

角度 θ（顺时针）；第二步是载荷引起梁中点的挠度为 w_{C2}，梁支座 A、B 处的转角分别为 θ_{A2}、θ_{B2}。

因此，原梁可以看成如图 11—20（c）所示的两梁的叠加，即支座 B 存在竖向位移的无载荷空梁和在中点受集中力作用的简支梁叠加。

梁的支反力为

$$R_A = R_B = \frac{F}{2}$$

空梁：

支座 B 的竖向位移为

$$\Delta_B = -\frac{R_B}{k} = -\frac{F}{2k} \,（\text{向下}）$$

梁中点的挠度为

$$w_{C1} = -\frac{\Delta_B}{2} = -\frac{F}{4k} \,（\text{向下}）$$

梁支座 A，B 处的转角为

$$\theta_{A1} = \theta_{B1} = -\theta = -\frac{\Delta_B}{L} = -\frac{F}{2kL} \,（\text{顺时针}）$$

简支梁：

梁中点的挠度为

$$w_{C2} = -\frac{FL^3}{48EI} \,（\text{向下}）$$

梁支座 A，B 处的转角为

$$\theta_{A2} = -\frac{FL^2}{16EI} \,（\text{顺时针}）, \qquad \theta_{B2} = \frac{FL^2}{16EI} \,（\text{逆时针}）$$

由叠加法，原梁中点的挠度为

$$w_C = w_{C1} + w_{C2} = -\left(\frac{F}{4k} + \frac{FL^3}{48EI}\right) \,（\text{向下}）$$

梁支座 A 处的转角为

$$\theta_A = \theta_{A1} + \theta_{A2} = -\left(\frac{F}{2kL} + \frac{FL^2}{16EI}\right) \,（\text{顺时针}）$$

梁支座 B 处的转角为

$$\theta_B = \theta_{B1} + \theta_{B2} = -\frac{F}{2kL} + \frac{FL^2}{16EI} \,（\text{逆时针}）$$

例 11—9 用叠加法计算例 11—2。

解： 根据与上例相同的分析，例 11—2 中的梁（图 11—21（a））相当于图 11—21（b）、（c）两梁的叠加。

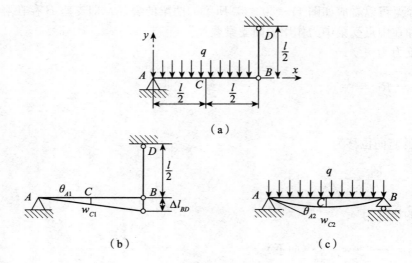

图 11—21

梁的支反力为

$$R_A = R_B = \frac{ql}{2}$$

BD 杆中的轴力为

$$F_N = R_B = \frac{ql}{2}, \quad \Delta l_{BD} = \frac{F_N l_{BD}}{EA} = \frac{(ql/2)(l/2)}{EA} = \frac{ql^2}{4EA}$$

所以

$$w_{C1} = -\frac{\Delta l}{2} = -\frac{ql^2}{8EA} \text{（向下）}, \quad \theta_{A1} = -\frac{\Delta l_{BD}}{l} = -\frac{ql}{4EA} \text{（顺时针）}$$

查附录 B 可得

$$w_{C2} = -\frac{5ql^4}{384EI} \text{（向下）}, \quad \theta_{A2} = -\frac{ql^3}{24EI} \text{（顺时针）}$$

故由叠加法，原梁中点的挠度为

$$w_C = w_{C1} + w_{C2} = -\left(\frac{5ql^4}{384EI} + \frac{ql^2}{8EA}\right) \text{（向下）}$$

原梁支座 A 处截面的转角为

$$\theta_A = \theta_{A1} + \theta_{A2} = -\left(\frac{ql^3}{24EI} + \frac{ql}{4EA}\right) \text{（顺时针）}$$

与例 11—2 中的结果完全一样，可见，求梁在某些特殊点处的挠度和转角采用叠加法比采用积分法要简单、方便得多。

例 11—10 求如图 11—22（a）所示中间铰梁 C、D 点处的挠度以及中间铰处梁截面转角的突变值，梁的抗弯刚度为 EI。

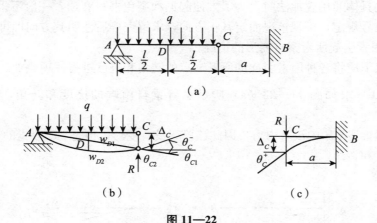

图 11—22

解： 将梁在中间铰处拆开，左梁为简支梁受均布载荷作用但支座 C 存在竖向位移 Δ_C，右梁为悬臂梁在自由端受集中力作用。

考虑左梁的平衡，其支反力为

$$R_A = R_C = R = \frac{ql}{2}$$

所以右梁 C 点的挠度为

$$w_C = \Delta_C = -\frac{Ra^3}{3EI} = -\frac{qla^3}{6EI} \ (\text{向下})$$

这即是原梁在中间铰处的挠度。

右梁 C 截面的转角为

$$\theta_C^- = \frac{Ra^2}{2EI} = \frac{qla^2}{4EI} \ (\text{逆时针})$$

根据前几例的分析方法，左梁可分解为支座 C 存在竖向位移 Δ_C 的空梁以及受均布载荷作用的简支梁的叠加。

所以由叠加原理，D 点的挠度为

$$w_D = w_{D1} + w_{D2} = \frac{\Delta_C}{2} + w_{D2} = -\frac{5ql^4}{384EI} - \frac{qla^3}{12EI} \ (\text{向下})$$

C 截面的转角为

$$\theta_C^- = \theta_{C2} - \theta_{C1} = \theta_{C2} - \frac{\Delta_C}{l} = \frac{ql^3}{24EI} - \frac{qa^3}{6EI} \ (\text{逆时针})$$

于是，在中间铰处梁截面转角的突变值为：

$$\Delta\theta_C = \theta_C^{\pm} - \theta_C^{-} = \frac{qla^2}{4EI} - \frac{ql^3}{24EI} + \frac{qa^3}{6EI} = \frac{ql^3}{24EI}(4\xi^3 + 6\xi^2 - 1)$$

其中，$\xi = a/l$。

注意：在具体使用叠加法时，为了方便起见和避免书写麻烦，一般不采用前述的挠度和转角的正负号规定，可视情况而定其正方向，求解完毕后注明其方向即可。

3. 多种因素引起所考察点变形的情况

此种情况下应将各种因素引起的所考察点的转角和挠度进行逐项叠加。

例 11—11 求如图 11—23（a）所示悬臂梁自由端的挠度和转角，梁的抗弯刚度为 EI。

解： 明显梁段 CB 中没有内力，因此该段梁没有变形，但是 AC 段梁的变形将引起 CB 段梁产生挠度和转角。

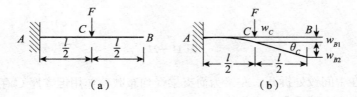

图 11—23

如图 11—23（b）所示，所考察点 B 点的挠度和转角是由 AC 段梁的变形引起的，B 点的挠度由 AC 段梁的两种变形因素引起，即 C 点的挠度引起的 B 点的挠度为 w_{B1}，C 截面的转角引起的 B 点的挠度为 w_{B2}，所以有

$$w_{B1} = w_C = \frac{F(l/2)^3}{3EI} = \frac{Fl^3}{24EI} \text{（向下）}$$

$$w_{B2} = a\tan\theta_C = a\theta_C = \frac{F(l/2)^2}{2EI} \cdot \frac{l}{2} = \frac{Fl^3}{16EI} \text{（向下）}$$

$$w_B = w_{B1} + w_{B2} = \frac{Fl^3}{24EI} + \frac{Fl^3}{16EI} = \frac{Fl^3}{48EI} \text{（向下）}$$

由于 CB 段梁始终保持为直线，所以 C 截面的转角就等于 B 截面的转角，所以有

$$\theta_B = \theta_C = \frac{F(l/2)^2}{2EI} = \frac{Fl^2}{8EI} \text{（顺时针）}$$

例 11—12 求如图 11—24（a）所示悬臂梁任意点处的挠度和转角，梁的抗弯刚度为 EI。

解： 考察距固定端距离为 x 的 C 点，将梁在 C 点处截开，只考虑左段梁，其受力情况如图 11—24（b）所示，即受均布载荷 q 作用，同时在自由端受集中力 F_S 和集中力偶 M 的作用，则 C 点的挠度和 C 截面的转角由这三种载荷引起。

由右段梁的平衡有

$$F_S = q(l-x), \quad M = \frac{q(l-x)^2}{2}$$

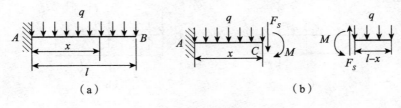

图 11—24

所以由叠加法，C 点的挠度为

$$w(x) = \frac{qx^4}{8EI} + \frac{F_S x^3}{3EI} + \frac{Mx^2}{2EI} = \frac{qx^4}{8EI} + \frac{qx^3(l-x)}{3EI} + \frac{qx^2(l-x)^2}{4EI}$$

$$= \frac{qx^2}{24EI}(x^2 - 4lx + 6l^2)\ (\text{向下})$$

C 截面的转角为

$$\theta(x) = \frac{qx^3}{6EI} + \frac{F_S x^2}{2EI} + \frac{Mx}{EI} = \frac{qx^3}{6EI} + \frac{qx^2(l-x)}{2EI} + \frac{qx(l-x)^2}{2EI}$$

$$= \frac{qx}{6EI}(x^2 - 3lx + 3l^2)\ (\text{顺时针})$$

可见，影响 C 点的挠度和 C 截面的转角的因素是：左段梁上的载荷 q 以及右段梁作用在左段梁上的载荷 F_S 和 M。实质上 $w(x)$ 和 $\theta(x)$ 也就是图 11—24（a）所示悬臂梁的挠曲线函数和转角函数。这说明有些简单梁的挠曲线函数及转角函数也可由叠加法求得。

二、叠加法的常用技巧

为了利用一些简单梁的结果，在不改变梁的变形的情况下可以将梁简化为一些简单梁的叠加，所以叠加法的常用技巧就是如何简化实际的梁。除了前面介绍的刚性地基或平台上的梁以及对称梁和反对称梁的简化技巧外，还可以采用下面的一些方法简化实际的梁。

1. 载荷的分解与重组

在不改变梁的变形条件下，可以将梁上载荷进行分解或重组，从而将原梁简化为几个简单梁的叠加。

例 11—13 求如图 11—25（a）所示悬臂梁自由端的挠度，梁的抗弯刚度为 EI。

解： 原梁的变形等价于图 11—25（b）所示的梁，即将梁上的分布载荷加满到固定端，然后在左半边梁加上反方向的分布载荷。所以原梁可分解为图 11—25（c）、（d）所示两梁的叠加。

$$w_{B1} = -\frac{ql^4}{8EI}\ (\text{向下})$$

$$w_{B2} = w_C = \frac{q(l/2)^4}{8EI} = \frac{ql^4}{128EI}\ (\text{向上})$$

$$w_{B3} = \theta_C \cdot \frac{l}{2} = \frac{q(l/2)^3}{6EI} \cdot \frac{l}{2} = \frac{ql^4}{96EI}\ (\text{向上})$$

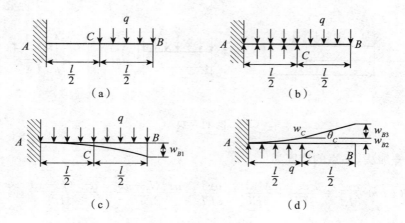

图 11—25

所以

$$w_B = -w_{B1} + w_{B2} + w_{B3} = \left(-\frac{1}{8} + \frac{1}{128} + \frac{1}{96}\right)\frac{ql^4}{EI} = -\frac{41ql^4}{384EI}\ (\text{向下})$$

2. 逐段刚化法

欲求梁某点的挠度和转角，可将梁分为若干段，分别考虑各段梁的变形对所考察点引起的挠度和转角，然后进行叠加，这种方法称为逐段刚化法。如图 11—26（a）所示，今欲求梁自由端 B 点的挠度，可先将梁分为 AC 和 CB 两段，B 点的挠度是由 AC 和 CB 两段梁的变形引起的，所以计算 CB 段梁变形引起的 B 点的挠度时，可将 AC 段梁刚化（图 11—26（b）），而计算 AC 段梁变形引起的 B 点的挠度时，可将 CB 段梁刚化（图 11—26（c）），注意计算 AC 段梁变形时，要考虑作用于其上的所有载荷的影响（图 11—26（d）），然后将两段梁引起的 B 点的挠度叠加，就可求得 B 点的挠度。实际上原梁就是图 11—26（b）和（c）两梁的叠加，因此逐段刚化法实质上就是考虑梁的逐段变形然后进行叠加。

注意：逐段刚化法是计算梁某点变形的非常有力的方法。它可以处理阶梯状梁、复杂的外伸梁以及刚架等问题。

例 11—14 求如图 11—27（a）所示阶梯状简支梁中点的挠度和支座处的转角。中间段梁的抗弯刚度为 $2EI$，两边段梁的抗弯刚度为 EI。

解： 根据对称性，只考虑右半部分梁。由前面的分析（图 11—27（b）），原梁可简化为图 11—27（c）所示的梁，而图 11—27（c）所示的梁又等价于图 11—27（d）所示的悬臂梁，图中 B 点向上的挠度也就是原梁中点 A 向下的挠度。即 $w_A = w_B$。

采用逐段刚化法求解，先刚化 AC 段梁（图 11—27（e）），则：

$$w_{B1} = \frac{(F/2)a^3}{3EI} = \frac{Fa^3}{6EI}\ (\text{向上})$$

再刚化 CB 段梁（图 11—27（f）），AC 段梁的受力情况是在 C 点受集中力 $F/2$ 及集中力偶 $Fa/2$ 的作用。则由叠加法，有

230

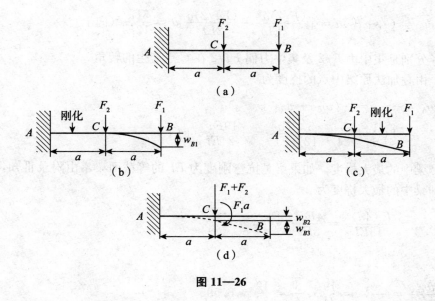

图 11—26

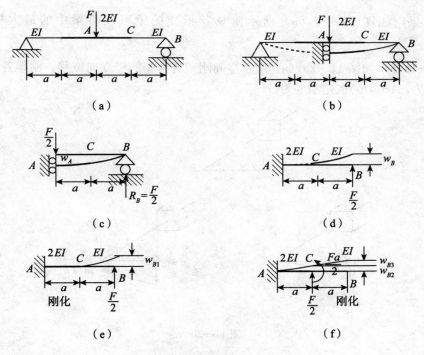

图 11—27

$$w_{B2} = w'_C + w''_C = \frac{(F/2)a^3}{3(2EI)} + \frac{(Fa/2)a^2}{2(2EI)} = \frac{5Fa^3}{24EI} \text{ (向上)}$$

其中 w'_C、w''_C 分别是集中力 $F/2$ 及集中力偶 $Fa/2$ 在 C 点产生的挠度。

$$w_{B3} = (\theta'_C + \theta''_C)a = \left[\frac{(F/2)a^2}{2(2EI)} + \frac{(Fa/2)a}{2EI}\right]a = \frac{5Fa^3}{12EI} \text{（向上）}$$

其中 θ'_C、θ''_C 分别是集中力 $F/2$ 及集中力偶 $Fa/2$ 在 C 点产生的转角。

所以，由叠加法原梁中点的挠度为

$$w_A = -w_B = -(w_{B1} + w_{B2} + w_{B3})$$

$$= -\left(\frac{1}{6} + \frac{5}{24} + \frac{5}{12}\right)\frac{Fa^3}{EI} = -\frac{19Fa^3}{24EI} \text{（向下）}$$

此亦即梁中的最大挠度。如果梁是抗弯刚度为 EI 的等截面梁，由附录Ⅲ知，其中点的挠度也即梁中的最大挠度为

$$w'_{\max} = \frac{F(4a)^3}{48EI} = \frac{4Fa^3}{3EI}$$

因此

$$\frac{w_{\max}}{w'_{\max}} = \frac{w_A}{w'_{\max}} = \frac{19}{24} \times \frac{3}{4} = \frac{19}{32} = 0.595$$

可见，采用如图 11—27（a）所示阶梯状形式的梁可以将梁中的最大挠度降低约 40%。

例 11—15 求如图 11—28（a）所示空间刚架自由端的竖立向位移。刚架各梁的抗弯曲刚度为 EI，AB 梁的抗扭刚度为 GI_P。

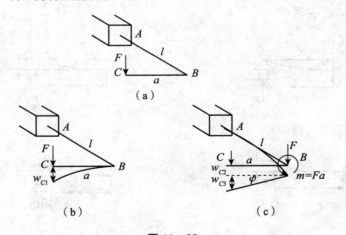

图 11—28

解：采用逐段刚化法求解。

先刚化 AB 梁（图 11—28（b）），则 BC 梁的变形相当于 B 端固定的悬臂梁，所以 C 点的竖立向位移为

$$w_{C1} = \frac{Fa^3}{3EI} \text{（向下）}$$

232

再刚化 BC 梁（图 11—28（c）），则作用在 AB 梁上的载荷是在 B 点的一个集中力 F 和一个扭矩 Fa，集中力引起的 C 点的竖立向位移为 w_{C2}，扭矩引起的 C 点的竖立向位移为 w_{C3}，所以有

$$w_{C2} = -\frac{Fl^3}{3EI} \text{（向下）}$$

$$w_{C3} = -\varphi_{AB}a = -\frac{Fal}{GI_P} \cdot a = -\frac{Fa^2l}{GI_P} \text{（向下）}$$

由叠加法，C 点的竖立向位移为

$$w_C = w_{C1} + w_{C2} + w_{C3} = -\frac{F(a^3 + l^3)}{3EI} - \frac{Fa^2l}{GI_P} \text{（向下）}$$

3. 梁的其他简化方法

梁的简化并不局限于前述的各种方法，有的时候应视情况根据具体条件采用较灵活且合理的简化方法。

例 11—16 求如图 11—29（a）所示简支梁的最大挠度及其位置，梁的抗弯刚度为 EI。

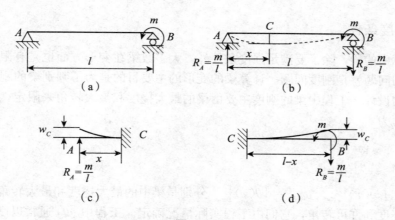

图 11—29

解：首先求出梁的支反力，为

$$R_A = R_B = \frac{m}{l}$$

假设梁的最大挠度位置在离左端支座距离 x 的 C 点，因 $w_A = w_B = 0$，则梁变形后轴线上 C 点一定是极值点，既该处截面的转角一定为零，如图 11—29（b）所示。将梁从 C 点截开，则左边的梁可简化为图 11—29（c）所示的悬臂梁，而右边梁可简化为图 11—29（d）所示的悬臂梁，它们的自由端的挠度就是原梁 C 点的挠度，也就是原梁的最大挠度。所以有：

左梁：$w_C = \dfrac{(m/l)x^3}{3EI}$，　　右梁：$w_C = \dfrac{m(l-x)^2}{2EI} - \dfrac{(m/l)(l-x)^3}{3EI}$

233

所以有：

$$x^3 = \frac{3}{2}l\,(l-x)^2 - (l-x)^3$$

整理得

$$l[x^2 - x(l-x) + (l-x)^2] = \frac{3}{2}l\,(l-x)^2, \quad 3x^2 = l^2$$

即在 $x = \dfrac{l}{\sqrt{3}}$ 处梁的挠度最大，且最大挠度为

$$w_{\max} = \frac{(m/l)x^3}{3EI}\bigg|_{x=\frac{l}{\sqrt{3}}} = \frac{ml^2}{9\sqrt{3}EI}\text{（向下）}$$

　　总之，<u>叠加法的关键点在于如何将实际情况下的梁或荷载简化或分解为一些简单梁或荷载的叠加</u>。

11.5　梁的刚度条件及其应用

一、梁的刚度条件

　　工程实际中的梁，除了要满足强度条件外，大多数梁在变形方面也是有限制的，与弹性变形相关的问题就是刚度问题。计算梁的变形的主要目的是为了判别梁的刚度是否足够以及进行梁的设计。工程中梁的刚度主要由梁的最大挠度和最大转角来限定，因此，梁的刚度条件可写为

$$w_{\max} \leqslant [w] \tag{11-10}$$
$$\theta_{\max} \leqslant [\theta] \tag{11-11}$$

其中，$w_{\max} = |w(x)|_{\max}$、$\theta_{\max} = |\theta(x)|_{\max}$ 分别是梁中的最大挠度和最大转角，$[w]$、$[\theta]$ 分别是许可挠度和许可转角，它们由工程实际情况确定。工程中 $[\theta]$ 通常以度（°）表示，而许可挠度通常表示为

$$[w] = \frac{l}{m} \quad \text{（}l\text{ 是梁长，}m\text{ 是大的自然数）}$$

　　上述两个刚度条件中，挠度的刚度条件是主要的刚度条件，而转角的刚度条件是次要的刚度条件。

　　与拉伸压缩及扭转类似，梁的刚度条件有下面三个方面的应用。

　　1. 校核刚度

　　给定了梁的载荷、约束、材料、长度以及截面的几何尺寸等，还给定了梁的许可挠度和许可转角，计算梁的最大挠度和最大转角，判断其是否满足梁的刚度条件式（11-10）和式（11-11），满足则梁在刚度方面是安全的，不满足则不安全。

　　很多时候，工程中的梁只要求满足挠度刚度条件式（11-10）即可，而梁的最大转角

由于很小，一般情况下不需要校核。

2. 计算许可载荷

给定了梁的约束、材料、长度以及截面的几何尺寸等，根据梁的挠度刚度条件式（11—10）可确定梁的载荷的上限值。如果还要求转角刚度条件满足，可由式（11—11）确定出梁的另一个载荷的上限值，两个载荷上限值中最小的那个就是梁的许可载荷。

3. 计算许可截面尺寸

给定了梁的载荷、约束、材料以及长度等，根据梁的挠度刚度条件式（11—10）可确定梁的截面尺寸的下限值。如果还要求转角刚度条件满足的话，可由式（11—11）确定出梁的另一个截面尺寸的下限值，两个截面尺寸下限值中最大的那个就是梁的许可截面尺寸。

例 11—17 如图 11—30（a）所示的梁，其长度 $L=1m$，抗弯刚度 $EI=4.9\times10^5 N\cdot m^2$，当梁的最大挠度不超过梁长的 $1/300$ 时，试确定梁的许可载荷。

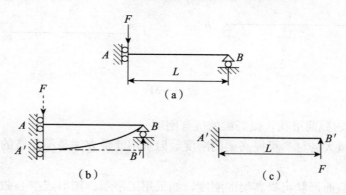

图 11—30

解： 原梁根据图 11—30（b）所示的变形过程，等价于图 11—30（c）所示的悬臂梁。梁的最大挠度在自由端 B' 处，也就是原梁的最大挠度在 A 点，为 $w_{max}=\dfrac{FL^3}{3EI}$。

根据刚度条件有

$$w_{max}=\frac{FL^3}{3EI}\leqslant[w]=\frac{L}{300}$$

所以得

$$F\leqslant\frac{EI}{100L^2}=\frac{4.9\times10^5 N\cdot m^2}{100\times1^2 m^2}=4.9\times10^3 N=4.9kN$$

故梁的许可载荷为

$$[F]=4.9kN$$

二、提高梁刚度的方法

如前所述，梁的变形与梁的弯矩及抗弯刚度有关，而且与梁的支承形式及跨度有关。

235

所以，在梁的设计中，当一些因素确定后，可根据情况调整其他一些因素以达到提高梁的刚度的目的，具体方法如下：

1. 合理布置载荷，调整载荷的位置、方向和形式

比如将集中力改为静力等效的分布荷载，可以降低梁的最大弯矩，这与提高梁的强度的方法相同。

2. 合理安排支承，调整约束位置，加强约束或增加约束

梁的变形通常与梁的跨度的高次方成正比，因此，减小梁的跨度是降低变形的有效途径。如图 11—31 (a) 所示，工程中常采用调整梁的约束位置或增加约束来减小梁的跨度 (图 11—31 (b)、(c))，还可以加强梁的约束，减小梁的最大挠度 (图 11—31 (d))。

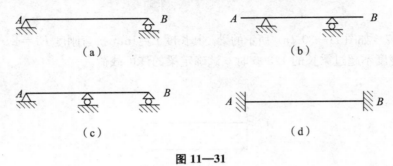

（a） （b）

（c） （d）

图 11—31

3. 选择合理的截面形状，提高梁的抗弯刚度

选用弹性模量大的材料可提高梁的刚度，但采用此种方法是不经济的，即弹性模量大的材料价格较高。

选择合理的截面形状可提高梁的刚度，如采用工字形、箱形或空心截面等，增加截面对中性轴的惯性矩，既提高梁的强度也增加梁的刚度。脆性材料的抗拉能力和抗压能力不等，应选择上、下不对称的截面，例如 T 字形截面。

11.6 简单静不定梁

一、静不定梁的概念

前面分析过的梁，如简支梁和悬臂梁等，其支座反力和内力仅用静力平衡条件就可全部确定，这种梁称为静定梁。在工程实际中，为了提高梁的强度和刚度，往往在静定梁上增加一个或几个约束，此时梁的支座反力和内力用静力平衡条件不能全部确定，这种梁称为静不定梁或超静定梁。例如在图 11—32 (a) 所示悬臂梁的自由端 B 加一支座，未知约束反力增加一个，该梁由静定梁变为了静不定梁，如图 11—32 (b) 所示。

二、变形比较法求解简单静不定梁

在静不定梁中，那些超过维持梁平衡所必需的约束称为多余约束，对应的支座反力称为多余约束反力。由于多余约束的存在，使得未知力的数目多于能够建立的独立平衡方程

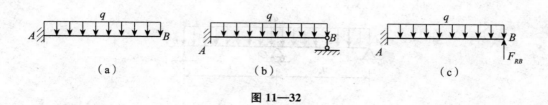

图 11—32

的数目，两者之差称为静不定次数。为确定静不定梁的全部约束反力，必须根据梁的变形情况建立补充方程式。解除静不定梁上的多余约束，变为一个静定梁。这个静定梁为原静不定梁的基本静定梁，两个梁应具有相同的受力和变形。

为了使基本静定梁的受力和变形与原静不定梁完全相同，作用在基本静定梁上的外力除了原来的载荷外，还应加上多余约束反力；同时还要求基本静定梁在多余约束处的挠度或转角满足该约束的限制条件。例如，在图 11—32（b）中，若将 B 端的可动铰支座作为多余约束，则可得到如图 11—32（c）所示的基本静定梁，且该梁应满足

$$w_B = 0 \text{ 或 } w_B = (w_B)_q + (w_B)_{FRB} = 0$$

这就是梁应满足的变形协调条件。

根据变形条件和力与变形间的物理关系可以建立补充方程。由此可以求出多余约束反力，进而求解梁的内力、应力和变形。这种通过比较多余约束处的变形，建立变形协调关系，求解静不定梁的方法称为变形比较法。

用变形比较法求解静不定梁的步骤：第一，去掉多余约束，使静不定梁变成基本静定梁，并施加与多余约束对应的约束反力；第二，比较多余约束处的变形情况，建立变形协调关系；第三，将力与变形之间的物理关系代入变形条件，得到补充方程，求出多余约束反力。

解静不定梁时，选择哪个约束为多余约束并不是固定的，可以根据方便求解的原则确定。选取的多余约束不同，得到的基本静定梁的形式和变形条件也不同。例如图 11—32（b）所示静不定梁也可选阻止 A 端转动的约束为多余约束，相应的多余约束反力为力偶矩 M_A。解除这一多余约束后，固定端将变为固定铰支座；相应的基本静定梁为简支梁，如图 11—33 所示。该梁应满足的变形关系为 A 端的转角为零，即

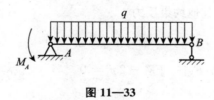

图 11—33

$$\theta_A = \theta_{Aq} + \theta_{AM_A} = 0$$

最后利用物理关系得到补充方程，求解可以得到与前面相同的结果。

例 11—18 房屋建筑中某一等截面梁简化为均布载荷作用下的双跨梁，如图 11—34（a）所示。试求梁的全部约束反力。

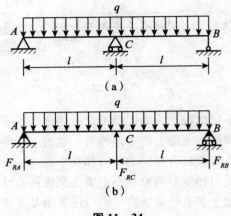

图 11—34

解：（1）确定基本静定梁

解除 C 点的约束，加上相应的约束反力 F_{RC}，得到基本静定梁如图 11—34（b）所示。

（2）变形协调条件

C 点由于支座的约束，梁的挠度为零，即

$$w_C = w_{Cq} + w_{CF_{RC}} = 0$$

（3）建立补充方程，查附录Ⅲ，可得

$$w_{CF_{RC}} = \frac{F_{RC}\,(2l)^3}{48EI} = \frac{F_{RC}l^3}{6EI}, \quad w_{Cq} = -\frac{5q\,(2l)^4}{384EI} = -\frac{5ql^4}{24EI}$$

代入变形关系可得补充方程为

$$-\frac{5ql^4}{24EI} + \frac{F_{RC}l^3}{6EI} = 0$$

解得

$$F_{RC} = \frac{5}{4}ql$$

（4）列平衡方程，求解其他约束反力

$$\sum M_A = 0, \quad 2ql \cdot l - F_{RC} \cdot l - F_{RB} \cdot 2l = 0$$

$$\sum Y = 0, \quad F_{RA} + F_{RB} + F_{RC} - 2ql = 0$$

解得

$$F_{RA} = F_{RB} = \frac{3}{8}ql$$

在求出梁上作用的全部外力后，就可以进一步分析梁的内力、应力、强度和变形了。

例 11—19　如图 11—35（a）所示的中间铰梁，左边梁的抗弯刚度为 $2EI$，右边梁的

238

抗弯刚度为 EI，求梁在中间铰处的挠度。

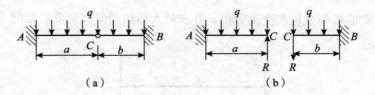

图 11—35

解：将梁从中间铰处拆开，左梁和右梁间的作用力假设为 R（图 11—35（b））。

根据叠加法，左梁在中间铰处的挠度为

$$w_1 = \frac{qa^4}{8(2EI)} - \frac{Ra^3}{3(2EI)} = \frac{qa^4}{16EI} - \frac{Ra^3}{6EI} \text{（向下）}$$

右梁在中间铰处的挠度为

$$w_2 = \frac{qa^4}{8EI} + \frac{Rb^3}{3EI} \text{（向下）}$$

两梁的变形协调条件为

$$w_1 = w_2$$

所以有

$$\frac{qa^4}{16EI} - \frac{Ra^3}{6EI} = \frac{qb^4}{8EI} + \frac{Rb^3}{3EI}$$

得

$$R = \frac{1 - 2\xi^4}{1 + 2\xi^3} \cdot \frac{3qa}{8} \qquad (\xi = \frac{b}{a})$$

梁中点的挠度为

$$w_C = w_1 = w_2 = \frac{qa^4}{8EI} + \frac{Rb^3}{3EI} = \frac{qa^4}{8EI}\left[1 + \frac{(1 - 2\xi^4)\xi^3}{1 + 2\xi^3}\right] \text{（向下）}$$

特别地，当 $a = b$ 时，$\xi = 1$，有

$$R = -\frac{3qa}{8} \text{（负号表示与图 11—35（b）中假设的方向相反）}$$

$$w_C = \frac{qa^4}{12EI} \text{（向下）}$$

11—1 求梁的转角方程和挠度方程,并求最大转角和最大挠度,梁的 EI 已知。

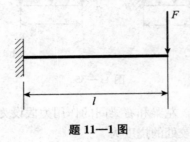

题 11—1 图

11—2 求梁的转角方程和挠度方程,并求最大转角和最大挠度,梁的 EI 已知,$l = a+b$,$a>b$。

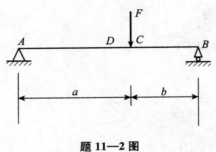

题 11—2 图

11—3 已知:悬臂梁受力如图所示,q、l、EI 均为已知。求 A 截面的挠度 w_A 和转角 θ_A。

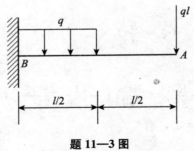

题 11—3 图

11—4 试列出如图所示结构中 AB 梁的挠曲线近似微分方程,并写出确定积分常数的边界条件,EI 为常数。

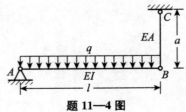

题 11—4 图

11—5 用叠加法求图示各梁指定截面处的挠度与转角，EI_z 为常数。对于图（a），求 y_C、θ_C；对于图（b），求 y_C、θ_A、θ_B。

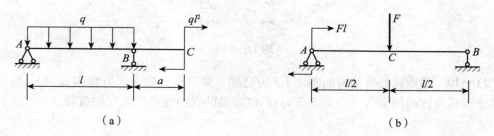

（a）   （b）

题 11—5 图

11—6 试用叠加法求下列各梁中截面 A 的挠度和截面 B 的转角。图中 q、l、EI 等为已知。

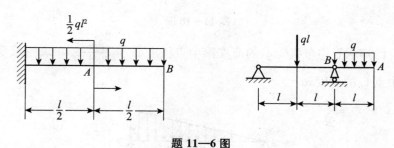

题 11—6 图

11—7 试求图示梁的约束反力，并画出剪力图和弯矩图，EI_z 为常数。

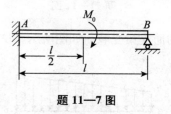

题 11—7 图

11—8 一悬臂梁 AB 在自由端受横力 F 作用，因其刚度不足，用一短梁加固如图所示，试计算梁 AB 的最大挠度的减少量。设二梁的弯曲刚度均为 EI。（提示：如将二梁分开，则二梁在 C 点的挠度相等。）

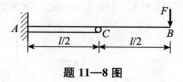

题 11—8 图

11—9 作图示外伸梁的弯矩图及其挠曲线的大致形状。

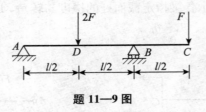

题 11—9 图

11—10 等截面悬臂梁弯曲刚度 EI 为已知，梁下有一曲面，方程为 $w = -Ax^3$。欲使梁变形后与该曲面密合（曲面不受力），试求梁的自由端处应施加的载荷。

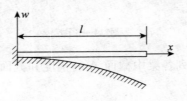

题 11—10 图

11—11 已知承受均布载荷 q_0 的简支梁中点挠度 $w = \dfrac{5q_0 l^4}{384EI}$，求图示受三角形分布载荷作用梁中点 C 的挠度 w_C。

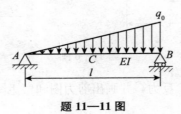

题 11—11 图

11—12 弯曲刚度为 EI 的简支梁受载荷如图所示，试用叠加法求 A 端的转角 θ_A。

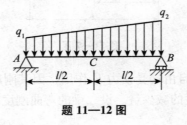

题 11—12 图

11—13 试求图示超静定梁截面 C 的挠度 w_C 值，梁弯曲刚度 EI 为常量。

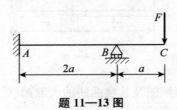

题 11—13 图

11—14 试求图示超静定梁支座约束力值，梁弯曲刚度 EI 为常量。

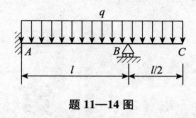

题 11—14 图

第 12 章
应力状态和强度理论

12.1　概述

一、应力状态的概念

在前面几章中，分析了拉压杆件、扭转杆件和平面弯曲杆件横截面上各点处与横截面正交方向应力，这统称为横截面方向的应力。梁弯曲时横截面上的正应力及圆截面杆扭转时的切应力计算公式表明：同一截面上不同点的应力各不相同，因此研究应力时须指明哪一点的应力，此即应力点的概念。

除了研究杆件横截面上的应力，有时还需要研究些斜截面上的应力。以拉压直杆为例，其方位角为 α 的斜截面上的应力计算公式为 $\sigma_\alpha = \sigma\cos^2\alpha$ ，$\tau_\alpha = \frac{1}{2}\sigma\sin2\alpha$ ，说明：同一点不同方位面上的应力也是各不同的，此即为应力面的概念。

受力杆件中的任一点，可以看作是横截面上的点，也可看作是斜截面或纵截面上的点。一点处沿各个方位面上的应力情况是不相同的。受力杆件中一点的应力状态是该点处各方位面上的应力的集合，称为该点的应力状态。研究应力状态，对全面了解受力杆件的应力情况以及分析杆件的强度和破坏机理，都是必需的。

二、应力状态的研究方法及分类

1. 应力状态的研究方法

为了研究一点的应力状态，通常围绕该点取一无限小的六面体即单元体（unit body），通过单元体来研究该点各个方位面上的应力及变化规律。截取单元体时，一般令单元体左右侧面位于杆件的横截面上。

2. 应力状态的分类

根据单元体上的应力情况，点的应力状态可分为平面应力状态和空间应力状态。平面应力状态指单元体各面上的应力均位于平行的平面内（图 12—1（a）），空间应力状态则指单元体各面上的应力不全位于平行的平面内（图 12—1（b））。在工程实际中，平面应力状态最为普遍，所以本书主要研究平面应力状态的应力分析。

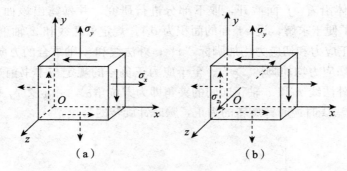

（a）　　　　　　（b）

图 12—1

12.2　平面应力状态的应力分析　主应力

一、斜截面上的应力

如图 12—2 所示的单元体为平面应力状态的一般情况。如图 12—3 所示，当截面上只有切应力而没有正应力时，称为纯剪切应力状态，为平面应力状态的特殊情况。

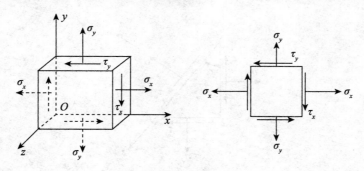

图 12—2

245

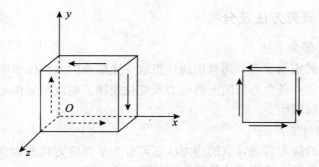

图 12—3

　　现以平面应力状态的一般情况（图 12—4）为例，求任意斜截面 ef 上的应力。求解的思路：将单元体沿着 ef 面截开，取下部分进行研究，并暴露出该面上的应力，如图 12—5 所示。为了便于求解，设 ef 面的面积为 dA，规定外法线和 x 轴重合的方向面称为 x 面，x 面上的正应力和切应力均加脚标 "x"；外法线和 y 轴重合的方向面称为 y 面，y 面上的正应力和切应力均加脚标 "y"。至于应力正负号的规定与本书前述一致。ef 面为任一方向面，其外法线 n 和 x 轴正向间的夹角即为方位角 α，并定义 ef 面称为 α 面，α 角以 x 轴转到其外法线时逆时针旋转的为正，顺时针旋转的为负。

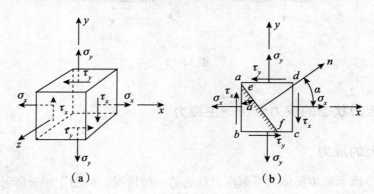

图 12—4

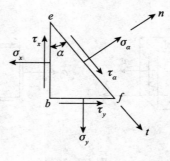

图 12—5

脱离体 ebf 在各力作用下处于平衡，各力沿 n 向和 t 向的投影之和为零，可写如下平衡方程：

$$\sum F_n = 0$$

$$\sigma_\alpha \mathrm{d}A - \sigma_x(\mathrm{d}A \cdot \cos\alpha) \cdot \cos\alpha - \sigma_y(\mathrm{d}A \cdot \sin\alpha) \cdot \sin\alpha + \tau_x(\mathrm{d}A \cdot \cos\alpha) \cdot \sin\alpha +$$

$$\tau_y(\mathrm{d}A \cdot \sin\alpha) \cdot \cos\alpha = 0 \tag{a}$$

$$\sum F_t = 0$$

$$\tau_\alpha \mathrm{d}A - \sigma_x(\mathrm{d}A \cdot \cos\alpha) \cdot \sin\alpha + \sigma_y(\mathrm{d}A \cdot \sin\alpha) \cdot \cos\alpha - \tau_x(\mathrm{d}A \cdot \cos\alpha) \cdot \cos\alpha +$$

$$\tau_y(\mathrm{d}A \cdot \sin\alpha) \cdot \sin\alpha = 0 \tag{b}$$

由切应力互等定理可知，上式中 $\tau_x = \tau_y$，联立上式求解最终可得

$$\sigma_\alpha = \frac{\sigma_x + \sigma_y}{2} + \frac{\sigma_x - \sigma_y}{2} \cdot \cos 2\alpha - \tau_x \sin 2\alpha \tag{12-1}$$

$$\tau_\alpha = \frac{\sigma_x - \sigma_y}{2} \cdot \sin 2\alpha + \tau_x \cdot \cos 2\alpha \tag{12-2}$$

式（12—1）和式（12—2）即为平面应力状态下任意斜截面上的正应力和切应力的计算公式。

二、主应力和主平面

1. 主平面的概念

前面已经推导出一点任意斜截面上的正应力和切应力的计算公式，见式（12—1）和式（12—2）。由公式分析可知：切应力 τ_α 随着 α 的变化而变化，其结果可能为正，可能为负，也可能为零。则当某截面上的切应力为零时，该截面称为**主平面**（principal plane）。

2. 主平面的位置

根据主平面的定义，来确定主平面的方位。设主平面的方位角为 α^0，则当式（12—2）中 α 取 α^0 时，其切应力结果为零，即

$$\frac{\sigma_x - \sigma_y}{2} \cdot \sin 2\alpha^0 + \tau_x \cos 2\alpha^0 = 0$$

求解得

$$\tan 2\alpha^0 = \frac{2\tau_x}{\sigma_x - \sigma_y} \tag{12-3}$$

若已知单元体上的 σ_x、σ_y 和 τ_x，可通过式（12—3）求出 α^0。上式就是确定主平面方位的公式。

求解主平面方位时需注意，根据三角函数知

$$\tan 2(\alpha^0 + 90^0) = \tan 2\alpha^0$$

因此，α^0 和 $\alpha^0 + 90^0$ 都满足式（12—3），这表明：<u>平面应力状态存在两个主平面，且两个主平面互相垂直</u>。

3. 主应力的概念

由前面可知主平面上的切应力为零,主平面上的正应力称为 __主应力__(principal stress)。根据式(12-3)求出 α^0 和 α^0+90^0,将它们代入式(12-1),最后求出两个主应力的计算公式如下:

$$\sigma_{\pm}{}' = \frac{\sigma_x+\sigma_x}{2} + \sqrt{\left(\frac{\sigma_x-\sigma_y}{2}\right)^2 + \tau_x^2} \tag{12-4}$$

$$\sigma_{\pm}{}'' = \frac{\sigma_x+\sigma_x}{2} - \sqrt{\left(\frac{\sigma_x-\sigma_y}{2}\right)^2 + \tau_x^2} \tag{12-5}$$

4. 主应力的特点

根据式(12-1)可知:σ_α 为 α 的函数式,其值随着 α 的变化而变化。求 σ_α 的极值时,关于 α 求一阶导数,其结果为零。即

$$\frac{\mathrm{d}\sigma_\alpha}{\mathrm{d}\alpha} = -2\frac{\sigma_x-\sigma_y}{2}\sin2\alpha_0 - 2\tau_x\cos2\alpha_0 = 0$$

可得

$$\tan2\alpha_0 = -\frac{2\tau_x}{\sigma_x-\sigma_y} \tag{c}$$

观察式(c)和式(12-3)可得:$\alpha_0 = \alpha^0$。由于 α^0 为主应力所在截面的方位角,α_0 为 σ_α 达到极值时所在截面的方位角,这表明:__一点的主应力值为该点所有方位面上正应力中的极值,两个主应力其中之一是极大值,另一个则为极小值__。

三、极值切应力

求极值切应力的方法和求极值正应力的方法一样,设极值切应力所在平面的方位角为 β,由

$$\frac{\mathrm{d}\tau_\alpha}{\mathrm{d}\alpha} = 2\frac{\sigma_x-\sigma_y}{2}\sin2\beta - 2\tau_x\cos2\beta = 0$$

得

$$\tan2\beta = \frac{\sigma_x-\sigma_y}{2\tau_x} \tag{12-6}$$

式(12-6)求出的角度也是两个:β 和 $\beta+90°$,因此,切应力的极值也是两个。把求出的角度代入式(11-2),最后可得切应力的极值公式如下:

$$\tau_{\min}^{\max} = \pm\sqrt{\left(\frac{\sigma_x-\sigma_y}{2}\right)^2 + \tau_x^2} \tag{12-7}$$

12.3 空间应力状态的概念

如图12-6所示,当单元体各面上的应力不全位于平行的平面内时,即为 __空间应力状__

态。对于空间应力状态，也可推导出任意方位面上的应力、主应力及极值切应力的计算公式。本书对空间应力状态相关公式的推导不做详细研究，只介绍与其相关的概念及结论。

空间应力状态下的主平面与主应力，其概念与平面应力状态一致：切应力为零的平面为主平面，主平面上的正应力为主应力。但与平面不同的是，空间应力状态下，一点均存在三个主应力，且与主应力对应的三个主平面相互垂直。空间应力状态下三个主应力一般表示为 σ_1、σ_2、σ_3，其值按照主应力的代数值由大到小排列，代数值最大的为 σ_1，其次为 σ_2，最小的为 σ_3，即 $\sigma_1 \geqslant \sigma_2 \geqslant \sigma_3$。图 12—7 为以主应力表示的空间应力状态，即主单元体。

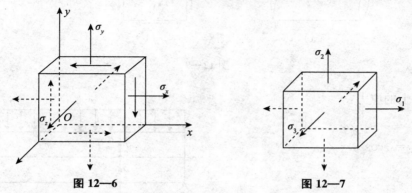

图 12—6   图 12—7

根据主应力的数值，可以将主应力分为三种类型。当三个主应力都不为零时，称为三向应力状态；两个主应力不等于零时，称为二向应力状态；只有一个主应力不为零时，称为单向应力状态，亦称为简单应力状态。三向和二向应力状态称为复杂应力状态。空间应力状态是应力状态中最一般的情况，因而平面应力状态可以看成空间应力状态的特例。对于平面应力状态，其主应力也可以用 σ_1、σ_2 和 σ_3 表示，只不过其中至少有一个主应力为零。

空间应力状态下任意一点，其最大切应力的计算公式为

$$\tau_{\max} = \frac{\sigma_1 - \sigma_3}{2} \tag{12—8}$$

例 12—1   分别画出轴向拉伸（图 12—8）、扭转（图 12—9）及弯曲变形（图 12—10）的单元体应力，并分析其单元体任意斜截面上的应力及主应力。

解：（1）轴向拉伸

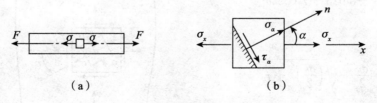

（a）   （b）

图 12—8

斜截面上的应力

$$\sigma_\alpha = \frac{\sigma_x}{2} + \frac{\sigma_x}{2}\cos 2\alpha = \sigma_x \cos^2\alpha, \quad \tau_\alpha = \frac{\sigma_x}{2}\sin 2\alpha = \frac{1}{2}\sigma_x\sin 2\alpha$$

主应力

$$\sigma_1 = \sigma_x, \quad \sigma_2 = \sigma_3 = 0$$

（2）扭转

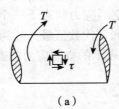 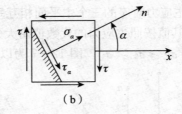

（a）　　　　（b）

图 12—9

斜截面上的应力：

$$\sigma_\alpha = -\tau\sin2\alpha$$

$$\tau_\alpha = \tau\cos2\alpha$$

主应力：

$$\sigma_1 = \tau$$

$$\sigma_2 = 0$$

$$\sigma_3 = -\tau$$

（3）弯曲

由于 a、e 两点为单向应力状态，与轴向拉伸（压缩）时应力情况一致，而 c 点与剪切时应力情况一致，所以本题以 b 点为例进行分析。

斜截面上的应力：

$$\sigma_\alpha = \frac{\sigma_b}{2} + \frac{\sigma_b}{2}\cos2\alpha - \tau_b\sin2\alpha$$

$$\tau_\alpha = \frac{\sigma_b}{2}\sin2\alpha + \tau_b\cos2\alpha$$

主应力：

$$\sigma_1 = \frac{\sigma_b}{2} + \sqrt{\left(\frac{\sigma_b}{2}\right)^2 + \tau_b{}^2}$$

$$\sigma_2 = 0$$

$$\sigma_3 = \frac{\sigma_b}{2} - \sqrt{\left(\frac{\sigma_b}{2}\right)^2 + \tau_b{}^2}$$

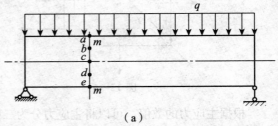

（a）

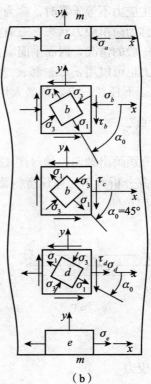

（b）

图 12—10

250

12.4 广义胡克定律

在轴向拉伸与压缩变形中已经介绍了单向应力状态时的胡克定律,即 $\sigma = E\varepsilon$,同时也知道横向线应变 ε' 与纵向线应变 ε 及应力之间的关系:$\varepsilon' = -\mu\varepsilon = -\mu\dfrac{\sigma}{E}$。本节在单向应力状态时胡克定律的基础上,研究复杂应力状态时各向同性材料应力应变间的关系,即广义胡克定律(generalized Hook law)。

以主应力表示的某点单元体应力情况如图 12—11 所示,现通过叠加法研究三个主应力 σ_1、σ_2、σ_3 与沿三个主应力方向的线应变 ε_1、ε_2、ε_3 间的关系。

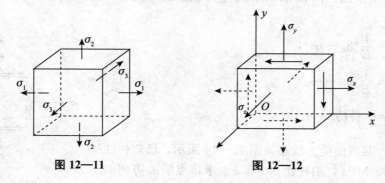

图 12—11   图 12—12

当单元体只有 σ_1 作用时,沿 σ_1 方向的线应变 $\varepsilon_1' = \dfrac{\sigma_1}{E}$;当单元体只有 σ_2 作用时,沿 σ_1 方向的线应变 $\varepsilon_1'' = -\mu\dfrac{\sigma_2}{E}$;当单元体只有 σ_3 单独作用时,沿 σ_1 方向的线应变 $\varepsilon_1''' = -\mu\dfrac{\sigma_3}{E}$。

根据叠加原理,当单元体同时作用有 σ_1、σ_2、σ_3 时,沿 σ_1 方向的线应变 ε_1 则为

$$\varepsilon_1 = \varepsilon_1' + \varepsilon'' + \varepsilon_1'' = \frac{\sigma_1}{E} - \mu\frac{\sigma_2}{E} - \mu\frac{\sigma_3}{E} = \frac{1}{E}[\sigma_1 - \mu(\sigma_2 + \sigma_3)]$$

同理,可得沿 σ_2 方向的线应变 ε_2 及沿 σ_3 方向的 ε_3,即可得与三个主应力方向对应的三个方向的线应变 ε_1、ε_2、ε_3:

$$\begin{cases} \varepsilon_1 = \dfrac{1}{E}[\sigma_1 - \mu(\sigma_2 + \sigma_3)] \\[2mm] \varepsilon_2 = \dfrac{1}{E}[\sigma_2 - \mu(\sigma_3 + \sigma_1)] \\[2mm] \varepsilon_3 = \dfrac{1}{E}[\sigma_3 - \mu(\sigma_1 + \sigma_2)] \end{cases} \qquad (12-9)$$

式(12—9)即为空间应力状态下的广义胡克定律公式。需注意的是,公式中的正应力和线应变正、负号的规定与之前一致,即拉应力为正压应力为负值,伸长线应变为正,反之为负。由于 ε_1、ε_2、ε_3 分别为沿三个主应力方向的线应变,所以也称之为主应变。式(12—9)是依据主应力和主应变建立的。

需注意,当单元体不是以主应力形式表示(图 12—12)时,由于各向同性材料,在小

变形情况下，切应力对线应变的影响可以忽略不计，因而上述关系仍然成立。针对图12—12所示单元体，由广义胡克定律可得与三个正应力方向对应的三个线应边 ε_x、ε_y 和 ε_z：

$$\begin{cases} \varepsilon_x = \dfrac{1}{E}\left[\sigma_x - \mu(\sigma_y + \sigma_z)\right] \\[2mm] \varepsilon_y = \dfrac{1}{E}\left[\sigma_y - \mu(\sigma_z + \sigma_x)\right] \\[2mm] \varepsilon_z = \dfrac{1}{E}\left[\sigma_z - \mu(\sigma_x + \sigma_y)\right] \end{cases} \tag{12—10}$$

同理，对如图 12—13 所示的平面应力状态的单元体，由广义胡克定律可得其线应变为

$$\begin{cases} \varepsilon_x = \dfrac{1}{E}(\sigma_x - \mu\sigma_y) \\[2mm] \varepsilon_y = \dfrac{1}{E}(\sigma_y - \mu\sigma_x) \\[2mm] \varepsilon_z = -\dfrac{\mu}{E}(\sigma_x + \sigma_y) \end{cases} \tag{12—11}$$

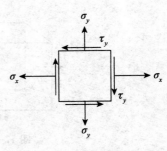

图 12—13

例 12—2 某点的应力状态如图 12—14 所示，已知弹性模量 $E = 2 \times 10^5 \mathrm{MPa}$，泊松比 $\mu = 0.3$。求该点沿 σ_x 方向的线应变 ε_x。

解：（1）由单元体应力状态图可知

$$\sigma_x = 30\mathrm{MPa}, \quad \sigma_y = -40\mathrm{MPa}, \quad \tau_x = 20\mathrm{MPa}$$

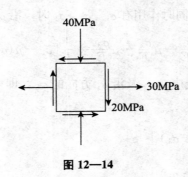

图 12—14

（2）根据广义胡克定律

$$\varepsilon_x = \frac{1}{E}(\sigma_x - \mu\sigma_y)$$

$$= \frac{1}{2 \times 10^5 \mathrm{MPa}} \times (30 + 0.3 \times 40)\mathrm{MPa}$$

$$= 0.00021$$

12.5 强度理论

一、强度理论的概念

在基本变形部分我们研究了杆件在轴向拉压、扭转、弯曲时的强度问题。在这些问题中，危险点处于单向应力状态或纯剪切应力状态，分别对应的强度条件如下：

$$\sigma_{max} \leqslant [\sigma]$$
$$\tau_{max} \leqslant [\tau]$$

在基本变形的强度问题中，许用应力值是通过实验测得的极限应力除以安全因数得到的。

但是，在工程实际中，很多构件其危险点既不是单向应力状态，也非纯剪切应力状态，而是处于二向或三向应力状态。在这样的复杂应力状态下，其强度问题不能像单向或纯剪切应力状态那样通过试验解决。由于复杂应力状态存在两个或三个不为零的主应力，材料的破坏与各主应力都有关，但材料破坏时，与其对应的主应力有无穷多组合。因此，通过试验的方法解决复杂应力状态时的强度问题是不可能的。

为了解决复杂应力状态下的强度问题，根据试验观察和分析材料破坏的规律，找出使材料破坏的共同原因，然后利用单向应力状态的试验结果，来建立复杂应力状态下的强度条件。17 世纪以来，通过大量的试验和分析，提出了各种关于破坏原因的假说，并由此建立了不同的强度条件。这些假说和由此建立的强度条件通常称为强度理论（theory of strength）。

二、材料的破坏形式

虽然各种材料的破坏现象比较复杂，但实际现象表明，材料的破坏形式有两种。一种是脆性断裂破坏，例如铸铁拉伸时，材料不出现屈服现象，也不发生明显的塑性变形，最后是在横截面上被拉断，铸铁扭转，杆件最后是在与杆轴线成 45°的方向被拉断。另一种是塑性屈服破坏，例如低碳钢拉伸和压缩以及低碳钢扭转时，试件因出现明显的塑性变形而屈服破坏。

综上所述，材料的破坏有两大类：一类为脆性断裂破坏，另一类为塑性流动。与其相对应的有两类强度理论：一类是关于脆性断裂的强度理论，常用的有最大拉应力理论和最大伸长线应变理论；另一类是关于屈服破坏的强度理论，常用的有最大切应力理论和形状改变比能理论。

三、四种常用的强度理论

下面将介绍在实际中应用较广的四种主要的强度理论。

1. 最大拉应力理论（第一强度理论）

该理论认为，最大拉应力是引起材料断裂破坏的原因。当构件内危险点处的最大拉应力达到某一极限值时，材料便发生脆性断裂破坏。这个极限值就是材料受轴向拉伸（单向应力状态）发生断裂破坏时的极限应力。因此，破坏条件（condition of failure）为

$$\sigma_1 = \sigma_b$$

将 σ_b 除以安全因数后，得到材料的容许拉应力 $[\sigma]$，$[\sigma]$ 为单向拉伸时材料的许用应力。故强度条件为

$$\sigma_1 \leqslant [\sigma] \qquad (12-12)$$

实验表明，对于铸铁、砖、岩石、混凝土和陶瓷等脆性材料，在二向或三向受拉断裂时，此强度理论较为合适。而且因为计算简单，所以应用较广。但是该理论没有考虑 σ_2 和 σ_3 两个主应力对破坏的影响。

2. 最大伸长线应变理论（第二强度理论）

该理论认为，最大伸长线应变是引起材料断裂破坏的原因。当构件内危险点处的最大伸长线应变达到某一极限值时，材料便发生脆性断裂破坏。这个极限值是材料受轴向拉伸发生断裂破坏时的极限应变。因此，破坏条件为

$$\varepsilon_1 = \varepsilon_u$$

对于铸铁等脆性材料，从受力到破坏，其应力应变之间的关系基本符合胡克定律。因此，在复杂应力状态下，根据广义胡克定律

$$\varepsilon_1 = \frac{1}{E}[\sigma_1 - \mu(\sigma_2 + \sigma_3)] \qquad (a)$$

而材料在单向拉伸断裂时，其最大线应变为

$$\varepsilon_u = \frac{\sigma_b}{E} \qquad (b)$$

则复杂应力状态下的破坏条件变为

$$\sigma_1 - \mu(\sigma_2 + \sigma_3) = \sigma_b \qquad (c)$$

将 σ_b 除以安全因数后，得到材料的容许拉应力 $[\sigma]$，$[\sigma]$ 即为单向拉伸时材料的许用应力。故强度条件为

$$\sigma_1 - \mu(\sigma_2 + \sigma_3) \leqslant [\sigma] \qquad (12-13)$$

上式即为最大伸长线应变理论。

3. 最大切应力理论（第三强度理论）

该理论认为，最大切应力是引起材料塑性屈服破坏的原因。当构件内危险点处的最大切应力达到某一极限值时，材料便发生屈服破坏，这个极限值是材料受轴向拉伸发生屈服时的切应力。因此，屈服条件为

$$\tau_{\max} = \tau_s \qquad (a)$$

复杂应力状态下最大切应力

$$\tau_{max} = \frac{\sigma_1 - \sigma_3}{2} \tag{b}$$

该理论轴向拉伸时材料发生屈服的最大切应力为

$$\tau_s = \frac{\sigma_s}{2} \tag{c}$$

将式（b）、式（c）式代入式（a），可得屈服条件为

$$\sigma_1 - \sigma_3 = \sigma_s \tag{d}$$

考虑一定的安全储备，强度条件为

$$\sigma_1 - \sigma_3 \leqslant [\sigma] \tag{12—14}$$

上式即为最大切应力理论。这一强度理论可以解释塑性材料的屈服现象，例如低碳钢拉伸屈服时，沿着与轴线成 45°方向出现滑移线的现象。由于该强度理论计算简单，计算结果偏于安全，因而在工程中应用广泛，但该强度理论没有考虑中间主应力 σ_2 对屈服破坏的影响。

4. 形状改变比能理论（第四强度理论）

这一理论认为，形状改变能密度是引起材料屈服破坏的原因。当构件内危险点处的形状改变能密度达到某一极限值时，材料便发生屈服破坏。按照该理论推导出的强度条件为

$$\sqrt{\frac{1}{2}\left[(\sigma_1 - \sigma_2)^2 + (\sigma_2 - \sigma_3)^2 + (\sigma_3 - \sigma_1)^2\right]} \leqslant [\sigma] \tag{12—15}$$

第四强度理论虽考虑了三个主应力对材料破坏的影响，但其计算结果偏于经济。

上面四种强度理论，均是针对材料的两种破坏形式研究的。一般情况下，第一和第二强度理论适用于脆性材料，第三和第四适用于塑性材料。

四、相当应力

以上四个强度理论在建立强度条件时，都是与轴向拉伸即单向应力状态相对比。从形式上看，四种强度理论公式的左边可以写成统一的形式，即

$$\sigma_r \leqslant [\sigma] \tag{12—16}$$

式中 σ_r 称为相当应力（equivalent stress）。上述四种强度理论的相当应力分别为

第一强度理论：

$$\sigma_{r1} = \sigma_1$$

第二强度理论：

$$\sigma_{r2} = \sigma_1 - \mu(\sigma_2 + \sigma_3)$$

第三强度理论：

$$\sigma_{r3} = \sigma_1 - \sigma_3$$

第四强度理论：

$$\sigma_{r4} = \sqrt{\frac{1}{2}\left[(\sigma_1-\sigma_2)^2+(\sigma_2-\sigma_3)^2+(\sigma_3-\sigma_1)^2\right]}$$

例 12—3　由 3 号钢制成的某一受力杆件，其危险点处的应力情况如图 12—15 所示，已知材料的许用应力 $[\sigma]=160$MPa。试用第三强度理论和第四强度理论校核该点的强度。

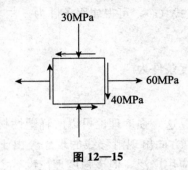

图 12—15

解：（1）求主应力

$$\sigma_x = 60\text{MPa}, \quad \sigma_y = -30\text{MPa}, \quad \tau_x = 40\text{MPa}$$

$$\sigma'_{主} = \frac{\sigma_x+\sigma_x}{2} + \sqrt{\left(\frac{\sigma_x-\sigma_y}{2}\right)^2+\tau_x^2}$$

$$= \frac{60-30}{2} + \sqrt{\left(\frac{60+30}{2}\right)^2+40^2} = 75.2MPa$$

$$\sigma''_{主} = \frac{60-30}{2} - \sqrt{\left(\frac{60+30}{2}\right)^2+40^2} = -45.2\text{MPa}$$

将 σ_1、σ_2、σ_3 的代数值从大到小排列，则为

$$\sigma_1 = 75.2\text{MPa}, \quad \sigma_2 = 0, \quad \sigma_3 = -45.2\text{MPa}$$

（2）按第三强度理论校核

$$\sigma_{r3} = \sigma_1 - \sigma_3 = 75.2 + 45.2 = 120.4\text{MPa} < [\sigma]$$

满足强度条件。

（3）按第四强度理论校核

$$\sigma_{r4} = \sqrt{\frac{1}{2}\left[(\sigma_1-\sigma_2)^2+(\sigma_2-\sigma_3)^2+(\sigma_3-\sigma_1)^2\right]}$$

$$= \sqrt{\frac{1}{2}\left[75.2^2+45.2^2+(-45.2-75.2)^2\right]} = 105.3\text{MPa} < [\sigma]$$

满足强度条件。

习 题

12—1 悬臂梁受力如图所示。试在距离自由端面长为 a 的 $m-m$ 横截面上，从1、2、3、4、5点截取出五个单元体（点1、5位于上、下边缘，点3位于 $h/2$ 处），并标明各单元体上的应力情况。

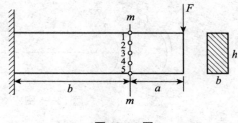

题 12—1 图

12—2 各单元体上的应力如图所示。试用解析法求指定方向面上的应力。

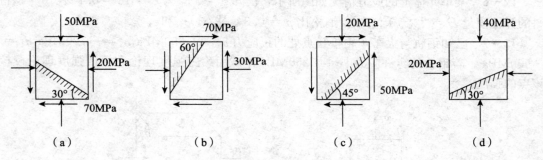

题 12—2 图

12—3 各单元体上的应力如图所示。求各单元体的主应力大小和方向。

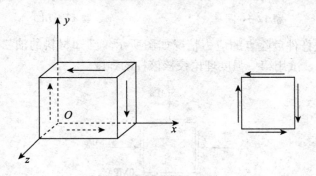

题 12—3 图

12—4 在一体积较大的钢块上开一个立方槽，其各边尺寸都是 1cm，在槽内嵌入一铝质立方块，它的尺寸是 $0.95 \times 0.95 \times 1\text{cm}^3$（长×宽×高）。当铝块受到压力 $F = 6\text{kN}$ 的作用时，假设钢块不变形，铝的弹性模量 $E = 7.0 \times 10^4\text{MPa}$，泊松比 $\mu = 0.33$。试求铝块的三个主应力和相应的主应变。

257

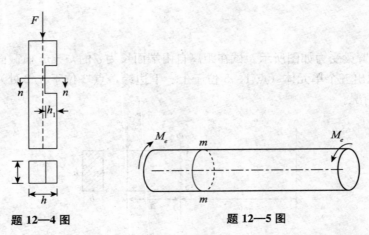

题 12—4 图　　　　　　　　　题 12—5 图

12—5　受扭圆轴如图所示，已知直径 $d = 100mm$，$m-m$ 截面边缘处点的两个主应力分别为 $\sigma'_{主} = 60MPa$ 和 $\sigma''_{主} = -60MPa$。求作用在杆上的外力偶矩 M_e。

12—6　某单元体上的应力情况如图所示，已知 $\varepsilon_x = 0.2 \times 10^{-3}$，$\varepsilon_y = 0.15 \times 10^{-3}$，材料的弹性模量 $E = 2 \times 10^5 MPa$，泊松比 $\mu = 0.3$。求 σ_x、σ_y 和 ε_z。

12—7　已知钢轨与火车车轮接触点处的正应力 $\sigma_1 = -650MPa$，$\sigma_2 = -700MPa$，$\sigma_3 = -900MPa$。若钢轨的容许应力 $[\sigma] = 250MPa$，试用第三强度理论和第四强度理论校核该点的强度。

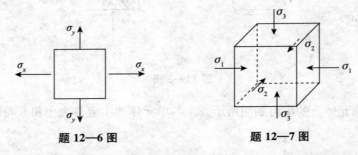

题 12—6 图　　　　　　　　　题 12—7 图

12—8　某铸铁杆件危险点的应力情况如图所示。已知材料的泊松比 $\mu = 0.3$，许用应力 $[\sigma] = 40MPa$，试用第一强度理论校核该杆的强度。

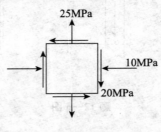

题 12—8 图

第 **13** 章

组 合 变 形

13.1 概述

一、组合变形的概念

前面研究了杆件在轴向拉伸与压缩、扭转、弯曲等基本变形时的强度、刚度问题。在实际工程中，杆件发生的变形往往不是单一的基本变形，可能同时发生两种或者两种以上的基本变形。例如图 13—1（a）所示的小型压力机的框架。现为研究框架立柱的变形，将外力向立柱的轴线简化，见图 13—1（b），可见立柱承受了由 F 引起的拉伸和由 $M_e = Fa$ 引起的弯曲。杆件在荷载作用下，同时产生两种或者两种以上基本变形的情况称为组合变形。本章主要研究杆件在组合变形时的应力和强度计算。

二、叠加原理在组合变形中的应用

计算组合变形杆件的应力时，如果杆件处在线弹性范围内，并且变形很小，则可按照原有几何关系分析其内力，那么，杆件上任一荷载在杆内引起的应力不受其他荷载的影响。因此，可以用叠加法进行组合变形杆件的应力计算。叠加法适用的条件是：杆件变形是小变形；材料服从胡克定律。

三、求解组合变形强度问题的步骤

对于发生组合变形的杆件，求解其强度问题时，结合叠加原理，其过程可以分为以下

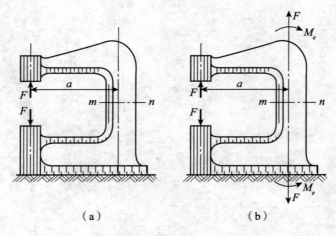

（a）   （b）

图 13—1

四步：

1. 外力分析

分析作用于杆件上的所有荷载，将外荷载分解或简化为若干种荷载，每种荷载对应于一种基本变形。

2. 内力分析

分别分析每种基本变形对应的内力，画出内力图，找出组合变形的危险截面。

3. 应力分析

分别分析每种基本变形下危险截面上的应力，找出组合变形的危险点。

4. 强度计算

分析危险点的应力状态，如果危险点是单向应力状态，直接和许用值建立起强度条件进行计算，如果危险点是复杂应力状态，则需要选择合适的强度理论进行强度计算。

13.2 斜弯曲

前面讨论过梁的平面弯曲，当作用于构件上的横向力的作用线通过弯曲中心，且垂直于截面的一根形心主惯性轴时，构件发生平面弯曲。在工程实际中，作用在杆件上的横向力虽然通过弯曲中心，但有时并不垂直于截面的形心主轴。此时，杆件将在相互垂直的两个对称平面内同时发生弯曲变形，且在变形后杆件的挠曲线与外力作用线不在同一纵向平面内，这种变形称为**斜弯曲**。本节主要研究斜弯曲时的应力和强度计算。

一、正应力的计算

梁弯曲时，其横截面上一般同时存在正应力和切应力，由于切应力一般很小，所以，在本章涉及弯曲时其切应力均不作考虑。现以如图 13—2（a）所示的矩形截面悬臂梁为例，来讨论斜弯曲时横截面上的应力的计算方法。已知作用于梁自由端的集中力 F 通过截面形心，且与铅垂对称轴 z 的夹角为 φ ，见图 13—2（b）。

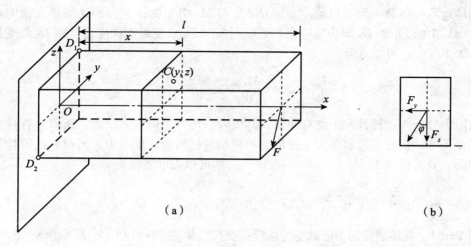

（a）   （b）

图 13—2

计算正应力时，首先将外力 F 沿横截面的两个对称方向分解为 F_y 和 F_z，如图 13—2（b）所示，

$$F_y = F\sin\varphi, \qquad F_z = F\cos\varphi \tag{a}$$

F_y 引起梁在水平平面 xOy 内的平面弯曲变形，F_z 引起梁在铅垂平面 xOz 内的平面弯曲变形，它们在距梁端面长为 x 的任意横截面上引起的弯矩分别为

$$M_z = F_y(l-x) = F\sin\varphi(l-x) = M\sin\varphi \tag{b}$$

$$M_y = F_z(l-x) = F\cos\varphi(l-x) = M\cos\varphi \tag{c}$$

式中 $M = F(l-x)$，在该横截面上的任意点 C 处，由 F_y 在 xOy 平面内的弯曲引起的正应力为

$$\sigma' = \frac{M_z y}{I_z} = \frac{M\sin\varphi}{I_z}y \tag{d}$$

由 F_z 在 xOz 平面内的弯曲引起的正应力为

$$\sigma'' = \frac{M_y z}{I_y} = \frac{M\cos\varphi}{I_y}z \tag{e}$$

以上两式中的 I_y 与 I_z，分别为横截面对 y 轴与 z 轴的惯性矩。由叠加法可得，集中力 F 引起 C 点的正应力即为 σ' 与 σ'' 的代数和，即

$$\sigma = \sigma' + \sigma'' = \frac{M_z y}{I_z} + \frac{M_y z}{I_y} = M\left(\frac{\sin\varphi}{I_z}y + \frac{\cos\varphi}{I_y}z\right) \tag{13-1}$$

式（13-1）就是梁在斜弯曲时横截面上任意点正应力的计算公式。

二、强度计算

对于如图 13—2 所示的悬臂梁来说，由于在固定端处 M_y 与 M_z 均达到最大值，则该处横截面即为危险截面。至于危险点，应是 M_y 与 M_z 引起的正应力都达到最大值的点。图 13—2（a）中的 D_1 和 D_2 即为危险点，可以判断出 D_1 点受最大拉应力，而 D_2 点受最大压应力。D_1 和 D_2 点的应力为

$$\sigma_{\max} = \frac{M_{z\max}}{I_z}y_{\max} + \frac{M_{y\max}}{I_y}z_{\max} = \frac{M_{z\max}}{W_z} + \frac{M_{y\max}}{W_y} \tag{13-2}$$

由以上分析知：杆件发生斜弯曲时，其危险点均为单向应力状态。所以，杆件斜弯曲时的强度条件，仍然是限制最大工作应力不得超过材料的许用应力。若材料的抗拉与抗压强度相同，只需校核 D_1 与 D_2 中的一点即可。则可得强度条件为

$$\sigma_{\max} = \frac{M_{z\max}}{W_z} + \frac{M_{y\max}}{W_y} \leqslant [\sigma] \tag{13-3}$$

例 13—1 左端固定的矩形截面的悬臂梁受荷载如图 13—3 所示。$F_1 = 1\text{kN}$，$F_2 = 2\text{kN}$，试确定危险截面、危险点所在位置，并计算最大正应力。

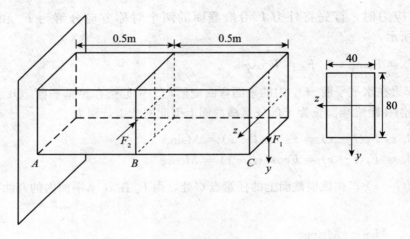

图 13—3

解：（1）外力分析

梁在 F_1 作用下绕 z 轴弯曲（平面弯曲），在 F_2 作用下绕 y 轴弯曲（平面弯曲），故此梁的弯形为两个平面弯曲的组合——斜弯曲。

（2）内力分析

梁在 F_1 作用下绕 z 轴弯曲，其内力最大值在 A 截面，最大值 $M_{z\max} = F_1 \times 1$；在 F_2 作用下绕 y 轴弯曲，其内力最大值也在 A 截面，最大值 $M_{y\max} = F_2 \times 0.5$。故此梁的危险截面为 A 截面（图 13—4）。

（3）应力分析

根据弯曲时内力在截面上的分布规律可知，最大拉、压应力分别为 A 截面角上的 a、b 两点，且其最大值为

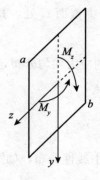

图 13—4

$$\sigma_{max} = \frac{M_{zmax}}{W_z} + \frac{M_{ymax}}{W_y} = \frac{M_{zmax}}{\dfrac{bh^2}{6}} + \frac{M_{ymax}}{\dfrac{hb^2}{6}}$$

$$= \frac{F_1 \times 1}{\dfrac{0.04 \times 0.08^2}{6}} + \frac{F_2 \times 0.5}{\dfrac{0.08 \times 0.04^2}{6}} = 70.2 \text{MPa}$$

13.3　拉伸（压缩）与弯曲的组合变形

一、轴向力与横向力共同作用

　　杆件上若同时作用有轴向力和横向力，轴向力使杆件发生拉伸或压缩，横向力使杆件发生弯曲，此时杆件的变形即为拉伸（压缩）与弯曲的组合变形。现以如图 13—5（a）所示杆件为例，说明该组合变形时的强度计算问题。

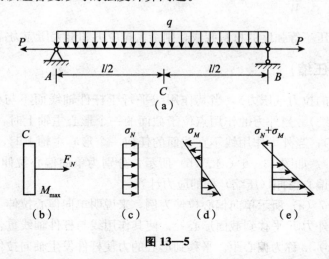

图 13—5

　　由图可知，外力 P 引起杆件轴向拉伸变形，各横截面上的轴力 F_N 均为 P；横向力 q

使杆件发生弯曲变形，最大弯矩在跨中截面 C 处，其值为 $\sigma_{\max} = \dfrac{ql^2}{8}$，则危险截面为 C 截面。

在危险截面上，与轴力 F_N 对应的应力均匀分布，如图 13—5（c）所示，其横截面上任一点应力的值为

$$\sigma_N = \frac{F_N}{A} \tag{a}$$

与弯矩对应的正应力在危险截面上线性分布，如图 13—5（d）所示，其截面上任一点应力的值为

$$\sigma_M = \frac{M_{\max}\,y}{I_z} \tag{b}$$

则发生组合变形的横截面上任意一点的应力为

$$\sigma = \sigma_N + \sigma_M = \frac{F_N}{A} + \frac{M_{\max}\,y}{I_z} \tag{13—4}$$

如图 13—5（a）所示的拉弯组合变形，其正应力沿高度线呈线性分布，如图 13—5（e）所示，最大压、拉应力分别位于 C 截面的上、下边缘处，但拉、压应力大小不同，其值可由下式计算：

$$\sigma_{\max} = \frac{F_N}{A} \pm \frac{M_{\max}}{W_z} \tag{13—5}$$

因上、下边缘处均处于单向应力状态，故强度条件为

$$\sigma_{\max} = \frac{F_N}{A} + \frac{M_{\max}}{W_z} \leqslant [\sigma] \tag{13—6}$$

若杆件由拉、压不等强度的材料制成，则最大拉应力和最大压应力需分别校核。

二、偏心拉伸（压缩）

作用在杆件上的拉力（压力），当其作用线平行于杆件轴线而不与杆件轴线重合时，称为偏心拉伸（压缩）。当外力的作用点位于截面的一个形心主轴上时，这类偏心称为单向偏心拉伸（压缩）；当外力作用线不在截面的任何一个形心主轴上时，这类偏心称为双向偏心拉伸（压缩）。如图 13—6（a）、（b）所示，分别为单向偏心拉伸和双向偏心拉伸。本书主要讨论单向偏心拉伸（压缩）杆的应力计算。

现以如图 13—7（a）所示单向偏心拉伸为例，来说明单向偏心拉伸（压缩）正应力的计算方法。首先将外力 F 平移到截面形心处，使其作用线与杆件轴线重合，同时附加一力偶，见图 13—7（b），e 称为偏心距。平移到形心的力使杆件发生轴向拉伸变形，附加力偶使杆件发生平面弯曲变形，即单向偏心拉伸（压缩）为拉伸（压缩）与平面弯曲的组合变形。则横截面上任意一点正应力的计算公式为

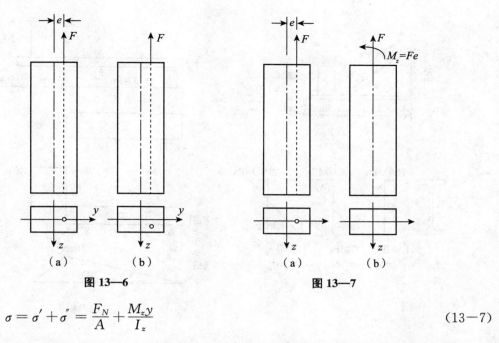

图 13—6　　　　　　**图 13—7**

$$\sigma = \sigma' + \sigma'' = \frac{F_N}{A} + \frac{M_z y}{I_z} \tag{13—7}$$

单向偏心拉伸（压缩）时，杆件横截面上的最大正应力的位置较易判断。如图 13—7 所示的单向拉伸，其最大正应力位于截面的右边缘处，且其最大值为

$$\sigma_{\max} = \frac{F_N}{A} + \frac{M_z}{W_z} \tag{13—8}$$

例 13—2　简易吊车的结构如图 13—8 所示。当电动滑车行走到距梁端还有 0.4m 处时，吊车横梁处于最不利位置，已知电动滑车起吊重物 $P = 20\text{kN}$，横梁采用 22a 号工字钢，许用应力 $[\sigma] = 160\text{MPa}$。试对吊车横梁进行强度校核。

解：（1）外力分析

吊车横梁的受力图如图 13—8（b）所示，由静力学平衡条件得

$$F_{Ax} = 49.7\text{kN}, \quad F_{Ay} = -8.7\text{kN}, \quad F_{Bx} = 49.7\text{kN}, \quad F_{By} = 28.7.7\text{kN}$$

分析可知：沿水平方向的外力引起压缩变形拉伸，沿铅直方向的外力引起弯曲变形。

（2）内力分析

作吊车横梁的内力图如图 13—8（b）所示。由内力图可知 B 点左截面是危险截面，在该截面上有轴力和弯矩：

$$F_N = -49.7\text{kN}, \quad M = 30\text{kN} \cdot \text{m}$$

（3）应力分析

由附录查得 22a 号工字钢截面上的 $A = 42\text{cm}^2$，$W_x = 309\text{cm}^3$，由轴力 F_N 引起的正应力为压应力，其值为

$$\sigma_N = \frac{F_N}{A} = -\frac{49.7 \times 10^3}{42 \times 10^{-4}} = -11.8\text{MPa}$$

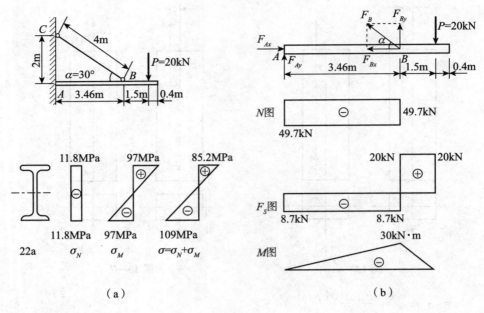

（a）　　　　　　　　　　　　　（b）

图 13—8

由弯矩 M 引起的正应力分别在上、下边缘达到拉、压应力的最大值，其值为

$$\sigma_M = \pm \frac{M}{W_z} = \pm \frac{30 \times 10^3}{309 \times 10^{-6}} = \pm 97 \text{MPa}$$

可知，压缩与弯曲组合变形的危险点为该截面的下边缘各点，最大应力是压应力，其大小为

$$\sigma_{\max} = \frac{F_N}{A} + \frac{M}{W_z} = 11.8 + 97 = 108.8 \text{MPa} \leqslant [\sigma]$$

所以，满足强度条件。

13.4　弯曲与扭转的组合变形

弯、扭的组合变形是工程中常见的情况。发生弯、扭组合变形的杆件，其强度计算与之前讨论的组合变形有所不同。斜弯曲、拉（压）弯组合变形时，杆件上危险点都是单向应力状态，强度计算时，只需要求出危险点的最大正应力，与材料的许用应力进行比较，建立起强度条件即可。但发生弯、扭组合变形的杆件，其危险点将处于复杂应力状态，进行强度计算时，必须应用有关强度理论进行强度计算。

一、内力与应力分析

弯曲与扭转的组合变形是工程中常见的一种。现以如图 13—9（a）所示的钢制直角曲拐为例，研究弯扭组合变形下的应力和强度的计算方法。

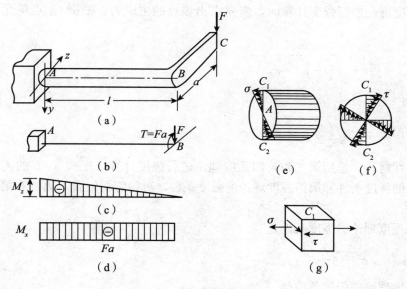

图 13—9

外力分析　将作用在 C 点的力 F 向 AB 杆右端截面的形心 B 简化，得到一横向力 F 及力偶矩 $T = Fa$，如图 13—9（b）所示。力 F 使 AB 杆弯曲，力偶矩 T 使 AB 杆扭转，故 AB 杆同时产生弯曲和扭转两种变形。

内力分析　AB 杆的弯矩图和扭矩图如图 13—9（c）、（d）所示。根据内力图，可知固定端截面是危险截面。其弯矩和扭矩值分别为

$$M_z = Fl, \quad M_x = Fa$$

应力分析　在该危险截面上，弯曲正应力和扭转切应力的分布分别如图 13—9（e）、（f）所示。由应力分布图可知，横截面的上、下两点 C_1 和 C_2 是危险点。由于两点危险程度相同，故只需对其中任一点作强度计算即可。现对 C_1 点进行分析。在该点处取出一单元体，其各面上的应力如图 13—9（g）所示。C_1 点由弯曲和扭转引起的应力分别为

$$\sigma = \frac{M}{W} = \frac{M_z}{W}$$

式中 $W = \dfrac{\pi d^3}{32}$。

$$\tau = \frac{T}{W_P} = \frac{M_x}{W_P}$$

式中 $W_P = \dfrac{\pi d^3}{16}$。

二、强度计算

因危险点 C_1 点处于一般二向应力状态，即弯、扭组合杆件危险点为复杂应力状态。所以需用强度理论来建立强度条件。

应用强度理论进行强度计算时，应先求出该点的主应力。根据 C_1 点单元体，其主应力为

$$\begin{cases} \sigma_1 = \dfrac{\sigma}{2} + \sqrt{\left(\dfrac{\sigma}{2}\right)^2 + \tau^2} \\ \sigma_2 = 0 \\ \sigma_3 = \dfrac{\sigma}{2} - \sqrt{\left(\dfrac{\sigma}{2}\right)^2 + \tau^2} \end{cases} \tag{a}$$

对于塑性材料，选用第三和第四强度理论进行强度计算，把式（a）的主应力代入第三强度理论的强度条件和第四强度理论的强度条件，可得弯扭组合下第三和第四强度理论的强度条件。

其第三强度理论的强度条件是

$$\sigma_{r3} = \sqrt{\sigma^2 + 4\tau^2} \leqslant [\sigma] \tag{13-9}$$

第四强度理论的强度条件是

$$\sigma_{r4} = \sqrt{\sigma^2 + 3\tau^2} \leqslant [\sigma] \tag{13-10}$$

如将 $\sigma = \dfrac{M}{W}$ 和 $\tau = \dfrac{T}{W_P}$ 代入上面两式，并注意到圆轴的抗扭截面系数 $W_P = 2W$，最后得到圆轴弯扭组合变形时的第三强度理论另一表达形式为

$$\sigma_{r3} = \frac{1}{W}\sqrt{M^2 + T^2} \leqslant [\sigma] \tag{13-11}$$

若按第四强度理论，则为

$$\sigma_{r4} = \frac{1}{W}\sqrt{M^2 + 0.75T^2} \leqslant [\sigma] \tag{13-12}$$

式中 M 和 T 分别为危险截面的弯矩和扭矩，$W = \dfrac{\pi d^3}{32}$ 为圆截面杆的抗弯截面系数。需要注意：式（13-11）和式（13-12）只适用于圆截面杆的弯扭组合。

例 13-3 左端固定的圆截面水平直角折杆位于水平面内，$F = 1.2\text{kN}$，材料的许用应力 $[\sigma] = 160\text{MPa}$。试用第三强度理论设计杆的直径。

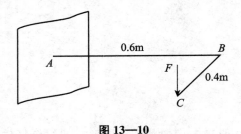

图 13-10

解：（1）外力分析

外力 F 使得 AB 段发生弯扭组合变形，BC 段发生弯曲变形。

（2）内力分析

分别作出内力图

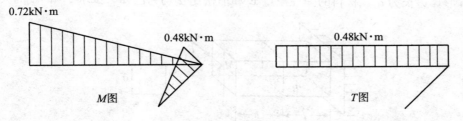

由内力图分析知，危险截面为发生弯扭组合变形的 AB 段上的 A 截面。且

$$M = 0.72\text{kN} \cdot \text{m}, \quad T = 0.48\text{kN} \cdot \text{m}$$

（3）应力、强度计算

由第三强度理论

$$\sigma_{r3} = \frac{\sqrt{M^2 + T^2}}{W} \leqslant [\sigma]$$

$$\frac{\sqrt{M^2 + T^2}}{W} = \frac{\sqrt{(0.72 \times 10^3)^2 + (0.48 \times 10^3)^2}}{\pi d^3 / 32} \leqslant 160 \times 10^6$$

解得

$$d \geqslant 38\text{mm}$$

13—1 图示悬臂梁长度中间截面前侧边的上、下两点分别设为 A、B。现在该两点沿轴线方向贴应变片，当梁在 F、M 共同作用时，测得两点的应变值分别为 ε_A、ε_B。设截面为正方形，边长为 a，材料的弹性模量 E 和泊松比 μ 均为已知，试求 F 和 M 的大小。

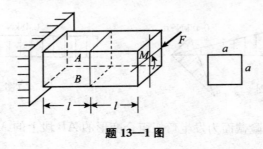

题 13—1 图

13—2 矩形截面梁，跨度 $l = 4\text{m}$，荷载及截面尺寸如图所示。若已知材料为杉木，许用应力 $[\sigma] = 10\text{MPa}$，试校核该梁的强度。

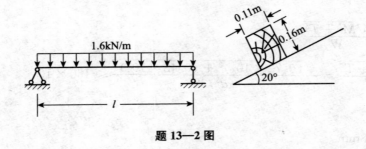

题 13—2 图

13—3 矩形截面受压杆件，在中间某处挖一槽口，已知 $F = 20\text{kN}, b = 16\text{mm}, h = 240\text{mm}$，槽口深 $h_1 = 60\text{mm}$，求槽口处横截面 $n-n$ 上的最大正应力。

13—4 图示结构中，BC 为巨型截面杆，已知 $b = 120\text{mm}, h = 160\text{mm}, F = 4\text{kN}, l = 1\text{m}, \alpha = 45°$。求 BC 杆截面上的最大拉应力和最大压应力。

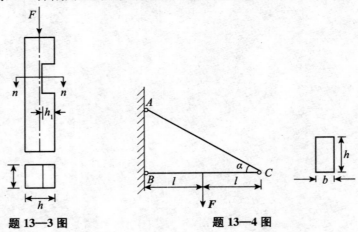

题 13—3 图   题 13—4 图

13—5 砖砌烟囱高 $H = 30\text{m}$，底截面 1—1 的外径 $d_1 = 3\text{m}$，内径 $d_2 = 2\text{m}$，自重 $W_1 = 2000\text{kN}$，受 $q = 1\text{kN/m}$ 的风力作用。

（1）求烟囱底截面上的最大压应力。

（2）若烟囱的基础埋深 $h = 4\text{m}$，基础自重 $W_2 = 1000\text{kN}$，土壤的容许压应力 $[\sigma] = 0.3\text{MPa}$，求圆形基础的直径 D。

13—6 钢制圆截面杆受力如图所示。已知 $M = 0.8\text{kN} \cdot \text{m}, F = 1.2\text{kN}, d = 50\text{mm}$，$l = 1\text{m}$，钢材的许用应力 $[\sigma] = 160\text{MPa}$。试用第三强度理论校核该杆的强度。

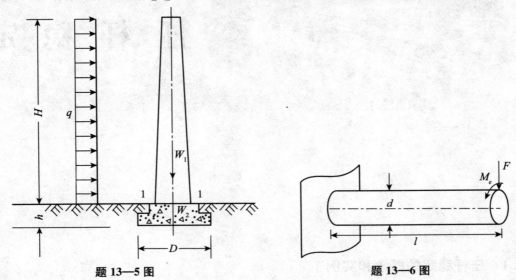

题 13—5 图   题 13—6 图

13—7 钢制圆截面杆受力如图所示，已知 $M = 3\text{kN} \cdot \text{m}, F = 120\text{kN}, d = 60\text{mm}$，材料的许用应力 $[\sigma] = 160\text{MPa}$。用第三强度理论校核该杆件的强度。

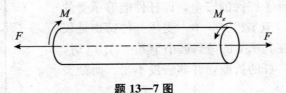

题 13—7 图

13—8 图示圆截面钢杆中，已知 $l = 1\text{m}, d = 100\text{mm}, F_1 = 50\text{kN}, F_2 = 6\text{kN}, M_e = 12\text{kN} \cdot \text{m}$，材料的许用应力 $[\sigma] = 160\text{MPa}$。试用第三强度理论校核该杆的强度。

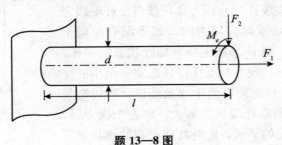

题 13—8 图

第14章 压杆稳定

14.1 压杆稳定的概念和实例

研究杆件的安全，除了考虑杆件的强度和刚度外，还必须考虑杆件的稳定性。

当轴向压缩杆件横截面上的正应力不超过材料的许用应力时，从强度上保证了杆件的安全，即杆件能够承受的许可荷载 $F = A[\sigma]$。但工程实际中，受压杆件特别是较为细长的受压杆件，在其承受的荷载远小于 $F = A[\sigma]$ 时，就会发生侧弯而折断。杆的折断，并非强度不足，而是丧失了稳定性。

研究压杆的承载能力时，通常将压杆抽象成为"理想中心受压杆件"这一力学模型，即满足：（1）材料质量均匀；（2）杆件轴线为直线；（3）压力作用线与压杆轴线完全重合。当理想压杆承受轴向压力时，如果没有横向干扰，则无论压力多大，杆件都能保持直轴线状态的平衡，直至因强度不足而破坏。现在对受压杆件施加一微小的横向干扰力 F'（图 14—1），使杆发生弯曲变形，然后撤去横向力。实验表明，如果杆端压力不大，撤去干扰力后，杆将恢复为直轴线状态的平衡，此时杆件在直轴线状态下的平衡是稳定的平衡（图 14—1（a））；如果杆端压力超出

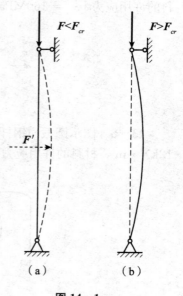

图 14—1

一个临界值，撤去干扰力后，杆的轴线将保持弯曲，不再恢复为直线，此时杆件在直轴线状态下的平衡是不稳定的平衡（图 14—1（b））。杆端压力的临界值是压杆由稳定平衡转化为不稳定平衡的界限，称为临界压力，简称临界力，以 F_σ 表示。当压力 $F = F_\sigma$ 时，杆件直轴线状态的平衡开始丧失了稳定性，简称失稳。实际受压杆件有许多难以避免的缺陷，如材料不是理想均匀、轴线存在初曲率以及无法保证压力作用线一定与杆轴线重合（偏心压缩），这些因素都会起到侧向干扰作用，极易使压杆过渡到侧弯曲状态。所以工程上的受压杆件应使其轴向荷载低于临界力，也就是必须考虑压杆的稳定性问题。

14.2　两端铰支的细长压杆的临界力

现在推导两端以球形铰链支承的细长中心受压杆件的临界力的计算公式。如图 14—2 所示，杆长为 l，抗弯刚度为 EI，为等截面直杆。在临界力作用下，杆将在微弯状态下保持平衡。此时，杆任一截面上的弯矩为

$$M(x) = F_\sigma y \tag{a}$$

根据杆的挠曲线近似微分方程

$$y'' = -\frac{M(x)}{EI} = -\frac{F_\sigma y}{EI} \tag{b}$$

令

$$k^2 = \frac{F_\sigma}{EI} \tag{c}$$

则式（b）可写成

$$y'' + k^2 y = 0 \tag{d}$$

其通解为

$$y = A\sin kx + B\cos kx \tag{e}$$

其中 A、B 为待定常系数，根据压杆的边界条件：

$$x = 0, \quad y = 0$$

得 $B = 0$。

于是式（e）变为

$$y = A\sin kx \tag{f}$$

由杆的另一边界条件 $x = l, y = 0$ 可得

$$A\sin kl = 0 \tag{g}$$

式中 $A \neq 0$（如果 $A = 0$，则压杆的轴线并非微弯的挠曲线，与前提矛盾），所以

$$\sin kl = 0 \tag{h}$$

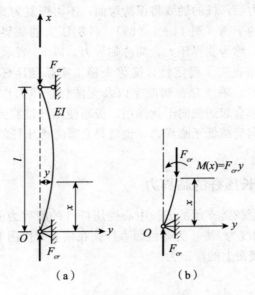

（a） （b）

图 14—2

即

$$kl = n\pi(n = 0,1,2,3,\cdots) \tag{i}$$

结合式（c）得

$$F_{cr} = \frac{n^2\pi^2 EI}{l^2}(n = 0,1,2,3,\cdots) \tag{j}$$

式中若取 $n = 0$，则 $F_{cr} \equiv 0$，与前提不符，所以 $n \neq 0$。当 $n = 1、2、$ 3 时对应的挠曲线如图 14—3 所示，分别为半个、一个、一个半正弦波形。很明显，直杆形成半个正弦波时的临界力最小。所以只有 $n = 1$ 时才有实际意义，此时

$$F_{cr} = \frac{\pi^2 EI}{l^2} \tag{14-1}$$

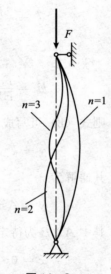

图 14—3

上式即为两端铰支的细长压杆临界力的计算公式，最早由欧拉导出，所以通常称为欧拉公式。式中 EI 为杆的抗弯刚度，当细长压杆为两端球形铰支而失稳时，杆将绕 EI 值小的轴方向弯曲，所以式中 I 应取 $I_{\min}$。

14.3　不同支承情况下细长压杆的临界力的欧拉公式

杆端约束对杆件的变形起到约束作用，不同的支承形式对杆件变形的约束也不同。所以同样材料、尺寸的杆件在不同的杆端约束条件下，其临界力的值也不相同。不同杆端支承下细长中心受压直杆的临界力的表达式，可通过类似的方法推出。本节通过表 14—1 给

出了几种典型的理想中心受压直杆的欧拉公式表达式。

表 14—1 　　　　　　　　　各种支承情况下等截面中心受压直杆的临界力的欧拉公式

杆端支承情况	一端自由，一端固定	两端铰支	一端铰支一端固定	两端固定	两端固定，但可沿横向相对移动
失稳时挠曲线形状					
长度因数 μ	$\mu = 2$	$\mu = 1$	$\mu = 0.7$	$\mu = 0.5$	$\mu = 1$
临界力 F_{cr} 欧拉公式	$F_{cr} = \dfrac{\pi^2 EI}{(2l)^2}$	$F_{cr} = \dfrac{\pi^2 EI}{l^2}$	$F_{cr} = \dfrac{\pi^2 EI}{(0.7l)^2}$	$F_{cr} = \dfrac{\pi^2 EI}{(0.5l)^2}$	$F_{cr} = \dfrac{\pi^2 EI}{l^2}$

由表中所给的结果可以看出，杆端约束越强，杆的抗弯能力就越大，其临界力也越高。对于各种杆端约束情况，细长中心受压等截面直杆临界力的欧拉公式可以写成统一的形式

$$F_{cr} = \frac{\pi^2 EI}{(\mu l)^2} \qquad\qquad (14\text{—}2)$$

式中 μ 称为长度因数，与杆端约束情况有关。μl 称为原压杆的相当长度，其物理意义可从各种杆端约束下细长压杆失稳时的挠曲线形状来说明：压杆失稳时挠曲线上拐点处的弯矩为零，可设想此处有一铰，而将压杆在挠曲线两拐点之间的一段看作两端铰支压杆，利用公式（14—1），得到原支承条件下的临界 F_{cr}。这两拐点之间的长度即为相当长度。或者说，相当长度相当于一个半波正弦曲线的弦长。例如，一端固定、一端自由的细长压杆，其挠曲线为半个半波正弦曲线，其两倍相当于一个半波正弦曲线，故其相当长度为 $2l$；两端固定但可沿横向相对移动的细长压杆，其挠曲线的拐点位于 $0.5l$ 处，此范围内的挠

曲线相当于半个半波正弦曲线，所以其相当长度为 l。

例 14-1 如图 14-4 所示一矩形截面压杆，其于在平面与出平面的支承情况相同，两端均为铰支，已知 $b>a$，问压力 F 逐渐增加时，压杆将于哪个平面内失稳？

解：（1）若压杆于在平面内失稳，则其临界力为

$$F_{\sigma1} = \frac{\pi^2 EI_1}{l^2} \qquad (I_1 = \frac{ab^3}{12})$$

（2）若压杆于出平面内失稳，则其临界力为

$$F_{\sigma2} = \frac{\pi^2 EI_2}{l^2} \qquad (I_2 = \frac{a^3 b}{12})$$

由于 $b>a$，可得 $I_1 > I_2$，所以 $F_{\sigma1} > F_{\sigma2}$。因此压力逐渐增加时，杆件将在出平面内失稳。

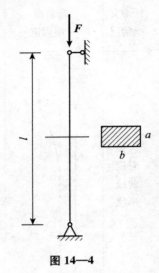

图 14-4

14.4 临界应力和欧拉公式的适用范围

一、临界应力

当压杆受临界力作用而在直线平衡状态下维持不稳定的平衡时，其横截面上的应力可按公式 $\sigma = \frac{F}{A}$ 计算，此时的应力称为临界应力，记为 σ_σ：

$$\sigma_\sigma = \frac{F_\sigma}{A} = \frac{\pi^2 EI}{(\mu l)^2 A} = \frac{\pi^2 E}{(\mu l / i)^2} \tag{14-3}$$

式中，$i = \sqrt{I/A}$ 为压杆对中性轴的惯性半径，μl 为压杆的相当长度，两者比值 $\mu l / i$ 称为压杆的柔度，又称长细比，记为 λ，即

$$\lambda = \frac{\mu l}{i} \tag{14-4}$$

于是式（14-3）可写为

$$\sigma_\sigma = \frac{\pi^2 E}{\lambda^2} \tag{14-5}$$

上式为临界应力的计算公式，实际上是欧拉公式的另一表达形式。

由式（14-5）可知，σ_σ 与 λ^2 成反比，即压杆的柔度越大，临界应力就越小，压杆就越容易失稳。压杆的柔度综合反映了杆的长度、杆端约束及横截面形状与尺寸对临界应力的影响。

二、欧拉公式的适用范围及临界应力总图

在推导欧拉公式（14-1）、（14-2）时，用到了挠曲线近似微分方程 $y'' = -\frac{M(x)}{EI}$，

276

即假设材料处于线弹性范围内，因此压杆在临界力作用下其横截面上的应力不得超过材料的比例极限，即

$$\sigma_{cr} = \frac{\pi^2 E}{\lambda^2} \leqslant \sigma_p \qquad\qquad (a)$$

或写成

$$\lambda \geqslant \sqrt{\frac{\pi^2 E}{\sigma_p}} = \lambda_p \qquad\qquad (14-6)$$

式中，λ_p 为能应用欧拉公式的压杆柔度的界限值。通常称满足 $\lambda \geqslant \lambda_p$ 的压杆为大柔度压杆，或细长压杆，计算这一类压杆的临界力可以应用欧拉公式。而当压杆的柔度 $\lambda < \lambda_p$ 时，则不能应用欧拉公式。在工程实际中绝大多数压杆都不是大柔度杆，对于柔度 $\lambda < \lambda_p$ 的压杆，其临界应力通常采用基于实验和分析的经验公式，常见的经验公式有直线型经验公式和抛物线型经验公式。

1. 直线型经验公式

直线型经验公式临界应力的表达式为

$$\sigma_{cr} = a - b\lambda \qquad\qquad (14-7)$$

式中，a、b 为与材料性能相关的常数，单位为 MPa，可从相关设计手册查得。应用式（14—7）计算临界应力时，应满足 $\sigma_{cr} \leqslant \sigma_s$，即临界应力没有达到屈服极限，此时压杆的柔度

$$\lambda \geqslant \frac{a - \sigma_s}{b} = \lambda_s \qquad\qquad (14-8)$$

柔度满足 $\lambda_s \leqslant \lambda < \lambda_p$ 的压杆称为中柔度杆，其临界应力由直线型经验公式（14—7）计算。柔度 $\lambda < \lambda_s$ 的压杆称为小柔度杆，此时 $\sigma_{cr} = \sigma_s$，压杆将因强度不足而失效。将这三种类型的 σ_{cr}—λ 曲线汇总，称为临界应力总图，如图 14—5 所示。

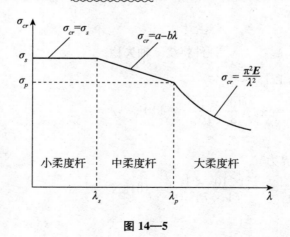

图 14—5

2. 抛物线型经验公式

计算压杆临界应力的抛物线型经验公式的表达式为

$$\sigma_{\sigma} = a_1 - b_1\lambda^2 \quad (0 < \lambda < \lambda_p) \tag{14-9}$$

式中，a_1、b_1 也是与材料性能相关的常数，单位是 MPa。例如 Q235 钢、16 Mn 钢制成的压杆临界应力的经验公式分别是

$$\text{Q235 钢} \quad \sigma_{\sigma} = (235 - 0.00668\lambda^2)\text{MPa}$$

$$\text{16 Mn 钢} \quad \sigma_{\sigma} = (343 - 0.00161\lambda^2)\text{MPa}$$

例 14-2 截面为 $120\times200\text{mm}^2$ 的矩形木柱，材料的弹性模量 $E = 1\times10^4\text{MPa}$，比例极限 $\sigma_p = 8\text{MPa}$。其支承情况为：在 xOz 平面失稳（即绕 y 轴失稳）时，柱的两端可视为固定端（图 14-6（a)）；在 xOy 平面失稳（即绕 z 轴失稳）时，柱的两端可视为铰支端（图 14-6（b)）。试求该木柱的临界力。

解：（1）计算绕 y 轴失稳时的柔度

$$\mu_y = 0.5\,(\text{两端固定})$$

$$i_y = \sqrt{\frac{I_y}{A}} = \frac{b}{2\sqrt{3}} = 0.0346\text{m}$$

$$\lambda_y = \frac{\mu_y l}{i_y} = 101$$

（2）计算绕 z 轴失稳时的柔度

$$\mu_z = 1\,(\text{两端铰支})$$

$$i_z = \sqrt{\frac{I_z}{A}} = \frac{h}{2\sqrt{3}} = 0.0577\text{m}$$

$$\lambda_z = \frac{\mu_z l}{i_z} = 121$$

（3）计算临界力

从上面计算可知，$\lambda_z > \lambda_y$，杆件将绕 z 轴失稳。

$$\lambda_{\max} = \lambda_z = 121$$

$$\lambda_p = \sqrt{\frac{\pi^2 E}{\sigma_p}} = \pi\sqrt{\frac{10^4 \times 10^6}{8 \times 10^6}} = 110$$

$$\lambda_{\max} > \lambda_p$$

可由欧拉公式计算临界力

$$F_{\sigma} = \frac{\pi^2 E I_z}{(\mu_z l)^2} = \frac{\pi^2 \times 10^4 \times 10^6}{(1 \times 7)^2} = 161\text{kN}$$

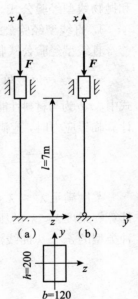

图 14—6

14.5 压杆的稳定计算

一、安全因数法

工程中，为保证受压杆件具有足够的稳定性，需建立压杆的稳定条件，从而对压杆进行稳定计算。由前面的分析可知，要保证压杆在轴向力作用下不至于失稳，必须满足以下条件：

$$F \leqslant \frac{F_\sigma}{n_{st}} = [F_{st}] \tag{14-10}$$

式中，n_{st} 是一个大于 1 的因数，称为稳定安全因数，$[F_{st}]$ 称为稳定许用压力。上式即为压杆的稳定条件。

将式（14-10）两边同时除以杆的横截面积 A，得

$$\sigma \leqslant \frac{\sigma_\sigma}{n_{st}} = [\sigma_{st}] \tag{14-11}$$

式中，σ 为杆件的工作应力，$[\sigma_{st}]$ 为稳定许用应力。式（14-11）是应力表示的压杆稳定条件。

稳定安全因数一般都大于强度安全因数，因为一些难以避免的因素，如杆件的初曲及加载的偏心等。其值可从有关设计规范和手册中查得。

例 14-3 AB 的直径 $d = 40\text{mm}$，长 $l = 800\text{mm}$，两端可视为铰支。材料为 Q235 钢，弹性模量 $E = 200\text{GPa}$，比例极限 $\sigma_p = 200\text{MPa}$，屈服极限 $\sigma_s = 240\text{MPa}$。若稳定安全因数 $n_{st} = 2.5$，由 AB 杆的稳定条件求 F。（若用直线型经验式：$a = 304\text{MPa}$，$b = 1.12\text{MPa}$）

解：（1）计算 AB 杆的压力 F_{AB}

由 BC 杆的平衡可知

$$F_{AB} \sin\theta \times 0.6 - F \times 0.9 = 0$$

$$\sin\theta = \frac{\sqrt{0.8^2 - 0.6^2}}{0.8} = 0.661$$

$$F_{AB} = 2.269F$$

（2）计算压杆的柔度

$$\lambda = \frac{\mu l}{i} = 80$$

极限柔度

$$\lambda_p = \sqrt{\frac{\pi^2 E}{\sigma_p}} = 99.3, \quad \lambda_s = \frac{a - \sigma_s}{b} = 57.1$$

因为 $\lambda_s < \lambda < \lambda_p$，所以 AB 杆是中柔度杆，根据直线型经验公式得

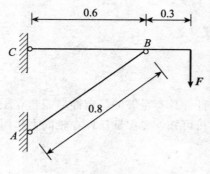

图 14—7

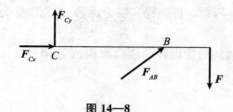

图 14—8

$$\sigma_{cr} = a - b\lambda = 304 - 1.12 \times 80 = 214.4\text{MPa}$$
$$F_{cr} = \sigma_{cr} \cdot A = 269.3\text{kN}$$

（3）压杆的稳定计算

由压杆的稳定条件 $\dfrac{F_{cr}}{F_{AB}} \geqslant n_{st}$ ，得

$$F_{AB} = 2.269F \leqslant \dfrac{F_{cr}}{n_{st}} = 107.72\text{kN}$$

所以 $F \leqslant 47.5\text{kN}$ 。

二、稳定因数法

将式（14—11）中 $[\sigma_{st}]$ 与材料的强度许用应力 $[\sigma]$ 的比值以 φ 表示，即

$$\varphi = \dfrac{\sigma_{cr}}{n_{st}} \cdot \dfrac{1}{[\sigma]}$$

则压杆的稳定条件可表示为

$$\sigma \leqslant \varphi[\sigma] \qquad\qquad\qquad (14-12)$$

式中，φ 称为稳定因数，与构件的截面形状、尺寸及加工工艺有关。目前钢结构设计规范把压杆截面分为 a、b、c 三类。相关截面的稳定因数可查阅《钢结构设计规范》（GBJ17－1988）和《木结构设计规范》（GBJ15－1988），在此不再详述。

14.6　提高压杆稳定性的措施

受压杆件的临界力越大，压杆越不容易失稳。根据欧拉公式可知，压杆的临界力与材料、截面、杆端约束及杆的长度有关。因此，要提高压杆的稳定性，可以从这几个方面考虑。

一、合理选择截面

由临界应力总图 14—5 可知，要提高临界应力 σ_{cr} 的值，就得降低压杆的柔度 λ 的值，也就是增大截面惯性半径 i 的值。因此在杆的截面积不变的情况下，增大截面的惯性矩可提高压杆的稳定性。如图 14—9 所示由两根槽钢组合而成的压杆，（b）截面比（a）截面的稳定性高；再如图 14—10 所示的面积相同的实心圆截面和空心圆截面（内、外径之比 $\alpha = 0.8$），其临界力之比 $(F_{cr})_b = 4.5 (F_{cr})_a$。

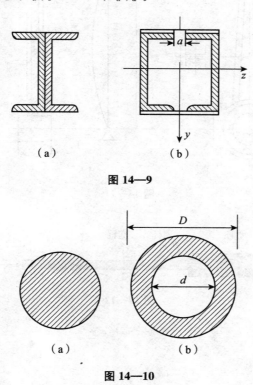

图 14—9

图 14—10

二、合理调整约束

压杆失稳时，首先沿柔度较大的方向失稳，因此应当使压杆沿各个方向的柔度差不多。如图 14—11 所示发动机连杆，两端为圆柱铰链连接，当在在平面失稳时，可视为两端铰支，长度为 l_1，惯性矩为 $I_z(I_z > I_y)$；而在出平面失稳时，则须看作两端固定，长度为 $l_2(l_2 < l_1)$，惯性矩为 I_y。

此外增强支承刚度、减小长度因数以及增加支座有效降低相当长度都可以有效提高压杆的稳定性。如图 14—12 所示的管坯加工机构，就是通过增加抱辊以减小顶杆的支承长度。

三、合理选择材料

由式（14－5）可知，对于大柔度杆，材料对临界力的影响与弹性模量 E 有关，而各种钢材的 E 值相差不多，所以选用合金钢、优质钢并不比普通钢材优越。但对于中小柔度杆件，临界力与材料的比例极限和屈服极限等强度指标有关，高强度钢可提高杆件的临界力。

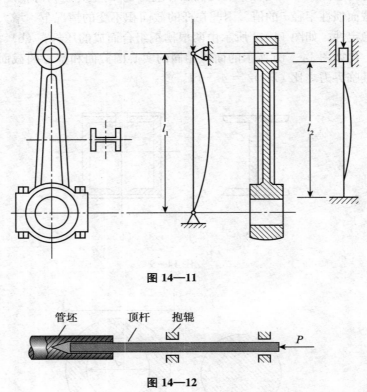

图 14—11

图 14—12

14—1 图示各杆材料和截面均相同,试问哪一根杆能承受的压力最大?哪一根最小?(图 e 所示杆在中间支承处不能转动)

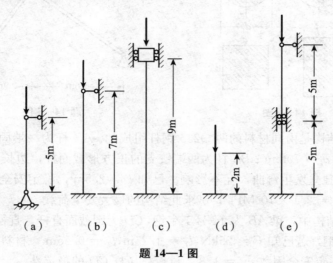

（a）　　　（b）　　　（c）　　　（d）　　　（e）

题 14—1 图

14—2 两根直径为 d 的立柱,上、下端分别与强劲的顶、底块刚性连接,如图所示。试根据杆端的约束条件,分析在总压力 F 作用下,立柱微弯时可能的几种挠曲线形状。

14—3 图示压杆的截面为矩形,$h = 60\text{mm}, b = 40\text{mm}$,杆长 $l = 2.0\text{m}$,材料为 Q235 钢,$E = 2.1 \times 10^5 \text{MPa}$。两端约束如图所示,在正视图（a）的平面内相当于铰支;在俯视图（b）的平面内为弹性固定,采用 $\mu = 0.8$。试求此杆的临界力 F_σ。

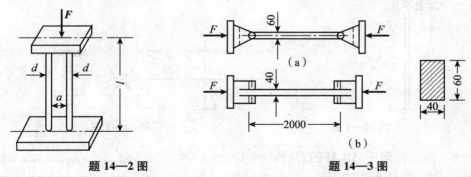

题 14—2 图　　　　　　　　题 14—3 图

14—4 两端铰支压杆,材料为 Q235 钢,具有图示 4 种横截面形状,截面面积均为 $4.0 \times 10^3 \text{mm}^2$,试比较它们的临界力值。(空心圆截面中 $\alpha = d_2/d_1 = 0.7$)

14—5 图示结构中,两根杆的横截面均为 $50 \times 50 \text{mm}^2$,材料的 $E = 70 \times 10^3 \text{MPa}$,$AB$ 与 BC 杆垂直,试用欧拉公式确定结构失稳时荷载 F 的值。

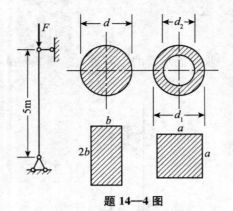

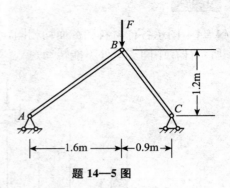

题 14—4 图　　　　　　　　　　　题 14—5 图

14—6 图示结构是由同材料的两 Q235 钢杆组成的。AB 杆为一端固定、另一端铰支的圆截面杆，直径 $d = 70\text{mm}$；BC 杆为两端铰支的正方形截面杆，边长 $a = 70\text{mm}$。AB 和 BC 两杆可各自独立发生弯曲，互不影响。已知 $l = 2.5\text{m}$，稳定安全因数 $n_{st} = 2.5$，材料的弹性模量 $E = 2.1 \times 10^5\text{MPa}$，试求此结构的最大安全荷载。

14—7 图示结构中，梁 AB 为 14 号工字钢，CD 为圆截面直杆，直径 $d = 20\text{mm}$，两者材料均为 Q235 钢，若已知 $F = 25\text{kN}$，$l_1 = 1.25\text{m}$，$l_2 = 0.55\text{m}$，材料的弹性模量 $E = 2.1 \times 10^5\text{MPa}$，稳定安全因数 $n_{st} = 1.8$。试校核压杆 CD 的稳定性。

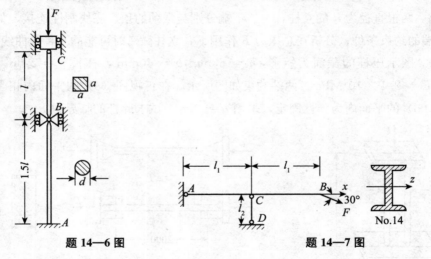

题 14—6 图　　　　　　　　　　　题 14—7 图

14—8 图示托架中 AB 杆的直径 $d = 40\text{mm}$，两端可视为铰支，材料为 Q235 钢。$\sigma_p = 200\text{MPa}$，$E = 200\text{GPa}$。若 AB 为中长杆，经验公式 $\sigma_{cr} = a - b\lambda$ 中的 $a = 304\text{MPa}$，$b = 1.12\text{MPa}$。

（1）试求 AB 杆的临界荷载 F_{cr}。

（2）若已知工作荷载 $F = 70\text{kN}$，并要求 AB 杆的稳定安全因数 $n_{st} = 2$，试问托架是否安全？

14—9 图示结构中钢梁 AB 及立柱 CD 分别由 20b

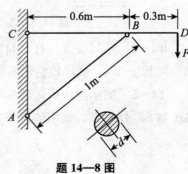

题 14—8 图

284

号工字钢和连成一体的两根 $63 \times 63 \times 5$ 的角钢制成。立柱截面类型为 b 类，均布荷载集度 $q = 39\text{kN/m}'$，梁及柱的材料均为 Q235 钢，$[\sigma] = 170\text{MPa}$，$E = 2.1 \times 10^5 \text{MPa}$。试验算梁和柱是否安全。

14—10 图示梁杆结构，材料均为 Q235 钢。AB 梁为 16 号工字钢，BC 杆为 $d = 60\text{mm}$ 的圆杆。已知 $E = 200\text{GPa}$，$\sigma_p = 200\text{MPa}$，$\sigma_s = 235\text{MPa}$，强度安全因数 $n = 2$，稳定安全因数 $n_{\text{st}} = 3$，求容许荷载值。

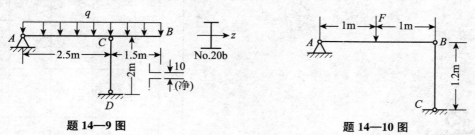

题 14—9 图　　　　　　　　　题 14—10 图

14—11 由 Q235 钢制成的千斤顶如图所示。丝杠长 $l = 800\text{mm}$，上端自由，下端可视为固定，丝杠的直径 $d = 40\text{mm}$，材料的弹性模量 $E = 210\text{GPa}$。若该丝杠的稳定安全因数 $n_{\text{st}} = 3.0$，试求该千斤顶的最大承载力。

14—12 图示 5 根圆杆组成的正方形结构。$a = 1\text{m}$，各结点均为铰接，杆的直径 d 均为 35mm，截面类型为 a 类。材料均为 Q235 钢，$[\sigma] = 170\text{MPa}$，试求此时的容许荷载 F。若力 F 的方向改为向外，容许荷载 F 又应为多少？

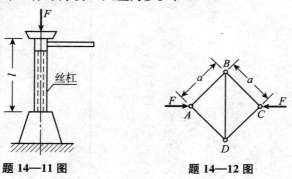

题 14—11 图　　　　　　题 14—12 图

附录Ⅰ 型钢规格表

表1 热轧等边角钢(GB 9787—1988)

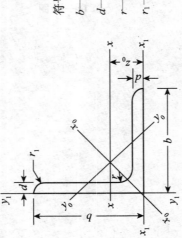

符号意义:

b——边宽度;
d——边厚度;
r——内圆弧半径;
r_1——边端内圆弧半径;

I——惯性矩;
i——惯性半径;
W——弯曲截面系数;
z_0——重心距离。

角钢号数	尺寸/mm			截面面积/cm²	理论质量/(kg/m)	外表面积/(m²/m)	参考数值											
							$x-x$			x_0-x_0			y_0-y_0			x_1-x_1	z_0
	b	d	r				I_x /cm⁴	i_x /cm	W_x /cm³	I_{x_0} /cm⁴	i_{x_0} /cm	W_{x_0} /cm³	I_{y_0} /cm⁴	i_{y_0} /cm	W_{y_0} /cm³	I_{x_1} /cm⁴	/cm
2	20	3	3.5	1.132	0.889	0.078	0.40	0.59	0.29	0.63	0.75	0.45	0.17	0.39	0.20	0.81	0.60
		4		1.459	1.145	0.077	0.50	0.58	0.36	0.78	0.73	0.55	0.22	0.38	0.24	1.09	0.64
2.5	25	3	3.5	1.432	1.124	0.098	0.82	0.76	0.46	1.29	0.95	0.73	0.34	0.49	0.33	1.57	0.73
		4		1.859	1.459	0.097	1.03	0.74	0.59	1.62	0.93	0.92	0.43	0.48	0.40	2.11	0.76
3.0	30	3	4.5	1.749	1.373	0.117	1.46	0.91	0.68	2.31	1.15	1.09	0.61	0.59	0.51	2.71	0.85
		4		2.276	1.786	0.117	1.84	0.90	0.87	2.92	1.13	1.37	0.77	0.58	0.62	3.63	0.89

角钢号数	尺寸/mm b	d	r	截面面积/cm²	理论质量/(kg/m)	外表面积/(m²/m)	$x-x$ I_x/cm⁴	i_x/cm	W_x/cm³	x_0-x_0 I_{x_0}/cm⁴	i_{x_0}/cm	W_{x_0}/cm³	y_0-y_0 I_{y_0}/cm⁴	i_{y_0}/cm	W_{y_0}/cm³	x_1-x_1 I_{x_1}/cm⁴	z_0/cm
3.6	36	3	4.5	2.109	1.656	0.141	2.58	1.11	0.99	4.09	1.39	1.61	1.07	0.71	0.76	4.68	1.00
		4		2.756	2.163	0.141	3.29	1.09	1.28	5.22	1.38	2.05	1.37	0.70	0.93	6.25	1.04
		5		3.382	2.654	0.141	3.95	1.08	1.56	6.24	1.36	2.45	1.65	0.70	1.09	7.84	1.07
4.0	40	3	4.5	2.359	1.852	0.157	3.59	1.23	1.23	5.69	1.55	2.01	1.49	0.79	0.96	6.41	1.09
		4		3.086	2.422	0.157	4.60	1.22	1.60	7.29	1.54	2.58	1.91	0.79	1.19	8.56	1.13
		5		3.791	2.976	0.156	5.53	1.21	1.96	8.76	1.52	3.01	2.30	0.78	1.39	10.74	1.17
4.5	45	3	5	2.659	2.088	0.177	5.17	1.40	1.58	8.20	1.76	2.58	2.14	0.90	1.24	9.12	1.22
		4		3.486	2.736	0.177	6.65	1.38	2.05	10.56	1.74	3.32	2.75	0.89	1.54	12.18	1.26
		5		4.292	3.369	0.176	8.04	1.37	2.51	12.74	1.72	4.00	3.33	0.88	1.81	15.25	1.30
		6		5.076	3.985	0.176	9.33	1.36	2.95	14.76	1.70	4.64	3.89	0.88	2.06	18.36	1.33
5	50	3	5.5	2.971	2.332	0.197	7.18	1.55	1.96	11.37	1.96	3.22	2.98	1.00	1.57	12.50	1.34
		4		3.897	3.059	0.197	9.26	1.54	2.56	14.70	1.94	4.16	3.82	0.99	1.96	16.69	1.38
		5		4.803	3.770	0.196	11.21	1.53	3.13	17.79	1.92	5.03	4.64	0.98	2.31	20.90	1.42
		6		5.688	4.465	0.196	13.05	1.52	3.68	20.68	1.91	5.85	5.42	0.98	2.63	25.14	1.46
5.6	56	3	6	3.343	2.624	0.221	10.19	1.75	2.48	16.14	2.20	4.08	4.24	1.13	2.02	17.56	1.48
		4		4.390	3.446	0.220	13.18	1.73	3.24	20.92	2.18	5.28	5.46	1.11	2.52	23.43	1.53
5.6	56	5	6	5.415	4.251	0.220	16.02	1.72	3.97	25.42	2.17	6.42	6.61	1.10	2.98	29.33	1.57
		8	7	8.367	6.568	0.219	23.63	1.68	6.03	37.37	2.11	9.44	9.89	1.09	4.16	47.24	1.68

角钢号数	尺寸/mm b	d	r	截面面积/cm²	理论质量/(kg/m)	外表面积/(m²/m)	$x-x$ I_x/cm⁴	i_x/cm	W_x/cm³	x_0-x_0 I_{x_0}/cm⁴	i_{x_0}/cm	W_{x_0}/cm³	y_0-y_0 I_{y_0}/cm⁴	i_{y_0}/cm	W_{y_0}/cm³	x_1-x_1 I_{x_1}/cm⁴	z_0/cm
6.3	63	4	7	4.978	3.907	0.248	19.03	1.96	4.13	30.17	2.46	6.78	7.89	1.26	3.29	33.35	1.70
		5		6.143	4.822	0.248	23.17	1.94	5.08	36.77	2.45	8.25	9.57	1.25	3.90	41.73	1.74
		6		7.288	5.721	0.247	27.12	1.93	6.00	43.03	2.43	9.66	11.20	1.24	4.46	50.14	1.78
		8		9.515	7.469	0.247	34.46	1.90	7.75	54.56	2.40	12.25	14.33	1.23	5.47	67.11	1.85
		10		11.657	9.151	0.246	41.09	1.88	9.39	64.85	2.36	14.56	17.33	1.22	6.36	84.31	1.93
7	70	4	8	5.570	4.372	0.275	26.39	2.18	5.14	41.80	2.74	8.44	10.99	1.40	4.17	45.74	1.86
		5		6.875	5.397	0.275	32.21	2.16	6.32	51.08	2.73	10.32	13.34	1.39	4.95	57.21	1.91
		6		8.160	6.406	0.275	37.77	2.15	7.48	59.93	2.71	12.11	15.61	1.38	5.67	68.73	1.95
		7		9.424	7.398	0.275	43.09	2.14	8.59	68.35	2.69	13.81	17.82	1.38	6.34	80.29	1.99
		8		10.667	8.373	0.274	48.17	2.12	9.68	76.37	2.68	15.43	19.98	1.37	6.98	91.92	2.03
7.5	75	5	9	7.367	5.818	0.295	39.97	2.33	7.32	63.30	2.92	11.94	16.63	1.50	5.77	70.56	2.04
		6		8.797	6.905	0.294	46.95	2.31	8.64	74.38	2.90	14.02	19.51	1.49	6.67	84.55	2.07
		7		10.160	7.976	0.294	53.57	2.30	9.93	84.96	2.89	16.02	22.18	1.48	7.44	98.71	2.11
		8		11.503	9.030	0.294	59.96	2.28	11.20	95.07	2.88	17.93	24.86	1.47	8.19	112.97	2.15
		10		14.126	11.089	0.293	71.98	2.26	13.64	113.92	2.84	21.48	30.05	1.46	9.56	141.71	2.22
8	80	5	9	7.912	6.211	0.315	48.79	2.48	8.34	77.33	3.13	13.67	20.25	1.60	6.66	85.36	2.15
		6		9.397	7.376	0.314	57.35	2.47	9.87	90.98	3.11	16.08	23.72	1.59	7.65	102.50	2.19
		7		10.860	8.525	0.314	65.58	2.46	11.37	104.07	3.10	18.40	27.09	1.58	8.58	119.70	2.23
		8		12.303	9.658	0.314	73.49	2.44	12.83	116.60	3.08	20.61	30.39	1.57	9.46	136.97	2.27
		10		15.126	11.874	0.313	88.43	2.42	15.64	140.09	3.04	24.76	36.77	1.56	11.08	171.74	2.35

参考数值

续表

角钢号数	尺寸/mm b	d	r	截面面积/cm²	理论质量/(kg/m)	外表面积/(m²/m)	x—x I_x/cm⁴	i_x/cm	W_x/cm³	x₀—x₀ I_{x_0}/cm⁴	i_{x_0}/cm	W_{x_0}/cm³	y₀—y₀ I_{y_0}/cm⁴	i_{y_0}/cm	W_{y_0}/cm³	x₁—x₁ I_{x_1}/cm⁴	z_0/cm
9	90	6	10	10.637	8.350	0.354	82.77	2.79	12.61	131.26	3.51	20.63	34.28	1.80	9.95	145.87	2.44
		7		12.301	9.656	0.354	94.83	2.78	14.54	150.47	3.50	23.64	39.18	1.78	11.19	170.30	2.48
		8		13.944	10.946	0.353	106.47	2.76	16.42	168.97	3.48	26.55	43.97	1.78	12.35	194.80	2.52
		10		17.167	13.476	0.353	128.58	2.74	20.07	203.90	3.45	32.04	53.26	1.76	14.52	244.07	2.59
		12		20.306	15.940	0.352	149.22	2.71	23.57	236.21	3.41	37.12	62.22	1.75	16.49	293.76	2.67
10	100	6	12	11.932	9.366	0.393	114.95	3.01	15.68	181.98	3.90	25.74	47.92	2.00	12.69	200.07	2.67
		7		13.796	10.830	0.393	131.86	3.09	18.10	208.97	3.89	29.55	54.74	1.99	14.26	233.54	2.71
		8		15.638	12.276	0.393	148.24	3.08	20.47	235.07	3.88	33.24	61.41	1.98	15.75	267.09	2.76
		10		19.261	15.120	0.392	179.51	3.05	25.06	284.68	3.84	40.26	74.35	1.96	18.54	334.48	2.84
		12		22.800	17.898	0.391	208.90	3.03	29.48	330.95	3.81	46.80	86.84	1.95	21.08	402.34	2.91
		14		26.256	20.611	0.391	236.53	3.00	33.73	374.06	3.77	52.90	99.00	1.94	23.44	470.75	2.99
		16		29.627	23.257	0.390	262.53	2.98	37.82	414.16	3.74	58.57	110.89	1.94	25.63	539.80	3.06
11	110	7	12	15.196	11.928	0.433	177.16	3.41	22.05	280.94	4.30	36.12	73.38	2.20	17.51	310.64	2.96
		8		17.238	13.532	0.433	199.46	3.40	24.95	316.49	4.28	40.69	82.42	2.19	19.39	355.20	3.01
		10		21.261	16.690	0.432	242.19	3.38	30.60	384.39	4.25	49.42	99.98	2.17	22.91	444.65	3.09
		12		25.200	19.782	0.431	282.55	3.35	36.05	448.17	4.22	57.62	116.93	2.15	26.15	534.60	3.16
		14		29.056	22.809	0.431	320.71	3.32	41.31	508.01	4.18	65.31	133.40	2.14	29.14	625.16	3.24
12.5	125	8	14	19.750	15.504	0.492	297.03	3.88	32.52	470.89	4.88	53.28	123.16	2.50	25.86	521.01	3.37
		10		24.373	19.133	0.491	361.67	3.85	39.97	573.89	4.85	64.93	149.46	2.48	30.62	651.93	3.45
		12		28.912	22.696	0.491	423.16	3.83	41.17	671.44	4.82	75.96	174.88	2.46	35.03	783.42	3.53

角钢号数	尺寸/mm			截面面积 /cm²	理论质量 /(kg/m)	外表面积 /(m²/m)	参考数值												
							$x-x$			x_0-x_0			y_0-y_0			x_1-x_1	z_0
	b	d	r				I_x /cm⁴	i_x /cm	W_x /cm³	I_{x_0} /cm⁴	i_{x_0} /cm	W_{x_0} /cm³	I_{y_0} /cm⁴	i_{y_0} /cm	W_{y_0} /cm³	I_{z_1} /cm⁴	/cm
12.5	125	14	14	33.367	26.193	0.490	481.65	3.80	54.16	763.73	4.78	86.41	199.57	2.45	39.13	915.61	3.61
14	140	10	14	27.373	21.488	0.551	514.65	4.34	50.58	817.27	5.46	82.56	212.04	2.78	39.20	915.11	3.82
		12		32.512	25.522	0.551	603.68	4.31	59.80	958.79	5.43	96.85	248.57	2.76	45.02	1099.28	3.90
		14		37.567	29.490	0.550	688.81	4.28	68.75	1093.56	5.40	110.47	284.06	2.75	50.45	1284.22	3.98
		16		42.539	33.393	0.549	770.24	4.26	77.46	1221.81	5.36	123.42	318.67	2.74	55.55	1470.07	4.06
16	160	10	16	31.502	24.729	0.630	779.53	4.98	66.70	1237.30	6.27	109.36	321.76	3.20	52.76	1365.33	4.31
		12		37.441	29.391	0.630	916.58	4.95	78.98	1455.68	6.24	128.67	377.49	3.18	60.74	1639.57	4.39
		14		43.296	33.987	0.629	1048.36	4.92	90.95	1665.02	6.20	147.17	431.70	3.16	68.244	1914.68	4.47
		16		49.067	38.518	0.629	1175.08	4.89	102.63	1865.57	6.17	164.89	484.59	3.14	75.31	2190.82	4.55
18	180	12	16	42.241	33.159	0.710	1321.35	5.59	100.82	2100.10	7.05	165.00	542.61	3.58	78.41	2332.80	4.89
		14		48.896	38.388	0.709	1514.48	5.56	116.25	2407.42	7.02	189.14	625.53	3.56	88.38	2723.48	4.97
		16		55.467	43.542	0.709	1700.99	5.54	131.13	2703.37	6.98	212.40	698.60	3.55	97.83	3115.29	5.05
		18		61.955	48.634	0.708	1875.12	5.50	145.64	2988.24	6.94	234.78	762.01	3.51	105.14	3502.43	5.13
20	200	14	18	54.642	42.894	0.788	2103.55	6.20	144.70	3343.26	7.82	236.40	863.83	3.98	111.82	3734.10	5.46
		16		62.013	48.680	0.788	2366.15	6.18	163.65	3760.89	7.79	265.93	971.41	3.96	123.96	4270.39	5.54
		18		69.301	54.401	0.787	2620.64	6.15	182.22	4164.54	7.75	294.48	1076.74	3.94	135.52	4808.13	5.62
		20		76.505	60.056	0.787	2867.30	6.12	200.42	4554.55	7.72	322.06	1180.04	3.93	146.55	5347.51	5.69
		24		90.661	71.168	0.785	2338.25	6.07	236.17	5294.97	7.64	374.41	1381.53	3.90	166.55	6457.16	5.87

注：截面图中的 $r_1 = d/3$ 及表中 r 值的数据用于孔型设计,不作为交货条件。

表 2 热轧不等边角钢（GB 9788—1988）

符号意义：

B——长边宽度；
b——短边宽度；
d——长边厚度；
r——内圆弧半径；
r₁——边端内圆弧半径；
I——惯性矩；
i——惯性半径；
W——弯曲截面系数；
x₀——形心坐标；
y₀——形心坐标。

角钢号数	尺寸/mm				截面面积/cm²	理论质量/(kg/m)	外表面积/(m²/m)	参考数值													
								$x-x$			$y-y$			x_1-x_1		y_1-y_1		$u-u$			
	B	b	d	r				I_x /cm⁴	i_x /cm	W_x /cm³	I_y /cm⁴	i_y /cm	W_y /cm³	I_{x_1} /cm⁴	y_0 /cm	I_{y_1} /cm⁴	x_0 /cm	I_u /cm⁴	i_u /cm	W_u /cm³	$\tan\alpha$
2.5/1.6	25	16	3	3.5	1.162	0.912	0.080	0.70	0.78	0.43	0.22	0.44	0.19	1.56	0.86	0.43	0.42	0.14	0.34	0.16	0.392
			4		1.499	1.176	0.079	0.88	0.77	0.55	0.27	0.43	0.24	2.09	0.90	0.59	0.46	0.17	0.34	0.20	0.381
3.2/2	32	20	3	3.5	1.492	1.171	0.102	1.53	1.01	0.72	0.46	0.55	0.30	3.27	1.08	0.82	0.49	0.28	0.43	0.25	0.382
			4		1.939	1.522	0.101	1.93	1.00	0.93	0.57	0.54	0.39	4.37	1.12	1.12	0.53	0.35	0.42	0.32	0.374
4/2.5	40	25	3	4	1.890	1.484	0.127	3.08	1.28	1.15	0.93	0.70	0.49	6.39	1.32	1.59	0.59	0.56	0.54	0.40	0.386
			4		2.467	1.936	0.127	3.93	1.26	1.49	1.18	0.69	0.63	8.53	1.37	2.14	0.63	0.71	0.54	0.52	0.381

角钢号数	尺寸/mm B	b	d	r	截面面积 /cm²	理论质量 /(kg/m)	外表面积 /(m²/m)	参考数值 x−x Ix /cm⁴	ix /cm	Wx /cm³	y−y Iy /cm⁴	iy /cm	Wy /cm³	x1−x1 Ix1 /cm⁴	y0 /cm	y1−y1 Iy1 /cm⁴	x0 /cm	u−u Iu /cm⁴	iu /cm	Wu /cm³	tanα
4.5/ 2.8	45	28	3	5	2.149	1.687	0.143	4.45	1.44	1.47	1.34	0.79	0.62	9.10	1.47	2.23	0.64	0.80	0.61	0.51	0.383
			4		2.806	2.203	0.143	5.69	1.42	1.91	1.70	0.78	0.80	12.13	1.51	3.00	0.68	1.02	0.60	0.66	0.380
5/ 3.2	50	32	3	5.5	2.431	1.908	0.161	6.24	1.60	1.84	2.02	0.91	0.82	12.49	1.60	3.31	0.73	1.20	0.70	0.68	0.404
			4		3.177	2.494	0.160	8.02	1.59	2.39	2.58	0.90	1.06	16.65	1.65	4.45	0.77	1.53	0.69	0.87	0.402
5.6/ 3.6	56	36	3	6	2.743	2.153	0.181	8.88	1.80	2.32	2.92	1.03	1.05	17.54	1.78	4.70	0.80	1.73	0.79	0.87	0.408
			4		3.590	2.818	0.180	11.25	1.79	3.03	3.76	1.02	1.37	23.39	1.82	6.33	0.85	2.23	0.79	1.13	0.408
			5		4.415	3.466	0.180	13.86	1.77	3.71	4.49	1.01	1.65	29.25	1.87	7.94	0.88	2.67	0.78	1.36	0.404
6.3/ 4	63	40	4	7	4.058	3.185	0.202	16.49	2.02	3.87	5.23	1.14	1.70	33.30	2.04	8.63	0.92	3.12	0.88	1.40	0.398
			5		4.993	3.920	0.202	20.02	2.00	4.74	6.31	1.12	2.71	41.63	2.08	10.86	0.95	3.76	0.87	1.71	0.396
			6		5.908	4.638	0.201	23.36	1.96	5.59	7.29	1.11	2.43	49.98	2.12	13.12	0.99	4.34	0.86	1.99	0.393
			7		6.802	5.339	0.201	26.53	1.98	6.40	8.24	1.10	2.78	58.07	2.15	15.47	1.03	4.97	0.86	2.29	0.389
7/ 4.5	70	45	4	7.5	4.547	3.570	0.226	23.17	2.26	4.86	7.55	1.29	2.17	45.92	2.24	12.26	1.02	4.40	0.98	1.77	0.410
			5		5.609	4.403	0.225	27.95	2.23	5.92	9.13	1.28	2.65	57.10	2.28	15.39	1.06	5.40	0.98	2.19	0.407
			6		6.647	5.218	0.225	32.54	2.21	6.95	10.62	1.26	3.12	68.35	2.32	18.58	1.09	6.35	0.98	2.59	0.404
			7		7.657	6.011	0.225	37.22	2.20	8.03	12.01	1.25	3.57	79.99	2.36	21.84	1.13	7.16	0.97	2.94	0.402
7.5/ 5	75	50	5	8	6.125	4.808	0.245	34.86	2.39	6.83	12.61	1.44	3.30	70.00	2.40	21.04	1.17	7.41	1.10	2.74	0.435
			6		7.260	5.699	0.245	41.12	2.38	8.12	14.70	1.42	3.88	84.30	2.44	25.37	1.21	8.54	1.08	3.19	0.435
			8		9.467	7.431	0.244	52.39	2.35	10.52	18.53	1.40	4.99	112.50	2.52	34.23	1.29	10.87	1.07	4.10	0.429
			10		11.590	9.098	0.244	62.71	2.33	12.79	21.96	1.38	6.04	140.80	2.60	43.43	1.36	13.10	1.06	4.99	0.423

角钢号数	尺寸/mm				截面面积 /cm²	理论质量 /(kg/m)	外表面积 /(m²/m)	参考数值														
								x—x			y—y			x_1-x_1		y_1-y_1		u—u			
	B	b	d	r				I_x /cm⁴	i_x /cm	W_x /cm³	I_y /cm⁴	i_y /cm	W_y /cm³	I_{x_1} /cm⁴	y_0 /cm	I_{y_1} /cm⁴	x_0 /cm	I_u /cm⁴	i_u /cm	W_u /cm³	$\tan\alpha$
8/5	80	50	5	8	6.375	5.005	0.255	41.96	2.56	7.78	12.82	1.42	3.32	85.21	2.60	21.06	1.14	7.66	1.10	2.74	0.388
			6		7.560	5.935	0.255	49.49	2.56	9.25	14.95	1.41	3.91	102.53	2.65	25.41	1.18	8.85	1.08	3.20	0.387
			7		8.724	6.848	0.255	56.16	2.54	10.58	16.96	1.39	4.48	119.33	2.69	29.82	1.21	10.18	1.08	3.70	0.384
			8		9.867	7.745	0.254	62.83	2.52	11.92	18.85	1.38	5.03	136.41	2.73	34.32	1.25	11.38	1.07	4.16	0.381
9/5.6	90	56	5	9	7.212	5.661	0.287	60.45	2.90	9.92	18.32	1.59	4.21	121.32	2.91	29.53	1.25	10.98	1.23	3.49	0.385
			6		8.557	6.717	0.286	71.03	2.88	11.74	21.42	1.58	4.96	145.59	2.95	35.58	1.29	12.90	1.23	4.18	0.384
			7		9.880	7.756	0.286	81.01	2.86	13.49	24.36	1.57	5.70	169.66	3.00	41.71	1.33	14.67	1.22	4.72	0.382
			8		11.183	8.779	0.286	91.03	2.85	15.27	27.15	1.56	6.41	194.17	3.04	47.93	1.36	16.34	1.21	5.29	0.380
10/6.3	100	63	6	10	9.617	7.550	0.320	99.06	3.21	14.64	30.94	1.79	6.35	199.71	3.24	50.50	1.43	18.42	1.38	5.25	0.394
			7		11.111	8.722	0.320	113.45	3.29	16.88	35.26	1.78	7.29	233.00	3.28	59.14	1.47	21.00	1.38	6.02	0.393
			8		12.584	9.878	0.319	127.37	3.18	19.08	39.39	1.77	8.21	266.32	3.32	67.88	1.50	23.50	1.37	6.78	0.391
			10		15.467	12.142	0.319	153.81	3.15	23.32	47.12	1.74	9.98	333.06	3.40	85.73	1.58	28.33	1.35	8.24	0.387
10/8	100	80	6	10	10.637	8.350	0.354	107.04	3.17	15.19	61.24	2.40	10.16	199.83	2.95	102.68	1.97	31.65	1.72	8.37	0.627
			7		12.301	9.656	0.354	122.73	3.16	17.52	70.08	2.39	11.71	233.20	3.00	119.98	2.01	36.17	1.72	9.60	0.626
			8		13.944	10.946	0.353	137.92	3.14	19.81	78.58	2.37	13.21	266.61	3.04	137.37	2.05	40.58	1.71	10.80	0.625
			10		17.167	13.476	0.353	166.87	3.12	24.24	94.65	2.35	16.12	333.63	3.12	172.48	2.13	49.10	1.69	13.12	0.622

角钢号数	尺寸/mm B	b	d	r	截面面积/cm²	理论质量/(kg/m)	外表面积/(m²/m)	x—x Iₓ/cm⁴	iₓ/cm	Wₓ/cm³	y—y I_y/cm⁴	i_y/cm	W_y/cm³	x₁—x₁ I_{x₁}/cm⁴	y₀/cm	y₁—y₁ I_{y₁}/cm⁴	x₀/cm	u—u I_u/cm⁴	i_u/cm	W_u/cm³	tanα
11/7	110	70	6	10	10.637	8.350	0.354	133.37	3.54	17.85	42.92	2.01	7.90	265.78	3.53	69.08	1.57	25.36	1.54	6.53	0.403
			7		12.301	9.656	0.354	153.00	3.53	20.60	49.01	2.00	9.09	310.07	3.57	80.82	1.61	28.95	1.53	7.50	0.402
			8		13.944	10.946	0.353	172.04	3.51	23.30	54.87	1.98	10.25	354.39	3.62	92.70	1.65	32.45	1.53	8.45	0.401
			10		17.167	13.476	0.353	208.39	3.48	28.54	65.88	1.96	12.48	443.13	3.70	116.83	1.72	39.20	1.51	10.29	0.397
12.5/8	125	80	7	11	14.096	11.066	0.403	227.98	4.02	26.86	74.42	2.30	12.01	454.99	4.01	120.32	1.80	43.81	1.76	9.92	0.408
			8		15.989	12.551	0.403	256.77	4.01	30.41	83.49	2.28	13.56	519.99	4.06	137.85	1.84	49.15	1.75	11.18	0.407
			10		19.712	15.474	0.402	312.04	3.98	37.33	100.67	2.26	16.56	650.09	4.14	173.40	1.92	59.45	1.74	13.64	0.404
			12		23.351	18.330	0.402	364.41	3.95	44.01	116.67	2.24	19.43	780.39	4.22	209.67	2.00	69.35	1.72	16.01	0.400
14/9	140	90	8	12	18.038	14.160	0.453	365.64	4.50	38.48	120.69	2.59	17.34	730.53	4.50	195.79	2.04	70.83	1.98	14.31	0.411
			10		22.261	17.475	0.452	445.50	4.47	47.31	146.03	2.56	21.22	913.20	4.58	245.92	2.12	85.82	1.96	17.48	0.409
			12		26.400	20.724	0.451	521.59	4.44	55.87	169.79	2.54	24.95	1096.09	4.66	296.89	2.19	100.21	1.95	20.54	0.406
			14		30.456	23.908	0.451	594.10	4.42	64.18	192.10	2.51	28.54	1279.26	4.74	348.82	2.27	114.13	1.94	23.52	0.403
16/10	160	100	10	13	25.315	19.872	0.512	668.69	5.14	62.13	205.03	2.85	26.56	1362.89	5.24	336.59	2.28	121.74	2.19	21.92	0.390
			12		30.054	23.592	0.511	784.91	5.11	73.49	239.06	2.82	31.28	1635.56	5.32	405.94	2.36	142.33	2.17	25.79	0.388
			14		34.709	27.247	0.510	896.30	5.08	84.56	271.20	2.80	35.83	1908.50	5.40	476.42	2.43	162.23	2.16	29.56	0.385
			16		39.281	30.835	0.510	1003.04	5.05	95.33	301.60	2.77	40.24	2181.79	5.48	548.22	2.51	182.57	2.16	33.44	0.382

角钢号数	尺寸/mm B	b	d	r	截面面积/cm²	理论质量/(kg/m)	外表面积/(m²/m)	参考数值 x—x I_x/cm⁴	i_x/cm	W_x/cm³	y—y I_y/cm⁴	i_y/cm	W_y/cm³	x_1—x_1 I_{x_1}/cm⁴	y_0/cm	y_1—y_1 I_{y_1}/cm⁴	x_0/cm	u—u I_u/cm⁴	i_u/cm	W_u/cm³	tanα
18/11	180	110	10		28.373	22.273	0.571	956.25	5.80	78.96	278.11	3.13	32.40	1 940.40	5.89	447.22	2.44	166.50	2.42	26.88	0.376
			12		33.712	26.464	0.571	1 124.72	5.78	93.53	325.03	3.10	38.32	2 328.38	5.98	538.94	2.52	194.87	2.40	31.66	0.374
			14		38.967	30.589	0.570	1 286.90	5.75	107.76	369.55	3.08	43.97	2 716.60	6.06	631.95	2.59	222.30	2.39	36.32	0.372
			16	14	44.139	34.649	0.569	1 443.06	5.72	121.64	411.85	3.06	49.44	3 105.15	6.14	726.46	2.67	248.94	2.38	40.87	0.369
20/12.5	200	125	12		37.912	29.761	0.641	1 570.90	6.44	116.73	483.16	3.57	49.99	3 193.85	6.54	787.74	2.83	285.79	2.74	41.23	0.392
			14		43.867	34.436	0.640	1 800.97	6.41	134.65	550.83	3.54	57.44	3 726.17	6.02	922.47	2.91	326.58	2.73	47.34	0.390
			16		49.739	39.045	0.639	2 023.35	6.38	152.18	615.44	3.52	64.69	4 258.86	6.70	1 058.86	2.99	366.21	2.71	53.32	0.388
			18		55.526	43.588	0.639	2 238.30	6.35	169.33	677.19	3.49	71.74	4 792.00	6.78	1 197.13	3.06	404.83	2.70	59.18	0.385

注：①括号内型号不准荐使用。②截面图中的 $r_1=d/3$ 及表中 r 的数据用于孔型设计，不作为交货条件。

表3 热轧工字钢（GB 706—1988）

符号意义：

h——高度；
b——腿宽度；
d——腰厚度；
δ——平均腿厚度；
r——内圆弧半径；

r_1——腿端圆弧半径；
I——惯性矩；
W——弯曲截面系数；
i——惯性半径；
S——半截面的静矩。

型号	尺寸/mm						截面面积/cm²	理论质量/(kg/m)	参考数值								
									$x-x$				$y-y$				
	h	b	d	δ	r	r_1			I_x/cm⁴	W_x/cm³	i_x/cm	$I_x:S_x$/cm	I_y/cm⁴	W_y/cm³	i_y/cm
10	100	68	4.5	7.6	6.5	3.3	14.3	11.2	245	49	4.14	8.59	33	9.72	1.52
12.6	126	74	5	8.4	7	3.5	18.1	14.2	488.43	77.529	5.195	10.85	46.906	12.677	1.609
14	140	80	5.5	9.1	7.5	3.8	21.5	16.9	712	102	5.76	12	64.4	16.1	1.73
16	160	88	6	9.9	8	4	26.1	20.5	1 130	141	6.58	13.8	93.1	21.2	1.89
18	180	94	6.5	10.7	8.5	4.3	30.6	24.1	1 660	185	7.36	15.4	122	26	2
20a	200	100	7	11.4	9	4.5	35.5	27.9	2 370	237	8.15	17.2	158	31.5	2.12
20b	200	102	9	11.4	9	4.5	39.5	31.1	2 500	250	7.96	16.9	169	33.1	2.06

型号	尺寸/mm						截面面积/cm²	理论质量/(kg/m)	参考数值						
									x—x				y—y		
	h	b	d	δ	r	r_1			I_x /cm⁴	W_x /cm³	i_x /cm	$I_x:S_x$ /cm	I_y /cm⁴	W_y /cm³	i_y /cm
22a	220	110	7.5	12.3	9.5	4.8	42	33	3 400	309	8.99	18.9	225	40.9	2.31
22b	220	112	9.5	12.3	9.5	4.8	46.4	36.4	3 570	325	8.78	18.7	239	42.7	2.27
25a	250	116	8	13	10	5	48.5	38.1	5 023.54	401.88	10.18	21.58	280.046	48.283	2.403
25b	250	118	10	13	10	5	53.5	42	5 283.96	422.72	9.938	21.27	309.297	52.423	2.404
28a	280	122	8.5	13.7	10.5	5.3	55.45	43.4	7 114.14	508.15	11.32	24.62	345.051	56.565	2.495
28b	280	124	10.5	13.7	10.5	5.3	61.05	47.9	7 480	534.29	11.08	24.24	379.496	61.209	2.493
32a	320	130	9.5	15	11.5	5.8	67.05	52.7	11 075.5	692.2	12.84	27.46	459.93	70.758	2.619
32b	320	132	11.5	15	11.5	5.8	73.45	57.7	11 621.4	726.33	12.58	27.09	501.53	75.989	2.614
32c	320	134	13.5	15	11.5	5.8	79.95	62.8	12 167.5	760.47	12.34	26.77	543.81	81.166	2.608
36a	360	136	10	15.8	12	6	76.3	59.9	15 760	875	14.4	30.7	552	81.2	2.69
36b	360	138	12	15.8	12	6	83.5	65.6	16 530	919	14.1	30.3	582	84.3	2.64
36c	360	140	14	15.8	12	6	90.7	71.2	17 310	962	13.8	29.9	612	87.4	2.6
40a	400	142	10.5	16.5	12.5	6.3	86.1	67.6	21 720	1 090	15.9	34.1	660	93.2	2.77
40b	400	144	12.5	16.5	12.5	6.3	94.1	73.8	22 780	1 140	15.6	33.6	692	96.2	2.71
40c	400	146	14.5	16.5	12.5	6.3	102	80.1	23 850	1 190	15.2	33.2	727	99.6	2.65
45a	450	150	11.5	18	13.5	6.8	102	80.4	32 240	1 430	17.7	38.6	855	114	2.89
45b	450	152	13.5	18	13.5	6.8	111	87.4	33 760	1 500	17.4	38	894	118	2.84
45c	450	154	15.5	18	13.5	6.8	120	94.5	35 280	1 570	17.1	37.6	938	122	2.79

型号	尺寸/mm							截面面积/cm²	理论质量/(kg/m)	参考数值								
										x—x					y—y			
	h	b	d	δ	r	r₁				I_x/cm⁴	W_x/cm³	i_x/cm	$I_x:S_x$/cm	I_y/cm⁴	W_y/cm³	i_y/cm		
50a	500	158	12	20	14	7		119	93.6	46 470	1 860	19.7	42.8	1 120	142	3.07		
50b	500	160	14	20	14	7		129	101	48 560	1 940	19.4	42.4	1 170	146	3.01		
50c	500	162	16	20	14	7		139	109	50 640	2 080	19	41.8	1 220	151	2.96		
56a	560	166	12.5	21	14.5	7.3		135.25	106.2	65 585.6	2 342.31	22.02	47.73	1 370.16	165.08	3.182		
56b	560	168	14.5	21	14.5	7.3		146.45	115	68 512.5	2 446.69	21.63	47.17	1 486.75	174.25	3.162		
56c	560	170	16.5	21	14.5	7.3		157.85	123.9	71 439.4	2 551.41	21.27	46.66	1 558.39	183.34	3.158		
63a	630	176	13	22	15	7.5		154.9	121.6	93 916.2	2 981.47	24.62	54.17	1 700.55	193.24	3.314		
63b	630	178	15	22	15	7.5		167.5	131.5	98 083.6	3 163.38	24.2	53.51	1 812.07	203.6	3.289		
63c	630	180	17	22	15	7.5		180.1	141	102251.1	3 298.42	23.82	52.92	1 924.91	213.88	3.268		

注:截面图和表中标注的圆弧半径 r、r₁ 的数据用于孔型设计,不作为交货条件。

表 4　热轧槽钢（GB 707—1988）

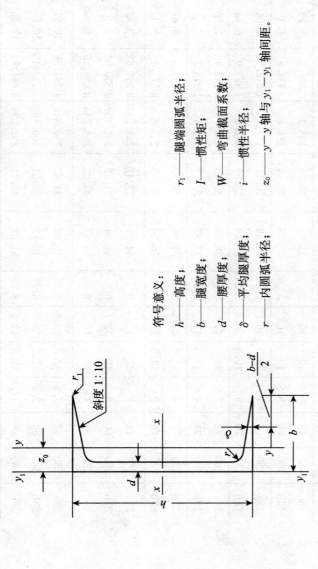

斜度 1:10

符号意义：

h——高度；
b——腿宽度；
d——腰厚度；
δ——平均腿厚度；
r——内圆弧半径；
r_1——腿端圆弧半径；
I——惯性矩；
W——弯曲截面系数；
i——惯性半径；
z_0——y—y 轴与 y_1—y_1 轴间距。

型号	尺寸/mm						截面面积 /cm²	理论质量 /(kg/m)	参考数值							
									$x-x$			$y-y$			y_1-y_1	z_0 /cm
	h	b	d	δ	r	r_1			W_x /cm³	I_x /cm⁴	i_x /cm	W_y /cm³	I_y /cm⁴	i_y /cm	I_{y_1} /cm⁴	
5	50	37	4.5	7	7	3.5	6.93	5.44	10.4	26	1.94	3.55	8.3	1.1	20.9	1.35
6.3	63	40	4.8	7.5	7.5	3.75	8.444	6.63	16.123	50.786	2.453	4.50	11.872	1.185	28.38	1.36
8	80	43	5	8.8	8	4	10.24	8.04	25.3	101.3	3.15	5.79	16.6	1.27	37.4	1.43

299

| 型号 | 尺寸/mm | | | | | | 截面面积/cm² | 理论质量/(kg/m) | 参考数值 | | | | | | | |
	h	b	d	δ	r	r₁			W_x/cm³	I_x/cm⁴	i_x/cm	W_y/cm³	I_y/cm⁴	i_y/cm	I_{y_1}/cm⁴	z_0/cm
10	100	48	5.3	8.5	8.5	4.25	12.74	10	39.7	198.3	3.95	7.8	25.6	1.41	54.9	1.52
12.6	126	53	5.5	9.9	9	4.5	15.69	12.37	62.137	391.466	4.953	10.242	37.99	1.567	77.09	1.59
14a	140	58	6	9.5	9.5	4.75	18.51	14.53	80.5	563.7	5.52	13.01	53.2	1.7	107.1	1.71
14b	140	60	8	9.5	9.5	4.75	21.31	16.73	87.1	609.4	5.35	14.12	61.1	1.69	120.6	1.67
16a	160	63	6.5	10	10	5	21.95	17.23	108.3	866.2	6.28	16.3	73.3	1.83	144.1	1.8
16b	160	65	8.5	10	10	5	25.15	19.74	116.8	934.5	6.1	17.55	83.4	1.82	160.8	1.75
18a	180	68	7	10.5	10.5	5.25	25.69	20.17	141.4	1 272.7	7.04	20.03	98.6	1.96	189.7	1.88
18b	180	70	9	10.5	10.5	5.25	29.29	22.99	152.2	1 369.9	6.84	21.52	111	1.95	210.1	1.84
20a	200	73	7	11	11	5.5	28.83	22.63	178	1 780.4	7.86	24.2	128	2.11	244	2.01
20b	200	75	9	11	11	5.5	32.83	25.77	191.4	1 913.7	7.64	25.88	143.6	2.09	268.4	1.95
22a	220	77	7	11.5	11.5	5.75	31.84	24.99	217.6	2 393.9	8.67	28.17	157.8	2.23	298.2	2.1
22b	220	79	9	11.5	11.5	5.75	36.24	28.45	233.8	2 571.4	8.42	30.05	176.4	2.21	326.3	2.03
25a	250	78	7	12	12	6	34.91	27.47	269.597	3 369.62	9.823	30.607	175.529	2.243	322.256	2.065
25b	250	80	9	12	12	6	39.91	31.39	282.402	3 530.04	9.405	32.657	196.421	2.218	353.187	1.982
25c	250	82	11	12	12	6	44.91	35.32	295.236	3 690.45	9.065	35.926	218.415	2.206	384.133	1.921
28a	280	82	7.5	12.5	12.5	6.25	40.02	31.42	340.328	4 764.59	10.91	35.718	217.989	2.333	387.566	2.097
28b	280	84	9.5	12.5	12.5	6.25	45.62	35.81	366.46	5 130.45	10.6	37.929	242.144	2.304	427.589	2.016
28c	280	86	11.5	12.5	12.5	6.25	51.22	40.21	392.594	5 496.32	10.35	40.301	267.602	2.286	426.597	1.951

型号	尺寸 /mm						截面面积 /cm²	理论质量 /(kg/m)	参考数值										
									x—x			y—y				y₁—y₁	z₀			
	h	b	d	δ	r	r₁			W_x /cm³	I_x /cm⁴	i_x /cm	W_y /cm³	I_y /cm⁴	i_y /cm	I_{y_1} /cm⁴	z_0 /cm			
32a	320	88	8	14	14	7	48.7	38.22	474.879	7 598.06	12.49	46.473	304.787	2.502	552.31	2.242			
32b	320	90	10	14	14	7	55.1	43.25	509.012	8 144.2	12.15	49.157	336.332	2.471	592.933	2.158			
32c	320	92	12	14	14	7	61.5	48.28	543.145	8 690.33	11.88	52.642	374.175	2.467	643.299	2.092			
36a	360	96	9	16	16	8	60.89	47.8	659.7	11 874.2	13.97	63.54	455	2.73	818.4	2.44			
36b	360	98	11	16	16	8	68.09	53.45	702.9	12 651.8	13.63	66.85	496.7	2.7	880.4	2.37			
36c	360	100	13	16	16	8	75.29	50.1	746.1	13 429.4	13.36	70.02	536.4	2.67	947.9	2.34			
40a	400	100	10.5	18	18	9	75.05	58.91	878.9	17 577.9	15.30	78.83	592	2.81	1 067.7	2.49			
40b	400	102	12.5	18	18	9	83.05	65.19	932.2	18 644.5	14.98	82.52	640	2.78	1 135.6	2.44			
40c	400	104	14.5	18	18	9	91.05	71.47	985.6	9 711.2	14.71	86.19	687.8	2.75	1 220.7	2.42			

注:截面图和表中标注的圆弧半径 r、r_1 的数据用于孔型设计,不作为交货条件。

附录Ⅱ
简单荷载作用下梁的转角和挠度

	梁的简图	挠曲轴方程	挠度和转角
1		$w = \dfrac{Fx^2}{6EI}(x-3l)$	$w_B = -\dfrac{Fl^3}{3EI}$ $\theta_B = -\dfrac{Fl^2}{2EI}$
2		$w = \dfrac{Fx^2}{6EI}(x-3a)$ $(0 \leqslant x \leqslant a)$ $w = \dfrac{Fa^2}{6EI}(a-3x)$ $(a \leqslant x \leqslant l)$	$w_B = -\dfrac{Fa^2}{6EI}(3l-a)$ $\theta_B = -\dfrac{Fa^2}{2EI}$
3		$w = \dfrac{qx^2}{24EI}(4lx-6l^2-x^2)$	$w_B = -\dfrac{ql^4}{8EI}$ $\theta_B = -\dfrac{ql^3}{6EI}$
4		$w = -\dfrac{M_e x^2}{2EI}$	$w_B = -\dfrac{M_e l^2}{2EI}$ $\theta_B = -\dfrac{M_e l}{EI}$
5		$w = -\dfrac{M_e x^2}{2EI}$ $(0 \leqslant x \leqslant a)$ $w = -\dfrac{M_e a}{EI}\left(\dfrac{a}{2}-x\right)$ $(a \leqslant x \leqslant l)$	$w_B = -\dfrac{M_e a}{EI}\left(l-\dfrac{a}{2}\right)$ $\theta_B = -\dfrac{M_e a}{EI}$
6		$w = \dfrac{Fx}{12EI}\left(x^2 - \dfrac{3l^2}{4}\right)$ $\left(0 \leqslant x \leqslant \dfrac{l}{2}\right)$	$w_C = -\dfrac{Fl^3}{48EI}$ $\theta_A = -\theta_B = -\dfrac{Fl^2}{16EI}$

	梁的简图	挠曲轴方程	挠度和转角
7		$w = \dfrac{Fbx}{6lEI}(x^2 - l^2 + b^2)$ $(0 \leqslant x \leqslant a)$ $w = \dfrac{Fa(l-x)}{6lEI}(x^2 + a^2 - 2lx)$ $(a \leqslant x \leqslant 1)$	$\delta = -\dfrac{Fb(l^2 - a^2)^{3/2}}{9\sqrt{3}\,lEI}$ (位于 $x = \sqrt{\dfrac{l^2 - b^2}{3}}$ 处) $\theta_A = -\dfrac{Fb(l^2 - b^2)}{6lEI}$ $\theta_B = \dfrac{Fa(l^2 - a^2)}{6lEI}$
8		$w = \dfrac{qx}{24EI}(2lx^2 - x^3 - l^3)$	$\delta = -\dfrac{5ql^4}{384EI}$ $\theta_A = -\theta_B = -\dfrac{ql^3}{24EI}$
9		$w = \dfrac{M_e x}{6lEI}(l^2 - x^2)$	$\delta = -\dfrac{M_e l^2}{9\sqrt{3}EI}$ (位于 $x = l/\sqrt{3}$ 处) $\theta_A = \dfrac{M_e l}{6EI}$ $\theta_B = -\dfrac{M_e l}{3EI}$
10		$w = \dfrac{M_e x}{6lEI}(l^2 - 3b^2 - x^2)$ $(0 \leqslant x \leqslant a)$ $w = \dfrac{M_e(l-x)}{6lEI}(3a^2 - 2lx + x^2)$ $(a \leqslant x \leqslant l)$	$\delta_1 = \dfrac{M_e(l^2 - 3b^2)^{3/2}}{9\sqrt{3}\,lEI}$ (位于 $x = \sqrt{l^2 - 3b^2}$ $/\sqrt{3}$ 处) $\delta_2 = \dfrac{M_e(l^2 - 3a^2)^{3/2}}{9\sqrt{3}\,lEI}$ (位于距 B 端 $\overline{x} = \sqrt{l^2 - 3a^2}/\sqrt{3}$ 处) $\theta_A = \dfrac{M_e(l^2 - 3b^2)}{6lEI}$ $\theta_B = \dfrac{M_e(l^2 - 3a^2)}{6lEI}$ $\theta_C = \dfrac{M_e(l^2 - 3a^2 - 3b^2)}{6lEI}$

参考文献

[1] 邹昭文，程光均，张祥东．建筑力学第一分册：理论力学 [M]．4 版．北京：高等教育出版社，2006.

[2] 哈尔滨工业大学理论力学教研室．理论力学（Ⅰ）[M]．7 版．北京：高等教育出版社，2009.

[3] 干光瑜，秦惠民．建筑力学第二分册：材料力学 [M]．4 版．北京：高等教育出版社，2006.

[4] 王世斌，亢一澜．材料力学 [M]．北京：高等教育出版社，2008.

[5] 孙训方，方孝淑，关来泰．材料力学（Ⅰ）[M]．5 版．北京：高等教育出版社，2009.

教师信息反馈表

　　为了更好地为您服务，提高教学质量，中国人民大学出版社愿意为您提供全面的教学支持，期望与您建立更广泛的合作关系。请您填好下表后以电子邮件或信件的形式反馈给我们。

您使用过或正在使用的我社教材名称		版次	
您希望获得哪些相关教学资料			
您对本书的建议（可附页）			
您的姓名			
您所在的学校、院系			
您所讲授的课程名称			
学生人数			
您的联系地址			
邮政编码		联系电话	
电子邮件（必填）			
您是否为人大社教研网会员	□ 是，会员卡号：＿＿＿＿＿＿＿ □ 不是，现在申请		
您在相关专业是否有主编或参编教材意向	□ 是　　　　　　□ 否 □ 不一定		
您所希望参编或主编的教材的基本情况（包括内容、框架结构、特色等，可附页）			

我们的联系方式：北京市西城区马连道南街 12 号
中国人民大学出版社应用技术分社
邮政编码：100055
电话：010-63311862
网址：http://www.crup.com.cn
E-mail：rendayingyong@163.com